现代水泥生产基本知识

王复生 编著

中国建材工业出版社

图书在版编目(CIP)数据

现代水泥生产基本知识/王复生编著.—北京:中国
建材工业出版社,2004.9(2009.6重印)

ISBN 978-7-80159-738-0

Ⅰ.现…　Ⅱ.王…　Ⅲ.水泥－生产工艺
Ⅳ.TQ172.6

中国版本图书馆 CIP 数据核字(2004)第 097667 号

内 容 简 介

本书主要为水泥企业职工培训和建材技工学校教学而编写。本书系统地介绍了水泥材料和行业技术的发展;现代硅酸盐水泥的生产方法;硅酸盐水泥熟料的组成、原料和配料、生料制备、熟料烧成、水泥制成、生产控制、水泥性能;水泥水化机理、掺加混合材料的通用水泥、特种水泥的组成、性能和用途;对水泥原料和水泥物理性能的检验方法也作了介绍。

本书可作为企业职工培训和技工学校教材,水泥行业技术人员、管理人员的专业参考书,也可作为高等院校有关专业学生的参考教材。

现代水泥生产基本知识

王复生　编著

出版发行:中国建材工业出版社
地　　址:北京市西城区车公庄大街 6 号
邮　　编:100044
经　　销:全国各地新华书店
印　　刷:北京密云红光印刷厂
开　　本:787mm×1092mm　1/16
印　　张:14.5
字　　数:354 千字
版　　次:2004 年 11 月第 1 版
印　　次:2009 年 6 月第 6 次
定　　价:25.00 元

本社网址:www.jccbs.com.cn
本书如出现印装质量问题,由我社发行部负责调换。联系电话:(010) 88386906

修订说明

  本书自 2004 年出版以来,受到读者的欢迎,使编者甚感欣慰。但也暴露出一些不足之处,特别是在这几年中,六大通用硅酸盐水泥及多种特种水泥的产品标准都先后进行了修订,水泥生产技术也有了新的进展。为跟上这种变化,在本书再次重新印刷之前,根据最新的水泥标准对书中有关内容进行了修订,同时对书中的部分内容和文字也进行了一些补充和修改。但已有的标准将来也会进一步修改,所以在学习和工作中仍然应注意有关标准的修改情况,采用最新的标准。

  由于编者水平有限,书中仍然可能存在一些错误和不当之处,望读者给予批评指正,以便在再版时加以修改。

王复生

2009 年 2 月

前　　言

水泥作为一种重要的建筑材料,由于其使用方便,强度、耐久性等性能优良,生产成本低,又具有同地球环境和大气圈亲和共融的生态产品属性,是人类现代物质文明建设的基础材料之一,而且仍然是 21 世纪主要的建筑材料之一。

自水泥工业诞生 180 多年来,性能不断提高,品种不断增加,其生产工艺也经历了多次重大技术创新。20 世纪中期后,以悬浮预热和预分解技术为核心,以原料预均化技术、干法生料均化技术、水泥高细粉磨和预粉磨技术、计算机技术的配合应用,使水泥生产设备和工艺得到了很大发展,使水泥生产全过程具有了高效、优质、低耗、符合环保要求和大型化、自动化的特征。同时,自 1999 年我国水泥胶砂强度检验方法采用 ISO 方法,取代原来的 GB 法以来,我国各种水泥的质量标准和有关性能的检测标准陆续进行了重大修改。

近年,随着国民经济的快速发展,水泥工业也迎来了新的发展时期。新型干法水泥生产线大量建设,水泥企业中新职工不断增加,技术培训工作繁重。我在参加水泥企业的职工技术培训中,发现缺少合适的水泥工艺学教材,以前通用的教材多是十多年前编写,由于水泥国家标准的更新和水泥生产技术的进步已显得不适用了,新的适用的教材尚未见到。为此,根据国家新的水泥标准更新、技术进步情况和教学实践,编写了本书,定名为《现代水泥生产基本知识》。本书系统地介绍了水泥材料及水泥生产技术的发展;硅酸盐水泥熟料的组成、原料、燃料、配料;硅酸盐水泥生料的制备、熟料的烧成、水泥的制成、生产过程的质量控制;同时对水泥的水化硬化机理、掺加混合材料的通用水泥、主要的特种水泥品种和水泥材料物理性能的检测技术也作了介绍。本书可作为企业职工培训和技工学校教材,水泥行业技术人员、管理人员的专业参考书,也可作为高等院校有关专业学生的参考教材。

在本书的编写中,收集和采用了已有的新标准。但目前有些特种水泥标准和水泥特性检测标准仍在修改中,已有的标准将来也会进一步修改,所以在学习和工作中应注意有关标准的修改情况,采用最新的标准。

由于编者水平有限,书中错误和不当之处在所难免,望读者批评指正,以便在再版时加以修改。

编　者
2004 年 5 月

目 录

第一章　水泥生产概述

第一节　胶凝材料与水泥生产技术发展概况

一、胶凝材料的定义和分类

凡在物理、化学作用下,能从浆体变成坚固的石状体,并能胶结其他物料而具有一定机械强度的物质,统称为胶凝材料。胶凝材料按材料成分分为无机和有机两大类别,无机胶凝材料按性能又分为水硬性和非水硬性两大类。非水硬性胶凝材料是只能在空气中或其他条件下硬化,而不能在水中硬化的材料,如无机的石灰、石膏及有机的沥青、环氧树脂胶结料等;水硬性胶凝材料是在拌水后不仅能在空气中硬化又能在水中硬化的材料,如硅酸盐水泥、铝酸盐水泥等无机材料。

二、水泥的定义和分类

水泥是一类具有水硬性的无机胶凝材料。

按国家标准规定:凡细磨材料,加入适量水后,成为塑性浆状,既能在空气中硬化,又能在水中硬化,并能把砂、石等材料牢固地胶结在一起的水硬性胶凝材料,通称水泥。

水泥种类很多。按主要的水硬性矿物组成可分为硅酸盐水泥、铝酸盐水泥、硫铝酸盐水泥等系列;按其用途及性能又可分为通用水泥、专用水泥及特性水泥。通用水泥为用于大量土木建筑工程一般用途的水泥,如硅酸盐水泥、普通硅酸盐水泥、矿渣硅酸盐水泥、火山灰质硅酸盐水泥、粉煤灰硅酸盐水泥、复合硅酸盐水泥等;专用水泥则指有专门用途的水泥,如油井水泥、砌筑水泥等;特性水泥是指某种性能比较突出的水泥,如快硬硅酸盐水泥、低热矿渣硅酸盐水泥、膨胀水泥等。目前水泥品种已达 100 余种。

三、胶凝材料和水泥发展简史

胶凝材料是人类在生产实践中,随着社会生产力的发展而发展起来的。黏土以及黏土掺加一些纤维材料作为胶凝材料是人类使用最早的一种胶凝材料,但黏土不耐水且强度低。大约在公元前 3000～公元前 2000 年,人们开始用石灰、石膏来调制砌筑砂浆用作胶凝材料。我国的万里长城,古埃及的金字塔、狮身人首石像建筑,就是由这种胶凝材料建造的。

随着生产的发展,人们注意到在石灰砂浆中掺入火山灰可以使砂浆具有一定抗水性。我国很早就使用的"三合土"建筑物等都用的是石灰、火山灰材料。古罗马的"庞贝"城以及罗马圣庙等建筑物所用的都是石灰－火山灰材料。随着陶瓷生产的发展,人们用废陶器、碎砖磨碎后混合石灰作胶凝材料时,发现它的砂浆可以在水中硬化,具有较高的强度和较好的抗水性,由此,进一步发现可用石灰和煅烧的黏土来制成胶凝材料。

在 18 世纪到 19 世纪初期,化学和物理学得到发展,被广泛地用于解释自然现象。在这一段时期内,许多学者、工程师对水硬性胶凝材料进行了探索和研究,于1756年和1796年先后制成了水硬性石灰和罗马水泥。在此基础上又用含适量黏土(20%~25%)的石灰石经过煅烧磨细制得早期水泥。

19世纪初期(1810~1825年),工程技术人员已经将石灰石和黏土细粉按一定比例配合,在类似石灰窑的炉内,经高温烧结成块(熟料),再进行粉磨制成水硬性胶凝材料。因为这种水硬性胶凝材料具有与英国波特兰城建筑岩石相似的颜色,故称之为波特兰水泥(我国称为硅酸盐水泥)。英国阿斯普丁(J. Aspdin)于1824年首先取得了这项技术的专利权,这种水泥含有硅酸钙,不但能在水中硬化,而且能长期抗水,强度甚高。其首批大规模使用的实例是1825~1843年修建的泰晤士河隧道。后来一般将1824年作为现代硅酸盐水泥的发明时间。

硅酸盐水泥出现后,180多年来,水泥生产技术经历多次变革,不断得到发展。硅酸盐水泥工业是在第一次产业革命中问世的,开始是间歇作业的土立窑。随着冶炼技术为突破口的第二次产业革命,推动了水泥生产设备的更新,1877年出现了回转窑,继而出现了单筒冷却机、立式磨和单仓球磨机,使水泥产质量有所提高。到19世纪末至20世纪初,水泥工业一直在不断地进行改造与更新,1910年立窑实现机械化连续生产,1928年出现立波尔窑,使回转窑产量有明显提高,热耗降低。

20世纪中期,以原子能、合成化工为标志的第三次产业革命达到了高度工业化阶段。水泥工业也出现重大变革,1950年悬浮预热器的发明与应用,使热耗大幅度降低;1971年研究和开发了水泥窑外预分解技术,使水泥生产技术得到重大突破。同时随着原料预均化及生料均化等多种生产技术的不断完善,以及X射线化学成分检测方法及计算机自动控制技术在水泥生产过程中的应用,使干法窑的产量和质量明显提高,单机生产能力和企业劳动生产率大幅度提高,在节能、降低水泥厂建设投资、降低生产成本等方面均取得很大进展。预分解回转窑煅烧工艺正在逐步取代湿法、老式干法及半干法生产,将水泥工业推向一个新的阶段。

硅酸盐水泥出现后,应用日益普遍。100多年来,由于各国的科学家和水泥工作者的不断研究、探索及生产工艺的改进,使硅酸盐水泥生产不断提高和完善。同时水泥制品也相应得到发展。

由于工业不断发展,以及军事工程和特殊工程的需要,先后制成了各种特殊用途的水泥,如铝酸盐系列水泥、硫铝酸盐系列水泥、高强快硬硅酸盐水泥、膨胀水泥、抗硫酸盐水泥、油井水泥等。

四、水泥在国民经济中的作用

水泥是基本建设中最重要的建筑材料之一。随着现代化工业的发展,它在国民经济中的地位日益提高,应用也日益广泛。水泥与砂、石等集料制成的混凝土是一种低能耗、低成本的建筑材料;新拌水泥混凝土有很好的可塑性,可制成各种形状的混凝土构件;水泥混凝土材料强度高、耐久性好、适应性强。现在水泥已广泛应用于工业建筑、民用建筑、水工建筑、道路建筑、农田水利建设和军事工程等方面。由水泥制成的各种水泥制品,如坑木、轨枕、水泥管、水泥船和纤维水泥制品等广泛应用于工业、交通等部门,在代钢、代木方面,也越来越显示出技术经济上的优越性。水泥已成为现代建筑主要的材料之一。

由于钢筋混凝土、预应力钢筋混凝土和钢结构材料的混合使用,建造了高层、超高层、大跨度以及各种特殊功能的建筑物。新的产业革命,又为水泥行业提出了扩大水泥品种和扩大应用范围的新课题。开发占地球表面71%的海洋是人类进步的标志,而海洋工程的建造,如海洋平台、海洋工厂,其主要建筑材料就是水泥。此外,如宇航工业、核工业以及其他新型工业的建设,也需以水泥为主的复合材料。水泥工业的发展对保证国家经济建设的顺利进行起着十分重要的作用。

五、我国水泥工业发展概况

中国水泥工业起步较晚。1886年前后广东一位商人在澳门青州岛开办一家水泥厂,1889年清政府李鸿章批准由开滦矿务局在唐山创办细棉土厂,因为技术不得法等原因,1889年澳门厂停产,1893年唐山厂停产,1900年唐山重新建立启新洋灰公司(后改名为唐山启新水泥厂),1906年启新引进丹麦史密斯公司的干法中空窑,有了现代意义上的中国水泥工业,以后相继建立了大连、上海、中国、广州、济南以及其他一些水泥厂。但在解放前水泥工业也和其他工业一样,发展一直非常缓慢。旧中国水泥工业不仅产量低而且品种少,历史上水泥最高年产量仅229万吨(1942年),解放前只能生产普通硅酸盐水泥和矿渣硅酸盐水泥两个品种。1949年前我国水泥年产量只有66万吨。

1949年新中国成立以后,水泥工业也和其他工业一样得到迅速发展。老企业开展技术革新和技术革命,并进行改造和扩建;新厂逐步根据合理布局发展起来;在发展各类回转窑水泥厂的同时,立窑水泥厂也迅速建设起来。1991年,我国水泥产量已达2.4亿吨(不包括台湾省),跃居世界首位。我国也非常重视发展新技术、新工艺,促使水泥工业的技术不断进步。我国在20世纪50年代已经进行过悬浮预热器的研究;60年代初在太原水泥厂开发的四级旋风预热器回转窑通过了国家鉴定。1969年又在杭州水泥厂建成了第一台带立筒预热器的回转窑。1976年在石岭建成第一台悬浮分解炉,从此,窑外分解技术得到快速推广使用。日产700吨熟料的窑外分解窑生产工艺线于1983年分别在江苏邳县水泥厂和新疆水泥厂建成,后来国内自行研究、设计、制造了日产2 000吨熟料的窑外分解工艺线在江西万年水泥厂建成并投产。20世纪80年代初我国又在冀东、淮海、宁国、柳州等水泥厂先后引进了若干套国外的窑外分解技术和成套、半成套设备,既帮助了我国水泥工业基本建设的发展,而且在提高设计水平、加强工厂管理和进行设备改造等方面,提供借鉴,促进了我国水泥工业技术水平和管理水平的提高。在粉磨技术方面,我国自行研制成功高细磨设备,引进开发立式辊磨的制造技术,国际上20世纪80年代出现的辊压机技术也在我国很快得到开发推广应用。在20世纪90年代后,我国大力发展以预分解为中心的新型干法工艺线,使我国水泥生产工艺的进步进入了一个新的阶段。目前,日产5 000吨熟料的水泥生产设备我国已能全部配套生产,日产10 000吨熟料的生产线也已建成。大型水泥企业集团也在快速发展中,实力不断增强。2003年海螺集团熟料年产量已达到4 000万吨以上,水泥年产量已达到5 000万吨,可以进入世界水泥十强,亚洲排名第一,世界第六。华新集团、山水集团、渤海集团、三狮集团的年生产能力均迈上了1 000万吨台阶。2003年,我国水泥年产量达到8.6亿吨。全国在建预分解窑生产线超过240条,总生产能力2.28亿吨,新型干法生产能力占水泥总产量的25%。2008年我国水泥产量接近14亿吨,约占世界水泥总产量的50%。新型干法技术生产的水泥比重已超过60%。

我国在煅烧、粉磨、熟料形成、水泥的新矿物系列、水泥的水化与硬化、混合材、外加剂、节能技术等有关基础理论以及测试方法的研究和应用方面,也取得较好成绩。水泥品种发展到70多种,成为世界上水泥品种较多的国家之一。

也应该看到,与世界先进水平相比,我国水泥工业还存在不少问题。大多数水泥企业生产效率仍较低,环境污染较大,技术装备水平较低的立窑工艺仍占总生产能力的较大比例。当前国内外水泥工业发展的中心课题仍是节约能源、节约天然资源和环境保护,我们一定要依靠科技进步来加速发展我国的水泥工业,争取早日赶上和超过世界先进水平。

第二节　通用硅酸盐水泥的组成及质量要求

广义来讲,硅酸盐水泥是以硅酸钙为主要成分的熟料所制得的一系列水泥的总称。从狭义来讲,硅酸盐水泥是一种基本不掺混合材料的以硅酸钙为主要成分的熟料所制得的水泥品种。如掺加一定数量的混合材料,则硅酸盐水泥名称前面冠以混合材料的名称,如矿渣硅酸盐水泥、火山灰质硅酸盐水泥、粉煤灰硅酸盐水泥等。

在我国,将硅酸盐水泥、普通硅酸盐水泥、矿渣硅酸盐水泥、火山灰质硅酸盐水泥、粉煤灰硅酸盐水泥和复合硅酸盐水泥称为通用硅酸盐水泥。

根据国家标准 GB 175—2007《通用硅酸盐水泥》等标准的规定:通用硅酸盐水泥的定义、组成、强度等级、品质指标以及验收规则如下。

一、定义与代号

(一)通用硅酸盐水泥

是以硅酸盐水泥熟料和适量石膏及规定的混合材料制成的水硬性胶凝材料。

(二)硅酸盐水泥

凡由硅酸盐水泥熟料、0%～5%石灰石或粒化高炉矿渣、适量石膏磨细制成的水硬性胶凝材料,称为硅酸盐水泥(即国外通称的波特兰水泥)。硅酸盐水泥分两种类型:不掺加混合材料的称为 I 型硅酸盐水泥,代号 P·I。在硅酸盐水泥熟料粉磨时掺加不超过水泥质量5%的石灰石或粒化高炉矿渣混合材料的称为 II 型硅酸盐水泥,代号 P·II。

(三)普通硅酸盐水泥

凡由硅酸盐水泥熟料、6%～20%混合材料、适量石膏磨细制成的水硬性胶凝材料,称为普通硅酸盐水泥(简称普通水泥),代号 P·O。

掺混合材料时,最大掺量不得超过20%,其中允许用不超过水泥质量5%的符合标准要求的窑灰或不超过水泥质量8%的符合标准要求的非活性混合材料来代替。

(四)矿渣硅酸盐水泥

凡由硅酸盐水泥熟料和粒化高炉矿渣、适量石膏磨细制成的水硬性胶凝材料,称为矿渣硅酸盐水泥(简称矿渣水泥)。水泥中粒化高炉矿渣掺加量按质量百分比计为>20%且≤50%的代号为 P·S·A,水泥中粒化高炉矿渣掺加量按质量百分比计为>50%且≤70%的代号为 P·S·B。允许用符合标准的石灰石、窑灰、粉煤灰和火山灰质混合材料中的一种材料代替矿渣,代替数量不得超过水泥质量的8%。

(五)火山灰质硅酸盐水泥

凡由硅酸盐水泥熟料和火山灰质混合材料、适量石膏磨细制成的水硬性胶凝材料,称为火

4

山灰质水泥(简称火山灰水泥)，代号 P·P。水泥中火山灰质混合材料掺量按质量百分比计为 20%～40%。

（六）粉煤灰硅酸盐水泥

凡由硅酸盐水泥熟料和粉煤灰、适量石膏磨细制成的水硬性胶凝材料，称为粉煤灰硅酸盐水泥(简称粉煤灰水泥)，代号 P·F。水泥中粉煤灰掺加量按质量百分比计为 20%～40%。

（七）复合硅酸盐水泥

凡由硅酸盐水泥熟料、两种或两种以上规定的混合材料、适量石膏磨细制成的水硬性胶凝材料，称为复合硅酸盐水泥(简称复合水泥)，代号 P·C。水泥中混合材料总掺加量按质量百分比计应大于 20%，但不超过 50%。允许用不超过水泥质量 8% 的窑灰代替。掺矿渣时混合材料掺量不得与矿渣硅酸盐水泥重复。

二、组分材料

（一）硅酸盐水泥熟料

由主要含 CaO、SiO_2、Al_2O_3、Fe_2O_3 的原料，按适当比例磨成细粉，烧至部分熔融，所得的以硅酸钙为主要成分的水硬性胶凝物质，称为硅酸盐水泥熟料(简称熟料)。其中，硅酸盐矿物含量(质量分数)不小于 66%，氧化钙和氧化硅质量比不小于 2.0。

（二）石膏

天然石膏应符合 GB/T 5483 规定中规定的 G 类或 A 类二级(含)以上的石膏或混合石膏。工业副产石膏是工业生产中以硫酸钙为主要成分的副产品。采用前应经过试验证明对水泥性能无害。

（三）活性混合材料

符合 GB/T 203 的粒化高炉矿渣、符合 GB/T 18046 的粒化高炉矿渣粉、符合 GB/T 1596 的粉煤灰和符合 GB/T 2847 的火山灰质混合材料。

（四）非活性混合材料

活性指标分别低于 GB/T 1596、GB/T 2847 和 GB/T 203、GB/T 18046 标准要求的粉煤灰、火山灰质混合材料和粒化高炉矿渣以及石灰石和砂岩。石灰石中的三氧化二铝含量不得大于 2.5%。

（五）窑灰

应符合 JC/T 742 的规定。

（六）助磨剂

水泥粉磨时允许加入不损害水泥性能的助磨剂，其加入量不得超过水泥质量的 0.5%，助磨剂应符合 JC/T 667 的规定。

三、强度等级

硅酸盐水泥的强度等级分为 42.5、42.5R、52.5、52.5R、62.5、62.5R 六个等级。

普通硅酸盐水泥的强度等级分为 42.5、42.5R、52.5、52.5R 四个等级。矿渣硅酸盐水泥、火山灰质硅酸盐水泥、粉煤灰硅酸盐水泥、复合硅酸盐水泥的强度等级分为 32.5、32.5R、42.5、42.5R、52.5、52.5R 六个等级。

四、技术要求

(一)不溶物

Ⅰ型硅酸盐水泥中不溶物不得超过 0.75%；Ⅱ型硅酸盐水泥中不溶物不得超过 1.5%。

(二)氧化镁

硅酸盐水泥和普通硅酸盐水泥中氧化镁的含量不得超过 5.0%,如果水泥经压蒸安定性试验合格,则水泥中氧化镁含量允许放宽到 6.0%。其他通用硅酸盐水泥中氧化镁的含量不得超过 6.0%,大于 6.0%时,需进行水泥压蒸安定性试验并合格。

(三)三氧化硫

矿渣硅酸盐水泥中三氧化硫的含量不得超过 4.0%。其他通用硅酸盐水泥中三氧化硫的含量不得超过 3.5%。

(四)烧失量

Ⅰ型硅酸盐水泥中烧失量不得大于 3.0%,Ⅱ型硅酸盐水泥中烧失量不得大于 3.5%,普通硅酸盐水泥中烧失量不得大于 5.0%。

(五)氯离子

各种通用硅酸盐水泥中氯离子含量不得大于 0.06%。

(六)碱

水泥中碱含量按 $Na_2O + 0.658K_2O$ 计算值来表示,若使用活性集料,用户要求提供低碱水泥时,水泥中碱含量不得大于 0.60%或由供需双方商定。

(七)细度

硅酸盐水泥和普通硅酸盐水泥的细度以比表面积表示,其比表面积不小于 $300m^2/kg$;其他通用硅酸盐水泥的细度以筛余表示,其 $80\mu m$ 方孔筛筛余不大于 10%或 $45\mu m$ 方孔筛筛余不大于 30%。

(八)凝结时间

硅酸盐水泥初凝不得早于 45min,终凝不得迟于 390min。其他通用硅酸盐水泥初凝不得早于 45min,终凝不得迟于 600min。

(九)安定性

用沸煮法检验必须合格。

(十)强度

水泥强度等级按规定龄期的抗压强度和抗折强度来划分,各等级水泥的各龄期强度不得低于表 1-2-1 所示数值。

表　1-2-1　　　　　　　　　　　　　　　　　　MPa

品　　种	强度等级	抗　压　强　度		抗　折　强　度	
		3d	28d	3d	28d
硅酸盐水泥	42.5	17.0	42.5	3.5	6.5
	42.5R	22.0	42.5	4.0	6.5
	52.5	23.0	52.5	4.0	7.0
	52.5R	27.0	52.5	5.0	7.0
	62.5	28.0	62.5	5.0	8.0
	62.5R	32.0	62.5	5.5	8.0

品　　种	强度等级	抗　压　强　度		抗　折　强　度	
		3d	28d	3d	28d
普通硅酸盐水泥	42.5	17.0	42.5	3.5	6.5
	42.5R	22.0	42.5	4.0	6.5
	52.5	23.0	52.5	4.0	7.0
	52.5R	27.0	52.5	5.0	7.0
矿渣硅酸盐水泥 火山灰质硅酸盐水泥 粉煤灰硅酸盐水泥 复合硅酸盐水泥	32.5	10.0	32.5	2.5	5.5
	32.5R	15.0	32.5	3.5	5.5
	42.5	15.0	42.5	3.5	6.5
	42.5R	19.0	42.5	4.0	6.5
	52.5	21.0	52.5	4.0	7.0
	52.5R	23.0	52.5	4.5	7.0

五、不合格品

凡安定性、凝结时间、不溶物、烧失量、三氧化硫、氧化镁、氯离子含量中的任一项不符合标准规定或强度低于商品强度等级规定的指标时称为不合格品。

以上标准直接规定了硅酸盐水泥的三种重要建筑性能指标(凝结时间、安定性与强度等级),并规定了化学成分(特别限制了氧化镁、三氧化硫、氯离子、烧失量与不溶物的含量),以保证水泥的品质指标。

凝结时间直接影响施工,凝结时间过短使砂浆与混凝土在浇灌前即已失去流动性而无法使用;凝结时间过长则减慢施工速度与模板周转期。通常硅酸盐水泥熟料的初凝时间过快,需要加入适量石膏以调节凝结时间来达到标准所规定的要求。但如果掺加石膏过多,则不仅使水泥强度降低,而且还会导致安定性不良。因此标准规定了水泥初凝时间与终凝时间,也限制了水泥中三氧化硫的允许含量。

在水泥凝结硬化过程中,或多或少会发生一些体积变化。如果这些变化发生在水泥硬化之前,或者即使发生在水泥硬化以后但很小,则对建筑物质量不会有什么影响。如果在硬化后产生较大而不均匀的体积变化(即安定性不良),将使硬化水泥石内部产生裂缝,建筑物质量降低,甚至发生崩溃。引起安定性不良的原因有:高温过烧、游离氧化钙含量过高、氧化镁含量过高以及石膏掺加量过多。熟料中游离氧化钙含量由工厂自行控制,但标准规定了水泥试饼用沸煮法检验时必须合格。氧化镁在烧成温度下形成的方镁石晶体的水化速度很慢,其危害程度要用压蒸法才能检验出来。因此标准规定硅酸盐水泥和普通硅酸盐水泥中氧化镁的含量不得超过5%,只有经压蒸安定性试验合格才允许将含量放宽到6%。其他通用硅酸盐水泥中氧化镁含量大于6%时须经压蒸安定性试验合格才允许氧化镁含量放宽。石膏掺加量通过水泥中三氧化硫的含量来控制。

强度是水泥的重要建筑性能,它是硬化的水泥石能够承受外力破坏的能力,以兆帕(MPa)表示。对于水泥的使用来说,不仅要考虑强度的大小,还要考虑强度发展快慢,因此标准规定了 3d、28d 两个龄期的强度。由于水泥 28d 的强度大部分已发挥出来,以后强度增长已很缓慢,所以一般用 28d 的抗压强度作为质量分级,来划分不同的强度等级。而符合某一强度等级的水泥必须同时满足表 1-2-1 所规定的各龄期的抗压或抗折强度的相应指标。若其中任一龄期的抗压或抗折强度等指标达不到所要求强度等级的规定,则以其中最低的一个强度指标作为计算该水泥的强度等级。国家标准还规定了按早期强度分两种类型,其中 R 型(即 32.5R、42.5R、52.5R、62.5R)为早强型。早强型水泥具有比原型强度 3d 强度高的特点。设置早强型水泥强度等级,表明我国水泥已向早强快硬方面发展,使我国水泥较快地达到世界水泥早期强度增进率的水平。同时对于加快施工进度,促进施工工艺和水泥生产工艺改革都有推动作用。

某些混凝土工程破坏,是由于水泥水化所析出的 KOH 和 NaOH 与集料中的活性二氧化硅相互作用,形成碱的硅酸盐凝胶,致使混凝土开裂,即产生碱集料反应。碱集料反应与混凝土中的总碱量、集料的活性强度及混凝土使用环境有关,即使在使用相同活性集料的情况下,为防止碱集料反应,不同混凝土配比和不同的使用环境对水泥中碱含量的要求也不会一样,因此标准中将碱含量定为任选要求。当用户要求时,由双方协商,但规定是低碱水泥时,硅酸盐水泥和普通水泥中的 Na_2O 当量($Na_2O + 0.658K_2O$)含量应不大于 0.6%。

第三节　通用水泥性能比较和使用范围

水泥在建筑上主要用以配制砂浆和混凝土。水泥作为建筑材料,其主要的性能是强度、体积变化以及与环境相互作用的耐久性。为方便施工,水泥拌水后的凝结时间也是一项相当重要的指标。对于大体积工程或者特殊条件下施工时,水化热也是水泥的一个重要性能。

硅酸盐水泥、普通硅酸盐水泥及其他几种通用水泥都是用于一般土木建筑工程,但它们的性能和使用范围也有所差别,现比较如下:

一、硅酸盐水泥的性能和使用范围

1. 性能

凝结硬化快,早期强度高,水泥强度等级高;抗冻性、耐磨性好;水化热较高;耐酸、碱、硫酸盐类化学侵蚀性较差。

2. 使用范围

主要用于配制高强度等级混凝土、早期强度要求较高的工程、在低温条件下需要强度发展较快的工程;也可用于一般地上工程和不受侵蚀的地下工程、无腐蚀性水中的受冻工程。

二、普通硅酸盐水泥的性能和使用范围

1. 性能

凝结硬化较快,早期强度较高;抗冻性较好;水化热偏高;耐酸、碱、硫酸盐类化学侵蚀性较差。

2. 使用范围

主要用于配制较一般强度等级混凝土、在低温条件下需要强度发展较快的工程;也可用于

一般地上工程和不受侵蚀的地下工程、无腐蚀性水中的受冻工程。

三、矿渣硅酸盐水泥的性能和使用范围

1. 性能

对硫酸盐类侵蚀的抵抗能力及抗水性较好;耐热性较好;水化热较低;在蒸汽养护中强度发展较快;在潮湿环境中后期强度增进率较大;但早期强度较低,凝结较慢,在低温环境下尤甚;干缩性较大,有泌水现象。

2. 使用范围

用于地下、水中和海水中工程,以及经常受高水压的工程,其对硫酸盐类侵蚀的抵抗能力及抗水性较硅酸盐水泥和普通硅酸盐水泥更好;也可用于大体积混凝土工程、蒸汽养护的工程和一般地上工程。

四、火山灰质硅酸盐水泥

1. 性能

对硫酸盐类侵蚀的抵抗能力较强;抗水性较好;水化热较低;在湿润环境中后期强度增进率较大;在蒸汽养护中强度发展较快;早期强度较低,凝结较慢,在低温环境中尤甚;抗冻性较差;吸水性大;干缩性较大。

2. 使用范围

主要用于大体积混凝土工程,地下、水中工程及经常受较高水压的工程和低强度等级混凝土;也可用于受海水及含硫酸盐类溶液侵蚀的工程、蒸汽养护的工程和远距离运输的砂浆和混凝土。

五、粉煤灰硅酸盐水泥的性能和使用范围

1. 性能

对硫酸盐类侵蚀的抵抗能力及抗水性较好;水化热较低;耐热性较好;后期强度增进率较大;干缩性较小;抗拉强度较高;抗裂性好;早期强度较低;抗冻性较差;抗碳化性能较差。

2. 使用范围

主要用于水工大体积混凝土工程和一般民用和工业建筑工程配置低强度等级混凝土;也可用于混凝土和钢筋混凝土的地下及水中结构、用蒸汽养护的构件。

第四节 硅酸盐水泥的生产方法

一、硅酸盐水泥的生产方法分类

硅酸盐水泥的生产分为三个阶段:即石灰质原料、硅铝质原料与少量铁质、铝质、硅质校正原料经破碎或烘干后,按一定比例配合、磨细,并调配为成分合适、质量均匀的生料,称为第一阶段:生料的制备;然后生料在水泥窑内煅烧至部分熔融,所得以硅酸钙为主要成分的硅酸盐水泥熟料,称为第二阶段:熟料煅烧;熟料加适量石膏,有时还加一些混合材料共同磨细为水泥,称为第三阶段:水泥的粉磨。

由于各地条件、原料资源和建设时采用的主机设备等情况不同,水泥生产方法也有所不同,根据我国目前生产水泥的情况,采用下列两种分类方法。

(一)按煅烧窑的结构分类

一般分为立窑和回转窑两大类

1. 立窑　有普通立窑和机械化立窑。

2. 回转窑　有湿法回转窑、干法回转窑和半干法回转窑。

(1)湿法回转窑　有湿法长回转窑,窑内有链条等热交换装置;湿法短回转窑,与热交换设备连接工作(如料浆蒸发机等)。

(2)半干法回转窑　即立波尔窑。

(3)干法回转窑　有中空式窑、带余热锅炉的窑、带旋风预热器的窑、带立筒预热器的窑、带旋风预热器及预分解炉的窑。

(二)按生料制备方法分类

一般分为湿法、干法、半干法三类。

1. 湿法　采用湿法生产时,黏土质原料先经淘制成黏土浆,然后与破碎后的石灰石、铁质原料按一定比例配合,喂入磨机中,加水一起粉磨成生料浆,生料浆经调配均匀并符合要求后喂入湿法回转窑煅烧成熟料。

2. 干法　采用干法生产时,石灰石先经破碎,再与烘干过的黏土、铁粉等物料,按适当成分的比例配合,送入生料磨磨细,所得生料粉经调配均化符合要求后喂入干法回转窑煅烧成熟料。

3. 半干法　介于湿法与干法之间的生产方法,将干法制得的已调配均匀的生料粉,加适当水分(一般为 12%～14%)制成料球,喂入半干法窑煅烧成熟料。

一般回转窑生产可采用湿法、干法和半干法,立窑生产采用半干法。现代大型水泥生产线都采用带预分解炉的干法回转窑生产技术。

二、主要生产方法的特点

(一)立窑生产特点

在我国水泥工业发展中,立窑厂曾经蓬勃发展,遍布全国,在社会主义建设中发挥了重大作用。立窑生产具有以下优点:

1. 基本建设投资小,投入生产快;

2. 可就地取材,就地生产,就地使用;

3. 可充分利用零星矿山资源,对劣质煤有较大适应性;

4. 窑内传热效率高,散热损失小,单位热耗较低;

5. 需要设备和动力容量少,单位产量需要设备和动力容量比回转窑水泥厂约少 50%,故可节省钢材和动力。

立窑生产的缺点是:生产规模小,熟料质量较差,劳动生产率低,对环境污染较大,劳动强度较大等。

(二)预分解干法回转窑与其他回转窑比较

目前,我国新建大中型厂主要是带预分解炉的干法回转窑,与湿法回转窑和普通干法回转窑比,主要优点有:

1．热耗低，湿法回转窑熟料热耗一般约为 5 652kJ/kg 熟料，悬浮预热器窑的热耗约为 3 350kJ/kg 熟料，而现代预分解窑热耗比悬浮预热器窑更低；

2．单机产量高，可比同规格悬浮预热器窑高 100%～150%，单机日产量可达到 10 000t 以上熟料；

3．熟料质量高；

4．排放废气中 NO_x 含量低，对环境污染小；

5．大型生产线吨水泥投资少，生产成本低，经济效益好。

近年来，国家引导和支持发展大型预分解回转窑生产线。对机立窑生产线进行限制发展，要求普通立窑和小型立窑生产线淘汰。大中型立窑生产企业要求环境保护达到要求指标，提高质量和经济效益，并提倡向预分解回转窑方向发展。

第五节　硅酸盐水泥的生产工艺流程

水泥生产工艺流程是根据资源情况、原料的种类和性质，以及采用的生产主要设备和工厂规模来确定的。

在确定某一种工艺流程时，应特别采用先进的、成熟的和适用的技术和设备，注意生产技术管理方便、降低基建投资和降低水泥生产成本等问题，同时还要考虑到生产工艺上的几个重要条件，即高效的粉磨设备，均匀的生料质量，优良的熟料烧成，合理的余热利用和动力使用，经济的运输流程，较高的劳动生产率，有效的防尘、收尘措施，最少的占地面积，以及最低的生产流动资金等。因此，工艺流程应通过不同方案的分析比较加以确定。

典型的预分解干法回转窑生产工艺流程见图 1-5-1，典型的机立窑生产工艺流程见图 1-5-2。

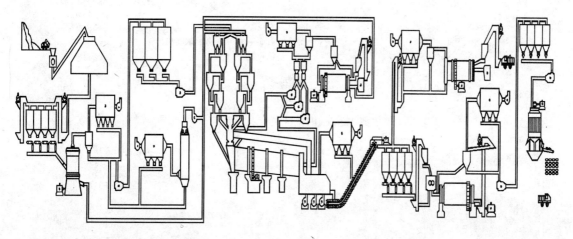

图 1-5-1　预分解干法回转窑生产工艺流程

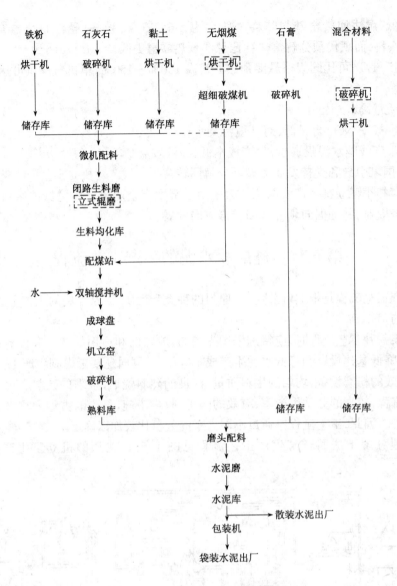

图 1-5-2　机立窑生产工艺流程

12

第二章 硅酸盐水泥熟料的组成

第一节 硅酸盐水泥熟料的矿物组成

水泥的质量主要取决于熟料的矿物组成和结构,熟料的矿物组成和结构又主要取决于化学组成和烧成热工条件。

1883 年,(法)Le.Chatelier 通过金相显微镜观测,发现硅酸盐水泥熟料中有四种不同的矿物,后经他人研究证实并起名为阿利特(Alite)、贝利特(Belite)、才利特(Celite)和菲利特(Felite)。直到 1930 年前后,才确认阿利特为含有少量杂质的硅酸三钙,贝利特和菲利特为含有少量杂质的硅酸二钙,才利特为铁相固熔体。

现在认为,硅酸盐水泥熟料中主要含有硅酸三钙、硅酸二钙、铝酸钙和铁相固熔体四种矿物,还有少量的游离氧化钙、方镁石、玻璃体等。

上述四种矿物是由生料中氧化钙(CaO)、二氧化硅(SiO_2)、三氧化二铝(Al_2O_3)、三氧化二铁(Fe_2O_3)经过高温煅烧化合而成的。

通常熟料中硅酸三钙和硅酸二钙含量占 75% 左右,称为硅酸盐矿物。铝酸钙和铁相固熔体占 22% 左右,它们在 1 250～1 280℃会熔融成液相,以促进 C_3S 顺利形成,故称为熔剂矿物。

一、硅酸三钙

硅酸三钙($3CaO \cdot SiO_2$,简写成 C_3S)是硅酸盐水泥熟料中最主要的矿物,其含量通常为 50%～60%。C_3S 在 1 250～2 065℃温度范围内稳定,在 2 065℃以上不一致熔融为 CaO 与液相,在 1 250℃以下分解为 C_2S 和 CaO。实际上在 1 250℃以下分解为 C_2S 和 CaO 的反应进行得非常缓慢,致使纯的 C_3S 在室温下可以呈介稳状态存在。

在硅酸盐水泥熟料中,并不是以纯的硅酸三钙存在,总含有少量其他氧化物,如 Al_2O_3 及 MgO,形成固溶体,还含有少量 Fe_2O_3、R_2O、TiO_2 等。含有少量氧化物的硅酸三钙,称为 A 矿(阿利特)。A 矿的化学组成仍接近 C_3S,因而 A 矿通常近似地看作是 C_3S。

阿利特为板状或柱状晶体,在光片中多数呈六角形。在熟料光片中往往会看到阿利特形成环带结构,即平行于晶体的边棱,形成不同的带,这是阿利特形成固溶体的特征,不同带表示固溶体的成分不同。阿利特的密度为 3.14～3.25g/cm³。

硅酸三钙凝结时间正常,水化较快,水化热较高,抗水性较差,强度高,且强度增长率也大。

二、硅酸二钙

硅酸二钙($2CaO \cdot SiO_2$,简写成 C_2S)在熟料中的含量一般为 20% 左右。纯的 C_2S 有四种晶形,即 α-C_2S、α'-C_2S、β-C_2S、γ-C_2S。

纯的硅酸二钙在 1 450℃以下,进行下列多晶转变:

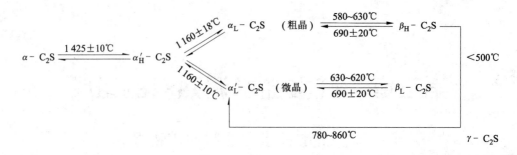

在室温下,有水硬性的 α、α'、α_L、β 型纯硅酸二钙的几种变型都是不稳定的,有要转变为水硬性弱的 γ 型 C_2S 的趋势。当 C_2S 石中含有某些微量氧化物,如 Al_2O_3、Fe_2O_3、MgO、Na_2O、K_2O、TiO_2 等,使硅酸二钙形成固溶体。根据硅酸二钙固溶氧化物的种类与数量以及冷却开始的温度与速率,可以保留不同的高温变型。但 α-C_2S 由于生成温度较高,主要稳定剂氧化钠大多与铝酸三钙形成固溶体,稳定 α'-C_2S 的氧化钾数量也不多,都不足以阻止它们的转化。所以熟料中 α-C_2S 与 α'-C_2S 一般较少存在。实际生产的正常熟料以 β-C_2S 存在。熟料中的 C_2S,并不是以纯的形式存在,而是在 C_2S 中溶进少量 MgO、Al_2O_3、R_2O、Fe_2O_3 等氧化物的固溶体,通常称为 B 矿(贝利特)。

当硅酸二钙中固溶少量 As_2O_3、V_2O_5、Cr_2O_3、BaO、SrO、P_2O_5 等氧化物时,可以提高硅酸二钙的水硬活性。

在立窑中锻烧时,有时因烧成温度低,液相不足,硅酸二钙含量过多。冷却较慢,通风不良,还原气氛严重,硅酸二钙在低于 $500℃$ 的温度下,容易由密度为 $3.28g/cm^3$ 的 β-C_2S 转变为密度为 $2.97g/cm^3$ 的 γ-C_2S,体积膨胀 10%,导致熟料粉化,形成几乎没有水硬性的 γ-C_2S。但熟料中液相较多,可使溶剂矿物形成玻璃体,将 β-C_2S 包住,迅速冷却越过 β 型转化为 γ 型的转变温度而保留住 β-C_2S。

贝利特晶体多数呈圆形或椭圆形,其表面光滑或有各种不同条纹的双晶槽痕。有两对以上呈锐角交叉的槽痕,称为交叉双晶;槽痕平行的称为平行双晶。

贝利特水化较慢,水化热较低,抗水性较好,早期强度较低,但在一年后可赶上阿利特。

三、铝酸钙

熟料中铝酸钙主要是铝酸三钙($3CaO \cdot Al_2O_3$,简写成 C_3A),有时还可能有七铝酸十二钙($C_{12}A_7$)。铝酸三钙中也固溶部分氧化物,如 SiO_2、Fe_2O_3、MgO、K_2O、Na_2O、TiO_2 等。铝酸三钙密度为 $3.04g/cm^3$。

用金相显微镜观察分布在阿利特和贝利特中间的物质,发暗部分习惯上称黑色中间相,主要成分是 C_3A、含铁玻璃体和碱质化合物,它们一般呈片状、柱状或点滴状。所谓黑色中间相,颜色不是墨黑的,它在中间物因反光能力较弱,故颜色比较暗。

铝酸三钙水化迅速、放热多,如不加石膏缓凝,易使水泥快凝。它的强度三天内就大部分发挥出来,但强度值不高,后期几乎不再增长,甚至倒缩。铝酸三钙的干缩变形大,抗硫酸盐性能差。

四、铁相固熔体

熟料中的铁相固熔体(铁铝酸盐)为 C_2F-C_8A_3F 连续固溶体系列中的数个成分。在一般水泥熟料中,其平均成分接近 C_4AF,所以在配料计算及生产控制中可以用 C_4AF($4CaO \cdot Al_2O_3 \cdot Fe_2O_3$,简写成 C_4AF)来代表熟料中的铁铝酸盐。当熟料中 $Al_2O_3/Fe_2O_3 < 0.64$ 时,可生成铁酸二钙(C_2F)。

铁铝酸钙矿物中,常溶有少量 MgO、SiO_2、Na_2O、K_2O、TiO_2 等氧化物。铁铝酸钙又称 C 矿(才利特),密度为 $3.77g/cm^3$。在反光显微镜下,由于反射能力强,呈白色,故铁铝酸钙也称白色中间相。

铁铝酸四钙的水化速度在早期介于铝酸三钙和硅酸三钙之间,但随后的发展就不如硅酸三钙。它的强度早期类似于铝酸三钙,而在后期还能不断增长,类似于硅酸二钙。其抗冲击性能和抗硫酸盐性能较好,水化热较铝酸三钙低。

铁酸二钙凝结硬化慢,但有一定水硬性。

五、玻璃体

在上面谈到的熟料主要四种矿物组成中,除 A 矿和 B 矿外,其他物质统称为中间物质。中间物质包括 C_3A、C_4AF、MgO、Na_2O、K_2O 等,这些物质在熟料烧成温度下变成熔融体(液相)。在熟料冷却时,部分液相结晶,部分液相凝固成玻璃体。

凝固成玻璃体的数量,取决于冷却条件。如果 C_3A、C_4AF 结晶出来的数量多,则玻璃体的含量相对减少。普通冷却的熟料中含有玻璃体约为 $2\% \sim 21\%$;急冷熟料中约为 $8\% \sim 22\%$;慢冷熟料中约为 $0 \sim 2\%$。

由于玻璃体是高温熔融液相,在冷却时来不及结晶而形成的。因而在玻璃体中,分子、原子、离子排列是无秩序的,组成也不固定,其主要成分为 Al_2O_3、Fe_2O_3、CaO、MgO、Na_2O、K_2O。由于玻璃体处于不稳定状态,因而其水化热大。在玻璃体中含 C_4AF 多时,会影响熟料的正常颜色,使熟料变为红黄色。此外,生成多量的玻璃体能包住 β-C_2S,阻止它的晶形转变。

六、游离氧化钙和方镁石

当配料不当,生料过粗或煅烧不充分时,熟料中就会出现没有被吸收的以游离状态存在的氧化钙,称为游离氧化钙,又称游离石灰(f-CaO)。它在偏光显微镜下为无色圆形颗粒,有明显解理,有时有反常干涉色。在反光显微镜下用蒸馏水浸蚀后呈彩虹色,很易识别。游离氧化钙在熟料烧成温度下呈"死烧状态",结构比较致密,与水作用生成 $Ca(OH)_2$ 的反应很慢,通常要在加水3天以后反应才比较明显。游离氧化钙水化生成氢氧化钙时,体积膨胀 97.9%;在硬化水泥石内部造成局部膨胀应力。因此,随着游离氧化钙含量的增加,首先是抗拉、抗折强度的降低,使3天以后强度倒缩,严重时会引起安定性不良,使水泥制品变形或开裂,甚至整个水泥制品崩溃。为此,应严格控制游离氧化钙的含量。一般回转窑熟料控制在 1.0% 以下,立窑熟料控制在 2.0% 以下。

游离氧化钙的产生,除了煅烧反应不完全而产生的尚未化合的 f-CaO 外,还可能由于熟料慢冷或还原气氛使 C_3S 分解的 CaO 及熟料中含 K_2O、Na_2O 比较多时,取代 C_2S、C_3A 及 C_2S 中的 CaO,而形成所谓二次游离氧化钙。由于二次游离氧化钙经高温作用,同样会产生破坏作用。立窑熟料中的游离氧化钙有一部分存在于黄粉、黄球等生烧料中,这一部分游离氧化钙由于没有经过高温死烧,水化较快,对混凝土建筑物的破坏力不大。

由于 MgO 与 SiO_2、Al_2O_3、Fe_2O_3 的化学亲和力小,因而在熟料煅烧过程中,氧化镁一般不与其他氧化物起化学作用而生成有用矿物。熟料煅烧过程中氧化镁有一部分可和熟料矿物结合成固溶体以及溶于液相中。当熟料中含有少量氧化镁时,能降低熟料液相生成温度,增加液相数量,降低液相黏度,有利于熟料形成,还能改善熟料色泽。多余的氧化镁结晶出来,呈游离状态,称为方镁石。

方镁石在偏光显微镜下一般很难见到,在反光镜下呈多角形,一般为粉红色,并有黑边。方镁石结晶大小随冷却速度不同而变化,快冷结晶细小。

方镁石的水化比游离氧化钙更为缓慢,要几个月甚至几年才明显反映出来。水化生成氢氧化镁时,体积膨胀148%,导致水泥安定性不良。方镁石膨胀的严重程度与其含量、晶体尺寸等都有关系。晶体小于$1\mu m$,含量5%只引起轻微膨胀;晶体$5\sim7\mu m$,含量3%就会严重膨胀。为此,国家标准规定,熟料中氧化镁含量应小于5%。但如水泥经压蒸安定性试验合格,熟料中氧化镁的含量可允许达6%。采用快冷、掺加混合材料等措施,可以缓和膨胀的影响。

综上所述,硅酸盐水泥熟料中含有多种矿物成分,但对水泥性能及煅烧起主要作用的是C_3S、C_2S、C_3A、C_4AF等四种矿物组成。水泥质量好坏的主要指标是水泥强度,而水泥强度又取决于熟料的矿物组成。因而了解水泥四种主要熟料矿物组成的强度对了解和改进水泥性能具有重要意义。表2-1-1、表2-1-2列出四种熟料矿物组成在不同龄期的抗压强度及水化热。

表 2-1-1　熟料单矿物的强度　　　　　　　　　　　　　　MPa

矿物名称	抗 压 强 度				
	3d	7d	28d	90d	180d
C_3S	24.22	30.98	42.16	57.65	57.84
β-C_2S	1.73	2.16	4.51	19.02	28.04
C_3A	7.55	8.14	8.04	9.41	6.47
C_4AF	15.10	16.47	18.24	16.27	19.22

表 2-1-2　熟料四种主要矿物的水化热　　　　　　　　　　J/g

矿物名称	水 化 热			
	3d	7d	28d	90d
C_3S	406	459	487	520
C_2S	21	104	166	184
C_3A	590	660	873	928
C_4AF	93	250	378	416

从上表中数据说明:

(1)在四种矿物中,C_3S绝对强度最高,早期强度和后期强度都高。C_3S的水化热也较高;

(2)C_2S早期强度低,28天以前不论是绝对强度值或是增进率都是很低的,但3~6月后强度增进率大,1年后强度绝对值甚至赶上或超过C_3S的强度。C_2S的水化热很低。

(3)C_3A的水化硬化很快,3天就发挥出全部强度。但强度绝对值不高,后期强度甚至会降低。C_3A的水化热高。

(4)C_4AF的强度能不断增长。

必须指出:上述结论主要是根据单矿物水化特点得出的,它还不能反映水泥在水化时各矿物间相互影响、互相促进的内在关系。同时,其他微量矿物含量虽少,但在一定条件下影响很大。尽管如此,单矿物的绝对强度及增进率,可以帮助我们分析与判断水泥的主要性能,判断水泥质量的变化和选择合理的矿物组成。

第二节 硅酸盐水泥熟料的化学成分

为了获得符合要求的熟料矿物组成,必须将生料中 CaO、SiO_2、Al_2O_3、Fe_2O_3 的质量百分含量控制在一定范围内,硅酸盐水泥熟料主要氧化物的含量波动范围如下(质量%):

CaO	$62\%\sim67\%$;
SiO_2	$20\%\sim24\%$;
Al_2O_3	$4\%\sim7\%$;
Fe_2O_3	$2.5\%\sim6.0\%$。

除了以上四种主要氧化物外,硅酸盐水泥熟料中还含有少量其他氧化物,如 MgO、SO_3、Na_2O、K_2O、TiO_2、Mn_2O_3、P_2O_5,以及烧失量。由于熟料中主要矿物是由各主要氧化物经高温煅烧化合而成,因此,我们可以根据氧化物的含量,近似推测出熟料中各矿物的含量,进而近似推测出水泥的性质。下面简述各氧化物在熟料中的作用。

一、氧化钙

CaO 是熟料中最重要的化学成分,它与熟料中的 SiO_2、Al_2O_3、Fe_2O_3 反应生成 C_3S、C_2S、C_3A、C_4AF 等水硬性矿物,增加熟料中氧化钙含量能增加 C_3S 含量,就可提高水泥强度。但并不是说氧化钙含量愈多愈好,因为氧化钙过多,易产生未化合的氧化钙,呈游离状态存在于熟料中,即俗称的游离氧化钙。游离氧化钙是水泥安定性不良的主要因素,因而氧化钙含量必须适当。如果熟料中氧化钙含量过低,则生成 C_3S 太少,C_2S 相应增加,水泥强度不高;如果煅烧和冷却不好,还会引起熟料粉化,使水泥强度更低。

二、二氧化硅

SiO_2 也是熟料中主要成分之一。它与 CaO 在高温下化合成硅酸盐矿物,因此,在水泥熟料中二氧化硅要保证有适宜量。当熟料中 CaO 含量一定时,SiO_2 含量愈高,生成 C_2S 的量就愈多,C_3S 的含量相应减少,会影响水泥质量。SiO_2 高时,也相应降低了 Al_2O_3 和 Fe_2O_3 含量,则熔剂矿物($C_3A + C_4AF$)减少,不利于 C_3S 的形成;如果 SiO_2 过低时,相应提高了 Al_2O_3 和 Fe_2O_3 含量,则熔剂矿物增加,硅酸盐矿物相应减少,会降低水泥强度。同时,熔剂矿物过多,在回转窑内易引起结大块、结圈,在立窑内易结大块、料柱。

三、三氧化二铝

Al_2O_3 在熟料煅烧过程中与 CaO、Fe_2O_3 发生固相反应,生成 C_3A、C_4AF。当 Al_2O_3 含量增加时,C_3A 增多,水泥凝结硬化变快,水化热变大。

Al_2O_3 含量过高,则物料在烧成时表现为不耐火(易烧),但液相黏度较大,对 C_3S 形成速度不利。在立窑煅烧中,如液相黏度过大,容易结大块。

四、三氧化二铁

Fe_2O_3 在煅烧过程中与 CaO、Al_2O_3 发生固相反应,生成 C_4AF,并熔融为液相,且液相黏度小,在煅烧时能降低熟料形成温度,加速 C_3S 的形成。但是,不适当地提高 Fe_2O_3 和 Al_2O_3 的含量,液相量过多,液相增长迅速,使物料易结成大块而影响操作。

五、氧化镁

在熟料中含有少量 MgO 能降低出现液相的温度和黏度,有利于熟料烧成。但不能超过 5%,过高会造成水泥长期安定性不良。

六、碱($K_2O + Na_2O$)

物料在煅烧过程中,苛性碱、氯碱首先挥发,碳酸碱次之,硫酸碱较难。挥发到烟气中的碱在向窑尾运动时,只有一部分排入大气,其余部分则由于温度降低,又重新冷凝,被物料吸收。由于碱的熔点较低,含碱量高时,易导致结圈、结皮。当生料中含碱量高时,对旋风预热器窑和窑外分解窑,为防止结皮、堵塞,要考虑旁路放风、冷凝与放灰等措施,以保证窑系统生产正常进行。

水泥熟料中含碱能使水泥凝结时间不正常,使水泥强度降低,在硬化过程中,使水泥表面褪色,而且还可能使某些水工混凝土因碱性膨胀而产生裂缝。

七、三氧化硫

水泥熟料中 SO_3 由煤和生料带入,水泥中 SO_3 由石膏带入。适量的 SO_3 在熟料中可起矿化剂作用,在水泥中是缓凝剂。SO_3 过多会造成水泥安定性不良,这是由于当水泥硬化后,三氧化硫与含水铝酸钙生成水化硫铝酸钙,体积增大,产生内部应力的缘故。

八、烧失量

水泥熟料作全分析时总有一定烧失量,它是由于煅烧不完全等原因造成的。

九、氧化钛

TiO_2 主要来自黏土,TiO_2 少量掺入,能提高熟料强度,掺入量以 0.5% ~ 1.0% 为好。TiO_2 过高时,会降低水泥强度。

十、氧化磷及其他

熟料中含 0.1% ~ 0.3% P_2O_5 时,可以提高熟料强度;但随着含量增加,会使水泥强度下降,水泥硬化过程变慢。Mn_2O_3 会改变水泥颜色(棕黄色)。

第三节　硅酸盐水泥熟料的率值

水泥生产常用率值来表示熟料化学组成中氧化物之间的相对含量,它们与熟料矿物的相对组成直接相关,它们与熟料质量及生料易烧性有较好的相关性,是生产控制中的重要指标。

率值的出现是随着生产发展和对熟料矿物不断深入研究的结果,而且不断完善。

一、硅酸率

硅酸率表示水泥熟料中 SiO_2 与 Al_2O_3 及 Fe_2O_3 之和的比值,通常用 n 或 SM 表示。

$$n = \frac{SiO_2}{Al_2O_3 + Fe_2O_3}$$

硅酸率可以表示熟料中生成硅酸盐矿物(硅酸三钙与硅酸二钙之和)与熔剂矿物(铝酸三钙与铁铝酸四钙之和)的相对含量。

硅酸率过低时,即熔剂矿物过高,硅酸盐矿物减少,会降低熟料强度;在煅烧时易结大块。硅酸率过高时,即熔剂矿物减少,烧成温度要提高,立窑煅烧时,易产生风洞,回转窑煅烧时不易挂窑皮。硅酸盐水泥熟料的硅酸率一般在1.7~2.7的范围内波动。

二、铝氧率

铝氧率也叫铁率,它是水泥熟料中 Al_2O_3 与 Fe_2O_3 之比值,常用 p 或 IM 表示。

$$p = \frac{Al_2O_3}{Fe_2O_3}$$

铝氧率是控制铝酸盐矿物与铁铝酸盐矿物相对含量的比率系数。铝氧率也影响到液相的黏度。

当 Al_2O_3 与 Fe_2O_3 的总和一定时,p 提高说明 C_3A 增高,C_4AF 降低,水泥趋于早凝早强,水泥中石膏掺加量也需相应增加;熟料煅烧时,液相黏度增加,不利于 C_2S 进一步与 CaO 化合成 C_3S。反之,当 p 过低时,说明 C_3A 降低,C_4AF 提高,水泥趋向于缓凝,早期强度低;熟料煅烧时,液相黏度小,有利于 C_3S 的形成,但液相黏度过小,在回转窑内不利于熟料正常结粒和窑皮黏挂;在立窑煅烧中,若铝氧率过低,即 Fe_2O_3 过高时,在立窑中部通风不良的情况下,Fe_2O_3 容易还原成 FeO,在熟料烧结温度下,有相当数量的 FeO 会进入 C_3S 晶格中,使 C_3S 稳定性大大降低,在冷却过程中,又使它分解为 C_2S 和 CaO,导致熟料强度和体积稳定性降低;当 Fe_2O_3 还原成 FeO 时,料球过早出现液相,易结大块。由此可见,Fe_2O_3 在氧化燃烧气氛中,它有助熔的积极作用,有利于石灰吸收过程的进行;在还原气氛时,它有影响 C_3S 稳定性的副作用。

硅酸盐水泥熟料铝氧率一般在 0.9~1.7 范围内波动。

三、石灰饱和系数(KH)

石灰饱和系数即水泥熟料中总的氧化钙含量减去饱和酸性氧化物(Al_2O_3、Fe_2O_3、SO_3)所需氧化钙的量后,所剩下的氧化钙与理论上二氧化硅全部化合成硅酸三钙所需的氧化钙的量之比。简单的说,石灰饱和系数表示了二氧化硅被氧化钙饱和成硅酸三钙的程度。

如果熟料中 $p = Al_2O_3/Fe_2O_3 = 0.64$ 时,熟料中的 Al_2O_2 和 Fe_2O_3 一起化合成 C_4AF,Al_2O_3 和 Fe_2O_3 都没有剩余,不能再生成 C_3A 和 C_2F;当 p 大于 0.64 时,熟料中全部 Fe_2O_3 和部分 Al_2O_3 与 CaO 化合生成 C_4AF 外,尚有 Al_2O_3 剩余,这部分剩余的 Al_2O_3 与 CaO 化合生成 C_3A;p 值小于 0.64 时,熟料中的全部 Al_2O_3 和部分 Fe_2O_3 与 CaO 化合生成 C_4AF 外,尚有 Fe_2O_3 剩余,这部分剩余的 Fe_2O_3 与 CaO 化合生成 C_2F(铁酸二钙)。

所以当 p 大于 0.64 时,熟料中的矿物为 C_3S、C_2S、C_3A 和 C_4AF;当 p 小于 0.64 时,熟料中的矿物为 C_3S、C_2S、C_4AF 和 C_2F。

根据以上分析,石灰饱和系数的数学式可表示如下:

当 $p > 0.64$ 时，

$$KH = \frac{CaO - (1.65Al_2O_3 + 0.35Fe_2O_3 + 0.70SO_3)}{2.80SiO_2}$$

当 $p < 0.64$ 时，

$$KH = \frac{CaO - (1.10Al_2O_3 + 0.70Fe_2O_3 + 0.70SO_3)}{2.80SiO_2}$$

公式中分子式前的系数，是由组成矿物的氧化物相对分子质量之比求出的。

当 $p > 0.64$ 时：

铝酸三钙是由一个分子 Al_2O_3 与三个分子 CaO 化合而成的，所以 Al_2O_3 前面的系数为：

$$\frac{3 \times CaO}{Al_2O_3} = \frac{3 \times 56.07}{101.96} = 1.65$$

为了计算方便，C_4AF 可看成由 C_3A 和 CF 组成，用下列算式表示：

$$4CaO \cdot Al_2O_3 \cdot Fe_2O_3 = 3CaO \cdot Al_2O_3 + CaO \cdot Fe_2O_3$$

这样，Fe_2O_3 前面的系数应为：

$$\frac{CaO}{Fe_2O_3} = \frac{56.07}{159.70} = 0.35$$

根据 SO_3 在煅烧过程中与 CaO 化合成 $CaSO_4$，所以 SO_3 前面的系数为：

$$\frac{CaO}{SO_3} = \frac{56.07}{80.06} = 0.70$$

SiO_2 前面的系数为：

$$\frac{3CaO}{SiO_2} = \frac{3 \times 56.07}{60.09} = 2.80$$

当 Al_2O_3/Fe_2O_3 小于 0.64 时，为简化计算，将 C_4AF 看成由 C_2A 和 C_2F 组成。Al_2O_3 前面的系数为：

$$\frac{2CaO}{Al_2O_3} = \frac{2 \times 56.06}{101.96} = 1.10$$

Fe_2O_3 前面的系数为：

$$\frac{2CaO}{Fe_2O_3} = \frac{2 \times 56.08}{159.70} = 0.70$$

通常硅酸盐水泥熟料 $p > 0.64$，而且水泥熟料中含有 $f\text{-}CaO$ 和 $f\text{-}SiO_2$，则石灰饱和系数完整形式如下式表示：

$$KH = \frac{CaO - f\text{-}CaO - (1.65Al_2O_3 + 0.35Fe_2O_3 + 0.70SO_3)}{2.80(SiO_2 - f\text{-}SiO_2)}$$

一般工厂熟料中的 f-SiO₂ 和 SO₃ 含量很少,在近似计算生料石灰饱和系数时,f-CaO 也可略去。上式可简化成:

$$KH = \frac{CaO - 1.65Al_2O_3 - 0.35Fe_2O_3}{2.80SiO_2}$$

从石灰饱和系数的定义得知,熟料中 SiO₂ 全部被 CaO 饱和时,$KH=1$,熟料中的硅酸盐矿物全部为 C₃S。如果 $KH = 2/3 = 0.667$ 时,硅酸盐矿物全部为 C₂S。所以 KH 介于 $0.667 \sim 1.00$ 之间。KH 愈高,C₃S 含量愈多,C₂S 含量愈少,如果煅烧充分,这种熟料制成的水泥硬化较快,强度高;但 KH 值过高,此时料子难烧,易出现过多的 f-CaO。KH 低,说明 C₂S 含量多,C₂S 含量少,此时料子不耐火,这种熟料制成的水泥硬化较慢,早期强度低。在工厂生产条件下,为了使煅烧过程中不致出现很多 f-CaO,石灰饱和系数一般控制在 $0.86 \sim 0.95$ 的范围内。

目前我国水泥工业普遍采用 KH、n、p 三个率值来控制生产,但世界上部分国家不采用 KH,而是采用石灰饱和率(L.S.F)、n、p 三个率值控制生产。

四、石灰饱和率(L.S.F)

$$L.S.F = \frac{CaO}{2.8SiO_2 + 1.18Al_2O_3 + 0.65Fe_2O_3}$$

对于硅酸盐水泥 L.S.F $= 0.66 \sim 1.02$,通常为 $0.85 \sim 0.95$,同时规定 $Al_2O_3/Fe_2O_3 \geqslant 0.66$。

当考虑到 MgO 影响时采用下式:

MgO<2%时,

$$L.S.F = \frac{CaO + 0.75MgO}{2.8SiO_2 + 1.18Al_2O_3 + 0.65Fe_2O_3}$$

MgO>2%时,

$$L.S.F = \frac{CaO + 1.50}{2.8SiO_2 + 1.18Al_2O_3 + 0.65Fe_2O_3}$$

第四节　硅酸盐水泥熟料矿物组成的计算及换算

一、熟料矿物组成的计算

确定熟料矿物组成,可应用岩相分析及 X 射线分析等直接测定法,也可根据熟料化学成分计算矿物组成的间接法。直接测定法结果可靠,符合实际情况,但要有一定的设备和较高技术水平。根据熟料化学分析计算所得的矿物组成,往往与实际情况有些出入,但是,根据计算结果一般已能说明矿物组成对水泥性质的影响,因此,这种方法在水泥生产中仍然得到广泛应用。关于具体计算方法有多种,现选两种方法加以说明。

(一)由率值计算矿物组成

先列出有关物质摩尔质量比值:

$$\frac{M_{C_3S}}{M_{CaO}}=4.07; \qquad \frac{M_{C_2S}}{M_{SiO_2}}=1.87$$

$$\frac{M_{C_4AF}}{M_{Fe_2O_3}}=3.04; \qquad \frac{M_{C_3A}}{M_{Al_2O_3}}=2.65$$

$$\frac{M_{CaSO_4}}{M_{SO_3}}=1.7; \qquad \frac{M_{Al_2O_3}}{M_{Fe_2O_3}}=0.64$$

设与 SiO_2 反应的 CaO 量为 C_S,与 CaO 反应的 SiO_2 量为 S_C,由石灰饱和系数计算公式,可列出以下两式:

$$C_S = CaO - f\text{-}CaO - (1.65Al_2O_3 + 0.35Fe_2O_3 + 0.7SO_3) \tag{4-1}$$

$$S_C = SiO_2 - f\text{-}SiO_2 \tag{4-2}$$

CaO 和 SiO_2 反应先形成 C_2S,剩余的 CaO 再和部分 C_2S 反应形成 C_3S。则由该剩余的 CaO 量($C_S - 1.87S_C$)可以算出 C_3S 含量:

$$C_3S = 4.07(C_S - 1.87S_C) = 4.07C_S - 7.60S_C \tag{4-3}$$

将式(4-1)代入式(4-3),并将 KH 值计算式代入,整理后可得:

$$\begin{aligned} C_3S &= 4.07(2.8KHS_C) - 7.60S_C \\ &= 3.80(3KH - 2)S_C \end{aligned} \tag{4-4}$$

由 $C_S + S_C = C_3S + C_2S$ 式,可算出 C_2S 含量:

$$\begin{aligned} C_2S &= C_S + S_C - C_3S = C_S + S_C - (4.07C_S - 7.60S_C) \\ &= 8.60S_C - 3.07C_S \end{aligned} \tag{4-5}$$

将式(4-1)代入式(4-5),并将 KH 值计算式代入,整理后可得:

$$C_2S = 8.60(1 - KH)S_C \tag{4-6}$$

C_4AF 含量可直接由 Fe_2O_3 含量算出:

$$C_4AF = 3.04Fe_2O_3 \tag{4-7}$$

计算 C_3A 含量时,应先从总的 Al_2O_3 量中减去形成 C_4AF 所消耗的 Al_2O_3 量($0.64Fe_2O_3$)便可算出它的含量:

$$C_3A = 2.65(Al_2O_3 - 0.64Fe_2O_3) \tag{4-8}$$

硫酸钙含量可直接由 SO_3 含量算出:

$$CaSO_4 = 1.70SO_3 \tag{4-9}$$

同理,可算出 $p \leqslant 0.64$ 时熟料的矿物组成:

$$C_4AF = 4.77Al_2O_3 \tag{4-10}$$

$$C_2F = 1.70(Fe_2O_3 - 1.57Al_2O_3) \tag{4-11}$$

$$C_2S = 8.60(1 - KH)S_C \tag{4-12}$$

$$C_3S = 3.80(3KH - 2)S_C \tag{4-13}$$

例 2-1 已知熟料化学成分,求此熟料矿物组成。

熟料化学成分

氧化物	SiO_2	Al_2O_3	Fe_2O_3	CaO	MgO	SO_3	f-CaO
含量(质量%)	21.40	6.22	4.35	65.60	1.56	0.63	1.50

解: 先计算铝氧率,然后算出石灰饱和系数

$$p = \frac{Al_2O_3}{Fe_2O_3} = \frac{6.22}{4.35} = 2.02$$

$$KH = \frac{CaO - \text{f-CaO} - (1.65Al_2O_3 + 0.35Fe_2O_3 + 0.70SO_3)}{2.8SiO_2}$$

$$= \frac{65.60 - 1.50 - (1.65 \times 6.22 + 0.35 \times 4.35 + 0.70 \times 0.63)}{2.8 \times 21.40} = 0.866$$

矿物组成计算如下:

$$C_3S = 3.80(3KH - 2)S_C = 3.8(3 \times 0.866 - 2) \times 21.4 = 48.63(\%)$$

$$C_2S = 8.60(1 - KH)S_C = 8.60(1 - 0.866) \times 21.40 = 24.69(\%)$$

$$C_3A = 2.65(Al_2O_3 - 0.64Fe_2O_3) = 2.65(6.22 - 0.64 \times 4.35) = 9.11(\%)$$

$$C_4AF = 3.04Fe_2O_3 = 3.04 \times 4.35 = 13.21(\%)$$

$$CaSO_4 = 1.70SO_3 = 1.70 \times 0.63 = 1.00(\%)$$

(二)由化学成分计算矿物组成

众所周知,在 $3CaO \cdot SiO_2$ 中含有 73.69% 的 CaO 和 26.31% 的 SiO_2,在 $2CaO \cdot SiO_2$ 中含有 65.12% 的 CaO 和 34.88% 的 SiO_2。将其含量列于表 2-4-1 中,表中也包括 C_3A、C_4AF 及 $CaSO_4$ 的组成,并以 C、S、A、F、S′ 分别表示 CaO、SiO_2、Al_2O_3、Fe_2O_3、SO_3 的含量。

表 2-4-1　四种矿物及化学组成　　　　　　　　%

氧化物	C_3S	C_2S	C_3A	C_4AF	$CaSO_4$
C	73.69	65.12	62.27	46.16	41.19
S	26.31	34.88	—	—	—
A	—	—	37.73	20.98	—
F	—	—	—	32.80	—
S′	—	—	—	—	58.81

根据上表数据,可列出下列方程式:

$$C = 0.7369C_3S + 0.6512C_2S + 0.6227C_3A + 0.4616C_4AF + 0.4119CaSO_4 \tag{4-14}$$

$$S = 0.2631C_3S + 0.3488C_2S \tag{4-15}$$

$$A = 0.3773C_3A + 0.2098C_4AF \tag{4-16}$$

$$F = 0.3286C_4AF \tag{4-17}$$

$$S' = 0.5881CaSO_4 \tag{4-18}$$

解上列联立方程式(当铝率大于 0.64 时)得:

$$C_3S = 4.07C - 7.60S - 6.72A - 1.43F - 2.86S' \tag{4-19}$$

$$C_2S = 2.87S - 0.754C_3S = 8.60S + 5.07A + 1.07F - 3.07C + 2.15S' \tag{4-20}$$

$$C_3A = 2.65A - 1.69F \tag{4-21}$$

$$C_4AF = 3.04F \tag{4-22}$$

$$CaSO_4 = 1.70S' \tag{4-23}$$

式中:$S' = SO_3$

二、水泥熟料化学组成、矿物组成与率值的换算

(一)由矿物组成计算率值

如前所述,率值不仅表示熟料中各氧化物之间的关系,同时也表示熟料矿物组成之间的关系。

石灰饱和系数表示 C_3S 与 C_2S 比例关系,其数学式如下:

$$KH = \frac{C_3S + 0.8838C_2S}{C_3S + 1.3256C_2S} \tag{4-24}$$

硅酸率表示 $C_3S + C_2S$ 与 $C_3A + C_4AF$ 含量的比例关系,其数学式如下:

$$n = \frac{C_3S + 1.3256C_2S}{1.4341C_3A + 2.0464C_4AF} \tag{4-25}$$

铝氧率表示 C_3A 与 C_4AF 含量的比例关系,其数学式如下:

$$p = \frac{1.1501C_3A}{C_4AF} + 0.6383 \tag{4-26}$$

(二)由率值计算化学组成

率值和化学成分的关系如下,在设定了率值后,可以计算熟料的化学成分

$$Fe_2O_3 = \frac{\sum}{(2.8KH + 1)(p + 1)n + 2.65p + 1.35} \tag{4-27}$$

$$Al_2O_3 = p \cdot Fe_2O_3 \tag{4-28}$$

$$SiO_2 = n(Al_2O_3 + Fe_2O_3) \tag{4-29}$$

$$CaO = \sum - (SiO_2 + Al_2O_3 + Fe_2O_3) \tag{4-30}$$

式中 $\sum = (CaO + SiO_2 + Al_2O_3 + Fe_2O_3)$

(三)由率值计算矿物组成

已知熟料率值和化学成分求矿物组成计算式如下:

$$C_3S = 3.80(3KH - 2)SiO_2$$

$$C_2S = 8.60(1 - KH)SiO_2$$

$$C_3A = 2.65Al_2O_3 - 1.69Fe_2O_3$$

$$C_4AF = 3.04Fe_2O_3$$

将式(4-27)、(4-28)、(4-29)、(4-30)代入上列公式得：

$$C_4AF = 3.04Fe_2O_3 \tag{4-31}$$

$$C_3A = (2.65p - 1.69)Fe_2O_3 \tag{4-32}$$

$$C_2S = 8.61n(p+1)(1-KH)Fe_2O_3 \tag{4-33}$$

$$C_3S = 3.80n(p+1)(3KH-2)Fe_2O_3 \tag{4-34}$$

例 2-2 已知熟料率值为：$KH = 0.89$；$n = 2.10$；$p = 1.30$。计算熟料的矿物组成。

解：设 $\sum = 98\%$

$$Fe_2O_3 = 98/[(2.8 \times 0.89 + 1)(1.3 + 1) \times 2.1 + 2.65 \times 1.3 + 1.35] = 4.52\%$$

$$C_4AF = 3.04Fe_2O_3 = 3.04 \times 4.52 = 13.80(\%)$$

$$C_3A = (2.65p + 1.69)Fe_2O_3 = (2.65 \times 1.30 + 1.69) \times 4.52 = 7.90(\%)$$

$$C_2S = 8.60n(p+1)(1-KH)Fe_2O_3$$
$$= 8.60 \times 2.1 \times (1.3 + 1)(1 - 0.89) \times 4.52 = 20.70(\%)$$

$$C_3S = 3.8n(p+1)(3KH-2)Fe_2O_3$$
$$= 3.80 \times 2.1(1.3 + 1)(3 \times 0.89 - 2) \times 4.52 = 55.60(\%)$$

$$C_3S + C_2S + C_3A + C_4AF = 55.60\% + 20.70\% + 7.90\% + 13.80\% = 98\%$$

例 2-3 设定 $C_3S = 55.60\%$；$C_2S = 20.70\%$；$C_3A = 7.90\%$；$C_4AF = 13.80\%$。求三个率值。

$$KH = \frac{C_3S + 0.8838C_2S}{C_3S + 1.3256C_2S} = \frac{55.60 + 0.8838 \times 20.70}{55.60 + 1.3256 \times 20.70} = 0.89$$

$$n = \frac{C_3S + 1.3256C_2S}{1.4341C_3A + 2.0464C_4AF} = \frac{55.60 + 1.3256 \times 20.3}{1.4341 \times 7.9 + 2.0464 \times 13.8} = 2.1$$

$$p = \frac{1.1501C_3A}{C_4AF} + 0.6383 = \frac{1.1501 \times 7.90}{13.80} + 0.06383 = 1.30$$

第三章 硅酸盐水泥的原料、燃料及配料

生产硅酸盐水泥的主要原料是石灰质原料(主要供给氧化钙)和硅铝质(通常用黏土)原料(主要供给二氧化硅、氧化铝以及少量氧化铁)。有时还要根据原、燃料品质和水泥品种,掺加铁质、硅质或铝质校正原料以补充某些成分(如氧化铁、氧化硅或氧化铝)的不足。

为了改善烧成条件,促进煅烧过程,提高熟料产、质量及降低能耗,可掺加少量的萤石、石膏或铜矿渣等作为矿化剂。还有在水泥粉磨时掺加用作水泥缓凝剂的石膏等。

随着工业的发展,综合利用工业废渣已成为水泥工业的一项重大任务。目前,粉煤灰、硫铁渣已用作水泥原料,赤泥、油页岩渣、电石渣等也在逐步利用,煤矸石、石煤等也用来代替黏土质原料。

第一节 石灰质原料

凡是以碳酸钙为主要成分的原料都叫石灰质原料,如石灰石、泥灰岩、贝壳等,它是水泥生产中用量最大的一种原料。

一、种类

(一)石灰石

我国生产水泥的石灰质原料主要是石灰石。我国石灰岩资源丰富,分布也非常广泛。石灰岩是一种沉积岩,主要由方解石微粒组成,以它的成因可分为生物石灰岩(如有孔虫石灰岩、贝壳石灰岩、珊瑚石灰岩等)、化学石灰岩(如石印石、石灰华等)和碎屑石灰岩三种。石灰岩中常有其他混合物,并含有白云石、黏土、石英或燧石等杂质。它依所含混合物的不同可分为白云质石灰岩、黏土质石灰岩和硅质石灰岩。石灰石呈致密块状,纯净的石灰石是白色的,由于含有不同的杂质和杂质的多少而成青灰、灰白、灰黑以及淡黄或浅红等不同颜色,常见的为青灰色。密度为 $2.6 \sim 2.8 g/cm^3$。

石灰石中的白云石($CaCO_3 \cdot MgCO_3$)是熟料中 MgO 的主要来源。石灰石和白云石可用下列方法作初步鉴定:用 5%～10% 的稀盐酸滴在矿石上,如迅速而激烈地产生气泡,则可初步鉴定这种矿石是石灰石。白云石遇盐酸也有气泡产生,但白云石(石块)与 10% 盐酸反应迟缓,与 5% 的盐酸几乎不起反应,因此,可以把石灰石和白云石区分开来。

燧石主要成分是 SiO_2,通常为褐黑色,凸出在石灰石表面或呈结核状夹杂在其中,质地坚硬,难以磨细与煅烧。

(二)大理石

大理石的主要成分也是碳酸钙,它是由石灰石或白云石受高温变质而成。一般作装饰品用,加工时产生的废料可作为水泥的原料。但经过地质变质作用重结晶的大理石,结构致密,结晶完整粗大,亦不易磨细与煅烧。

（三）泥灰岩

当石灰质和黏土质的细粒均匀混杂结合在一起时,叫做泥灰岩。泥灰岩因含有黏土量不同,其化学成分也随之波动。用它作水泥原料时,有时要加些石灰石或黏土。有些泥灰岩的化学成分适宜,可直接单独用来烧制水泥熟料,但这种泥灰岩自然界中是很少的。

（四）白垩土

白垩是海生生物外壳与贝壳堆积而成的,富含生物遗体。主要有方解石质点和有孔虫、软体动物与球菌类的方解石碎屑组成。它的主要成分是碳酸钙,含量 80 %～90 %,一般呈白色,也有因风化和含黏土等杂质而呈淡灰、淡黄、浅褐红色等。白色发亮的白垩土最纯,碳酸钙含量可达 90 %以上,暗黑色的比较差,有时碳酸钙含量还达不到 80 %。白垩土多藏于有石灰石地带,有些产地离石灰岩很近,我国河南新乡地区盛产白垩。

白垩质松而软,结构单一,容易开采、破碎和粉磨。当用白垩制备料浆时,其需水量较高,当湿法生产采用白垩作原料时,会影响窑的产量与燃料消耗。

（五）贝壳、珊瑚类

主要有贝壳、蛎壳和珊瑚石,含碳酸钙 90 %左右,表面附有泥砂和盐类($MgCl_2$、$NaCl$ 和 KCl)等有害物质。所以使用时需用水冲洗干净。蛎壳捞自海底,含 15 %～18 %的水分,韧性比较大,不容易磨细,故需要煅烧后再磨碎。贝壳、蛎壳主要分布于沿海诸省,如河北、山东、浙江、福建、广东等地均有产出。

钙质珊瑚石主要分布在海南岛、台湾及东沙、西沙、中沙和南沙群岛,目前沿海小水泥厂采用这种原料。

二、石灰质原料的质量要求

水泥生产石灰质原料的质量要求,见表 3-1-1。

表 3-1-1 石灰质原料的质量要求 %

名称品位		CaO	MgO	R_2O	SO_3	燧石或石英
石灰石	一级品	>48	<2.5	<1.0	<1.0	<4.0
	二级品	45～48	<3.0	<1.0	<1.0	<4.0
泥灰岩		35～45	<3.0	<1.0	<1.0	<4.0

三、石灰质原料的化学成分

表 3-1-2 为几种石灰质原料的化学成分。

表 3-1-2 石灰质原料的化学成分 %

产 地	名 称	烧失量	SiO_2	Al_2O_3	Fe_2O_3	CaO	MgO	总 和
浙江	石灰石	43.40	0.57	0.09	0.19	55.45	0.33	99.99
广西	石灰石	43.41	0.12	0.21	0.04	55.39	0.59	99.41
陕西	石灰石	42.41	1.80	0.80	0.22	53.81	1.08	100.12
湖北	石灰石	41.08	3.94	0.99	0.35	51.58	0.98	98.92
辽宁	石灰石	41.84	3.04	1.02	0.64	49.61	3.19	99.34
贵州	泥灰岩	40.24	4.89	2.08	0.80	50.69	0.91	99.58
河南	白垩土	36.37	12.22	3.26	1.40	45.84	0.81	99.90
福建	蛎壳	40.42	0.88	0.40	1.62	50.73	—	94.05

第二节　硅铝质原料

硅铝质原料主要化学成分是二氧化硅,其次是三氧化二铝,还有少量三氧化二铁,主要是供给熟料所需的酸性氧化物(SiO_2、Al_2O_3 和 Fe_2O_3)。一般生产 1t 熟料需 $0.3\sim0.4t$ 硅铝质原料。在生料中约占 $10\%\sim17\%$。大多数水泥厂采用黏土作为硅铝质原料。

一、种类与特性

我国水泥工业采用的天然硅铝质原料种类较多,有黄土、黏土、页岩、泥岩、粉砂岩及河泥等。其中黄土和黏土使用得较多。在华北、西北地区以黄土为主,东北地区以灰色及灰黄色黏土为主,南方地区以红壤、黄壤等黏土为主。

(一)黏土类

黏土主要由钾长石($K_2O\cdot Al_2O_3\cdot 6SiO_2$)、钠长石或云母($K_2O\cdot 3Al_2O_3\cdot 6SiO_2$)等矿物经风化及化学转化而生成的。

衡量黏土的质量主要以黏土的化学成分(硅酸率、铝氧率)、含砂量、碱含量、黏土的可塑性、热稳定性、需水量等工艺性能。这些性能随黏土中所含的主导矿物不同、黏粒多寡及杂质不同而异。所谓主导矿物是指黏土同时含有几种黏土矿物时,其中含量最多的称主导矿物。根据主导矿物的不同,可将黏土分成高岭石类、蒙脱石类与水云母类等。南方的红壤与黄壤属于高岭石类,华北与西北的黄土属于水云母类。它们的某些工艺性能见表 3-2-1。

表 3-2-1　黏土矿物与黏土工艺性能的关系

种　类	矿 物 名 称	SiO_2/Al_2O_3	黏土中矿物分解温度(℃)	黏粒含量	可塑性	热稳定性	需水性
高岭石类	高岭石、多水高岭石 $2SiO_2\cdot Al_2O_3\cdot nH_2O$	2	$600\sim800$	很高	好	良好	中
蒙脱石类	蒙脱石 $4SiO_2\cdot Al_2O_3\cdot nH_2O$	4	$500\sim700$	高	很好	优良	高
水云母类	水云母	$2\sim3$	$400\sim700$	低	差	差	低

黏土中常常含有石英砂、方解石、黄铁矿、氧化铁、碳酸钙、碳酸镁、硫酸钙及有机物等杂质,因此,黏土的成分差别很大,而多呈黄色、褐色或红色。

(二)黄土类

黄土类包括黄土和黄土状亚黏土,原生的黄土以风积成因为主,主要分布于华北和西北地区。黄土状亚黏土为次生,以冲积成因为主,亦有坡积、洪积、淤积等成因。

黄土中的黏土矿物以伊利石为主,其次为蒙脱石、石英、长石、白云母、方解石、石膏等。由于黄土中含有细粒状、斑点状、薄膜状和结核状的碳酸钙,一般氧化钙含量在 $5\%\sim10\%$ 左右。黄土中的碱(氧化钾、氧化钠)主要由云母、长石带入,一般在 $3.5\%\sim4.5\%$ 之间。黄土的化学组成以 SiO_2 和 Al_2O_3 为主。硅酸率较高,在 $3.5\sim4.0$ 之间,铝氧率在 $2.3\sim2.8$ 之间。

黄土的密度介于 $2.6\sim2.7g/cm^3$ 之间,容积密度为 $1.4\sim2.0t/m^3$。黄土的水分随地区的降雨量而异。华北、西北地区的黄土水分一般在 10% 左右。颗粒分析表明:黄土中粗粒砂级

(0.05mm)的颗粒一般占 20%～50%,黏粒级(＜ 0.005mm)一般占 20%～40%。黄土的塑性指数较低,一般在 8～12 之间;黄土状亚黏土的塑性指数一般大于 12。

(三)页岩、粉砂岩类

在我国很多地区都分布有页岩、泥岩、粉砂岩等,可用作硅铝质原料。页岩、粉砂岩是由海相或陆相沉积,也有海陆相交互沉积。主要矿物为石英、长石、云母、方解石以及其他碎屑,颜色一般有灰黄、灰绿、黑灰及紫红等色。页岩的硅酸率较低,一般为 2.1～2.8;粉砂岩的硅酸率一般大于 3.0,铝氧率在 2.4～3.0 之间,含碱量约在 2%～4%范围内。

(四)河泥、湖泥类

靠近江河湖泊的湿法生产水泥厂可利用河床淤泥作为硅铝质原料,由于河流的搬运作用,河水挟带泥砂不断淤积,可利用挖泥船在固定区域内进行采掘。这一类原料一般储量丰富,化学组成稳定,颗粒级配均匀,生产成本低,且不占农田。

二、黏土质原料的质量要求

黏土质原料的质量要求见表 3-2-2:

表 3-2-2　黏土质原料的质量要求

品 位	硅酸率	铝氧率	MgO(%)	R$_2$O(%)	SO$_3$(%)	塑性指数
一级品	2.7～3.5	1.5～3.5	＜3.0	＜4.0	＜2.0	＞12
二级品	2.0～2.7 3.5～4.0	不限	＜3.0	＜4.0	＜2.0	＞12

在选用黏土为硅铝质原料时,除注意黏土质原料的硅酸率和铝氧率外,还要求碱、氧化镁、三氧化硫、含砂量要小。如果黏土质原料中含有过多的石英砂,不但使生料不易磨细,而且会给煅烧带来困难,因为 α-SiO$_2$ 不易与氧化钙化合。同时含砂量大,黏土塑性差,对生料成球不利。因此要求黏土中含砂量越低越好。黏土的含砂量可用水筛法测定,由于黏土的高度分散性,筛上的筛余物大多是石英砂。

用立波尔窑或立窑烧制水泥时,生料先加水成球,然后加入窑内煅烧,要求黏土具有一定可塑性。黏土的可塑性即黏土加水搅拌并捏练以后,可以塑成任何形状,当施以一定外力时,发生变形,但不产生裂隙,停止外力作用时,其形状能保持不变。可塑性指数是通过塑性限度(黏土由塑性状态转为固态时的界限含水量)与液性限度(黏土由液体状态进入塑性状态时的界限含水量)的测定求出。

$$W_s = W_1 - W_n$$

式中　W_s——塑性指数;

　　　W_1——流性界线含水率;

　　　W_n——塑性界线含水率。

黏土塑性指数大,即可塑性范围大。

三、硅铝质原料的化学成分

表 3-2-3 是我国部分水泥厂所用硅铝质原料的化学成分和有关工艺性能。

表 3-2-3 硅铝质原料的化学成分(%)和有关性能

产 地	种 类	烧失量	SiO₂	Al₂O₃	Fe₂O₃	CaO	MgO
北京	黄土	4.38	68.42	13.85	4.85	2.52	2.90
青海	黄土	9.32	56.97	11.90	4.54	7.87	3.25
大同	黏土	8.66	58.35	17.14	5.85	3.08	2.94
卓子山	黏土	11.82	50.88	15.47	5.84	9.77	3.34
牡丹江	棕壤	6.32	63.52	17.76	5.96	2.13	1.73
吉林	棕壤	6.29	63.67	17.68	5.51	1.29	1.44
哈尔滨	黑壤	4.34	67.17	15.83	4.69	2.09	1.39
上海	浦泥	8.19	63.22	12.82	6.35	4.76	2.41
新疆	页岩	7.71	59.65	15.62	6.69	3.83	3.04
杭州	页岩	5.04	62.80	17.56	7.06	1.46	2.07
辰溪	页岩	6.18	68.52	10.37	2.61	7.37	0.81
渡口	粉砂岩	13.35	51.19	10.19	7.68	14.48	1.22
产 地	种 类	R₂O	SO₃	合 计	SM	IM	塑性指数
北京	黄土	—		96.02	3.66	2.86	12.0
青海	黄土	4.09	0.7	100.64	3.46	2.62	9.0
大同	黏土			96.02	2.54	2.93	23.0
卓子山	黏土	3.70		100.82	2.39	2.65	18.0
牡丹江	棕壤	3.00		97.42	2.68	2.98	19.0
吉林	棕壤	4.0~4.5		95.88	2.74	3.20	16.0
哈尔滨	黑壤	4.5~5.0		95.51	3.28	3.37	
上海	浦泥				3.30	2.02	
新疆	页岩	2.68		96.54	2.68	2.33	
杭州	页岩	3.0~4.0		95.99	2.55	2.49	
辰溪	页岩			95.86		3.97	
渡口	粉砂岩			98.11	2.86	1.32	

第三节 校正原料、矿化剂及缓凝剂

一、校正原料

(一)铁质校正原料

用石灰质和黏土质二种原料配料,当生料中三氧化二铁不足时,可掺加三氧化二铁含量大于 40 % 的铁质校正原料。

目前水泥厂最常用的铁质校正原料是硫铁渣(即硫酸厂废渣),它是黄铁矿(硫化铁)经过煅烧脱硫后的工业废渣,红褐色粉末,含水量较大。

低品位铁矿或炼铁厂的尾矿也可作铁质校正原料。

目前有的厂用铅矿渣或铜矿渣代替铁粉,不仅可用作校正原料,而且因其中含氧化亚铁(FeO)能降低烧成温度和液相黏度,可起矿化剂作用。

表 3-3-1 为几种铁质校正原料的化学成分。

表 3-3-1 一些铁质校正原料的化学成分 %

种 类	烧失量	SiO₂	Al₂O₃	Fe₂O₃	CaO	MgO	FeO	总和
低品位铁矿石	—	46.09	10.37	42.70	0.73	0.14	—	100.03
硫铁渣	5.50	14.53	8.71	65.42	2.26	2.01	—	98.43
铜矿石	—	38.40	1.69	10.29	8.45	5.27	30.90	95.00
铅矿渣	3.10	30.56	6.91	12.93	24.20	0.60	21.30	99.60

（二）硅质校正原料

当生料中二氧化硅不足时，需加硅质校正原料。硅质校正原料有硅藻土、硅藻石、蛋白石、砂岩等。但应注意，砂岩是结晶的二氧化硅，对粉磨、成球、煅烧都有不利影响，所以尽可能不要采用。

硅质校正原料的质量要求是：硅率 $n > 4.0$，SiO_2：70%～90%，$R_2O < 4.0\%$。

（三）铝质校正原料

当生料中三氧化二铝含量不足时，可加铝质校正原料，常用的铝质校正原料有煤灰渣、煤矸石、矾土等。

表 3-3-2 为几种铝质校正原料的化学成分。

表 3-3-2　一些铝质校正原料的化学成分　　　　　　　　　　　%

原料名称	烧失量	SiO_2	Al_2O_3	Fe_2O_3	CaO	MgO	合计
矾土	22.11	39.78	35.36	0.93	1.60	—	99.78
煤灰渣	9.54	52.40	27.64	5.08	2.34	1.56	98.56
煤灰渣	—	55.68	29.32	7.54	5.02	0.93	98.49

铝质校正原料的质量要求是：$Al_2O_3 > 30\%$。

二、矿化剂

一些外加物质在煅烧过程中能加速熟料矿物的形成，而本身不参加反应或只参加中间物的反应，这种物质通称为矿化剂。矿化剂加入数量虽然不多，但对煅烧过程和熟料质量有重要影响。下面介绍几种常用的矿化剂。

（一）萤石

萤石又称氟石，主要成分是氟化钙。

1. 萤石的矿化作用

(1)氟化钙在潮湿气体介质中分解生成氟化氢(HF)，再生成 SiF_4 和 CaF_2，其反应式如下：

$$CaF_2 + H_2O \longrightarrow CaO + 2HF$$

$$4HF + SiO_2 \longrightarrow SiF_4 + 2H_2O$$

$$2HF + CaCO_3 \longrightarrow CaF_2 + H_2O + CO_2\uparrow$$

从而加速碳酸钙分解，破坏 SiO_2 晶格，促进固相反应。

(2)氟化钙可使生料中含碱成分的晶格破坏，从而降低 R_2O 的挥发温度，有助于碱的氧化物的挥发。

(3)在高温范围内，加入氟化钙可使液相出现温度降低，同时降低液相黏度，有利于 C_2S 吸收 CaO 生成 C_3S。

(4)氟化钙和生料组分通过固相反应会生成氟硅酸钙、氟铝酸钙等中间化合物，而中间化合物再分解为熟料矿物与液相。这样就促进了硅酸二钙和硅酸三钙的形成。

(5)能起定向矿化作用，即能阻止和促进某些熟料矿物的形成，从而获得高强快硬的熟料矿物。

2. 用萤石作矿化剂应注意的问题

（1）氟化钙掺入量要适当，掺量为生料的 0.5%～1.0%（质量）为宜。若掺少了效果不明显，掺多了不但不经济，反而在液相中结晶，增加液相黏度，不利于硅酸三钙的形成。

（2）萤石与生料要混合均匀，使萤石均匀分布于生料中。

（3）掺入萤石作矿化剂的熟料应快冷，因萤石在 1 250℃时会使 C_3S 分解，使 α'-C_2S 和 β-C_2S 转变为 γ-C_2S；如温度在 1100～1200℃时，甚至会使 C_3A 与 C_4AF 分解析出七铝酸十二钙（$12CaO \cdot 7Al_2O_3$），降低熟料质量，造成水泥快凝。

（4）氟化钙对窑衬有腐蚀作用，应注意选择窑衬。还应注意氟对大气的污染。

除萤石外，其余含氟化合物的矿化作用基本与萤石相同。

（二）石膏

石膏类矿化剂可用天然石膏、磷石膏、氟石膏等。磷石膏是生产磷酸和过磷酸钙的工业废渣；氟石膏是制造氟化氢时的工业废渣。

石膏的矿化作用为：

1．在煅烧过程中，硫酸钙能和硅酸钙、铝酸钙形成硫硅钙石（$2C_2S \cdot CaSO_4$）和无水硫铝酸钙（$4CaO \cdot 3Al_2O_3 \cdot SO_3$）。$2C_2S \cdot CaSO_4$ 为中间过渡化合物，它于 1 050℃左右开始形成，于 1 300℃左右分解为 α'-C_2S 和 $CaSO_4$。$4CaO \cdot 3Al_2O_3 \cdot SO_3$（简写为 C_4AS）大约在 950℃左右开始形成，在接近 1 400℃时开始分解为铝酸钙、氧化钙和三氧化硫。C_4AS 是一种早强矿物，强度高、硬化快。

2．硫酸钙在窑内氧化气氛时，有一部分分解为氧化钙和三氧化硫，三氧化硫能降低熟料形成时的液相黏度，增加液相数量，有利于硅酸三钙的形成。同时少量硫酸钙能稳定 β-C_2S，防止其转化为 γ-C_2S。

当用石膏作矿化剂时，其合适掺量为 2%～4%。当掺入量超过 5.3%时，游离氧化钙显著增加，主要原因是 SO_3 和 Al_2O_3 固溶于 C_2S 中，使 C_3S 难以形成。

（三）复合矿化剂

两种或两种以上矿化剂一起使用时，称为复合矿化剂。最常用的是氟化钙和石膏。近年来，已研究用重晶石和萤石作复合矿化剂也取得良好效果。

1．硫酸钙、氟化钙复合矿化剂

采用硫酸钙和氟化钙作复合矿化剂时，熟料矿物组成除 C_3S、C_2S、C_3A 和 C_4AF 外，还可能存在 C_4A_3S'、$C_{11}A_7 \cdot CaF_2$ 等矿物。复合矿化剂中萤石、石膏都能降低熟料烧成时液相出现的温度，能降低液相黏度，使水泥熟料可以在 1 300～1 350℃的较低温度下形成。复合矿化剂是立窑厂提高熟料质量，降低熟料游离氧化钙的有效措施。但在使用复合矿化剂时，配料成分要适当，掺入量要严格控制，生料要调配均匀才能取得满意效果。

2．重晶石、氟化钙复合矿化剂

重晶石、氟化钙复合矿化剂，对促进煅烧过程效果显著，烧成温度可降低到 1 250～1 350℃。而且 Ba^{2+} 离子主要富集在 C_2S 晶体中，进入 C_2S 晶格，使 C_2S 可能以 α-C_2S 或 α'-C_2S 型存在，从而提高了早期和后期强度。所以在生产中可取得降低热耗，提高熟料产、质量的良好效果。

三、缓凝剂

石膏是硅酸盐水泥的缓凝剂。当水泥熟料单独粉磨与水混合，很快就会凝结，使施工无法

32

进行,掺加适量石膏就可使水泥的凝结时间正常。同时,水泥中加入石膏,还能提高水泥的早期强度,改善水泥的性能。

石膏主要是古代盐湖的化学沉积物,白色或无色透明的晶体,剖面成纤维状,有丝状光泽。一般常见的石膏含有二个分子结晶水,叫做二水石膏($CaSO_4 \cdot 2H_2O$)。自然界中有无水石膏存在,因其质地坚硬,所以又称硬石膏。

石膏能延缓凝结时间,一般只要掺加 3%～6% 的石膏就能使水泥凝结时间正常。对于 C_3A 含量高的熟料,应多加一些石膏。对于矿渣硅酸盐水泥来说,石膏又是促进水泥强度提高的激发剂。但水泥中掺加石膏过多会影响水泥长期安定性,这是因为石膏中三氧化硫同水化铝酸钙作用而形成硫铝酸钙,会使体积显著增加。

有些工业废渣,如氟石膏、磷石膏、盐田石膏等主要成分是硫酸钙,还有硬石膏都可作水泥缓凝剂。一般与天然石膏掺合使用,石膏最佳掺入量通过试验决定。为了保证水泥质量,在使用代用石膏时需经建材主管部门批准方可使用。

第四节　工业废渣的利用

我国每年从工业部门排出大量废渣,其中包括粉煤灰、煤矸石、高炉矿渣、钢渣、城市及民用炉渣、铝渣、电石渣、碱渣等。水泥工作者为工业废渣利用积极开展试验、研究工作,变废为宝,以求物尽其用,为国家生产更多水泥。

在水泥工业中,工业废渣主要有两个利用途径,即:

(1)作为水泥原料之一,与其他原料一起喂入窑内煅烧成水泥熟料。

(2)作为混合材料与水泥熟料一起研磨制成水泥。

下面介绍几种用作水泥原料的工业废渣,用作混合材料的工业废渣留待第九章介绍。

一、粉煤灰

粉煤灰是火电厂煤粉燃烧后排出的灰渣。一个普通发电厂,每天要排出几百吨粉煤灰。几种粉煤灰化学成分见表 3-4-1。

表 3-4-1　粉煤灰化学成分　　　　　　　　　　　　%

产　地	烧失量	SiO_2	Al_2O_3	Fe_2O_3	CaO	MgO	SO_3	R_2O	合计
上海	8.36	46.51	30.31	10.45	2.65	0.76	0.14	1.27	100.45
北京	8.48	49.82	30.56	6.06	3.40	0.77	—	—	99.09
南京	11.50	45.40	35.00	4.60	2.00	0.60	0.30	—	99.40
西安	3.25	52.52	20.81	7.83	4.55	0.87	0.59	1.19	91.61

根据粉煤灰的化学成分可用以代替黏土配制水泥生料。由于粉煤灰二氧化硅含量低,三氧化二铝含量高,所以一般要加硅质校正原料进行调整。

粉煤灰也可作水泥混合材料使用。

二、煤矸石、石煤

煤矸石是煤矿中夹在煤层的脉石,在开采和选矿过程中分离出来。它实际上是含碳岩石(碳质页岩、碳质灰岩,还有少量煤)和其他岩石(页岩、砂岩等)的混合物。随着煤层地质年代、成矿情况、开采方法不同,其组成也不相同,在用作水泥原料时,需要有所鉴别,以便合理使用。

石煤多为古生代和晚古生代菌藻类低等植物所形成的低炭煤,它的组成性质及其生成等与泥炭、褐煤、烟煤、无烟煤均无本质差别,都是可燃沉积岩。不同的是含碳量比一般煤少,挥发分低,发热量低,灰分含量高,而且伴生较多的金属元素。

我国有些小型立窑厂利用石煤或煤矸石作原料,并利用其中的煤的发热量。几种煤矸石及石煤的化学成分见表3-4-2。

表 3-4-2　煤矸石、石煤的化学成分　　　%

名　　称	SiO_2	Al_2O_3	Fe_2O_3	CaO	MgO
南栗赵家屯煤矸石	48.60	42.00	3.81	2.42	0.33
山东湖田矿煤矸石	60.28	28.37	4.94	0.92	1.26
邯郸峰蜂煤矸石	58.88	22.37	5.20	6.27	2.07
浙江常山石煤	64.66	10.82	8.68	1.71	4.05
常山高规石煤	81.41	6.72	5.56	2.22	

煤矸石的成分是随岩石种类和矿物组成而变化,如黏土质岩类煤矸石的 SiO_2 波动在 40%～60%,Al_2O_3 波动在 15%～30%;砂岩类煤矸石的 SiO_2 含量可达 70%;铝质岩类煤矸石的 Al_2O_3 可达 40%左右;碳酸盐煤矸石中,CaO 含量可达 30%左右。

用煤矸石、石煤作水泥原料时,要注意以下几个问题:

1. 煤矸石和石煤的化学成分波动很大。因此要考虑不同质量分别出矿、堆放和采用预均化措施。

2. 有的煤矸石含有砂岩、辉绿岩等岩石,质硬难磨,含碳也低,不宜作水泥原料。

3. 采用中、高铝煤矸石代替黏土和矾土,可以提供足够的 Al_2O_3,制成一系列不同凝结时间、快硬性能的特种水泥。

4. 由于煤矸石和石煤本身均含有炭,又比黏土易烘干,所以可降低煤耗。石煤中还含有少量的矾、镍、硼等化合物,其中硼化合物是一种助熔剂;矾能有效阻止 $\beta\text{-}C_2S$ 向 $\gamma\text{-}C_2S$ 转变,防止熟料粉化;石煤中含硫量较多,通常以 $CaSO_4$ 存在,能起矿化剂作用。

三、赤泥

赤泥是铝厂用烧结法制造氧化铝排出的废渣。每生产 1t 氧化铝,约排出 1.5～1.8t 铝渣,如果不加利用,需占用大量土地进行堆存。因其排出的水分含有 NaOH 和 Na_2CO_3,污染环境和农田。铝渣中氧化钙的含量高达 42%～50%,其主要矿物组成为 $\beta\text{-}C_2S$,是良好的水泥原料,主要问题是含碱量高,其化学成分见表3-4-3。

表 3-4-3　赤泥化学成分　　　%

厂　名	烧失量	SiO_2	Al_2O_3	Fe_2O_3	CaO	MgO	TiO_2	R_2O	K_2O
山东铝厂	7.0～12.2	16.1～22.4	5.3～7.2	8.3～12.5	42.5～50.6	2.0～3.9	2.0～2.9	2.4～2.7	—
郑州铝厂	4.2～7.8	18.9～24.0	5.5～7.7	4.0～5.0	46.0～50.1	0.4～0.9	6.3～7.5	3.2～3.9	0.5～0.6

赤泥的化学成分与水泥熟料的化学成分比较,Al_2O_3 和 Fe_2O_3 含量高,CaO 含量低,所以只要掺加石灰质等原料,就可配制成生料。

自氧化铝厂排出的赤泥浆,水分一般约为75%~83%,浓缩后水分为45%。用湿法回转窑生产,配制成料浆后,其水分为39%~43%。

四、电石渣

电石渣是生产乙炔气和聚氯乙烯等排出的废渣。

$$CaC_2 + 2H_2O \longrightarrow C_2H_2 \uparrow + Ca(OH)_2$$

每1t电石消解可排出电石渣约1.15t,其化学成分见表3-4-4。

表 3-4-4　电石渣的化学成分　　　　　　　　　　%

产　地	烧失量	SiO_2	Al_2O_3	Fe_2O_3	CaO	MgO	硅酸率
吉林	23.0~26.0	3.5~5.0	1.5~3.5	0.2~0.3	65.0~69.0	0.22~1.32	1.03~1.78
吴淞	22.0~24.0	2.0~5.0	2.0~4.0	0.3~0.6	66.0~71.0	0.3~0.5	0.95~1.25

由表3-4-2可知,电石渣的主要成分是$Ca(OH)_2$,所以可代替部分石灰质原料,用以生产水泥。电石渣颗粒均匀,细度细,配制成料浆后水分高达54%,可采用湿法回转窑生产。

利用铝渣和电石渣作为水泥原料时,存在的问题是料浆水分比较高,熟料的热耗高,故还有大量的铝渣、电石渣没有被利用。

第五节　水泥工业用燃料

水泥工业是消耗大量燃料的工业。燃料按其物理状态不同可分为固体燃料、液体燃料和气体燃料三类。我国水泥工业主要采用固体燃料煅烧水泥熟料。回转窑工厂采用烟煤,立窑工厂则采用无烟煤和焦炭屑。

水泥生产中煅烧熟料用煤可分为正常煤和低质煤两种。低质煤的灰分高,热值低,对窑的煅烧和熟料质量有一定影响。但我国水泥工作者为了充分利用燃料资源,减少运输部门的负担,就地取材,对使用低质煤煅烧水泥熟料积累了不少经验。

一、固体燃料

(一)煤的化学成分

煤的分析方法通常有两种:元素分析和工业分析。元素分析得出煤的主要元素百分数,如碳、氢、氮、氧、硫等。元素分析方法对于精确地进行燃烧计算来说是十分必要的。但工业分析能够更好反映煤在窑炉中的燃烧状况,且分析手续简单,因此,水泥厂一般只作工业分析。工业分析包括下列项目:水分(W)、挥发分(V)、固定碳(C)、灰分(A)四项,四项总和为100%。四项总和以外,还测定硫分,作为单独的百分数提出。煤的热值(发热量)以每千克燃料能放出多少千焦的热量来表示。煤的灰分应该作全分析,包括SiO_2、Al_2O_3、Fe_2O_3、CaO、MgO等化学成分。

挥发分是煤在干馏时分馏出可以燃烧的气体,如甲烷(CH_4)、乙烯(C_2H_2)、一氧化碳(CO)等。挥发分含量多的煤容易燃烧,燃烧速度快,形成的火焰较长。

焦炭是煤中挥发分挥发后剩下的可燃固体(固定炭和灰分的混合物)。

灰分是焦炭燃烧后剩下的灰渣,灰分含量多时,会降低煤的发热量。

水分是煤中所含物理与化合水的总和,水分含量多时,会降低煤的发热量。

煤的挥发分和固定炭为煤的可燃成分。

由于煤的开采、运输、贮存的条件不同,同类煤的组成,往往有较大变动,特别是其中的水分与灰分含量。因此表示煤的组成时,必须说明所选用煤的基准,才能确切说明问题。表示煤的常用基准有:

应用基:是按煤样送到分析室时的状态进行分析的结果。代号为"y"。

分析基:是按煤样在分析室内按规定条件先经空气干燥后再进行分析的结果。空气干燥只除去煤的外在水分,但试样中仍含有内在水分。代号为"f"。

干燥基:是煤的成分按不含任何水分样来表示的分析结果。代号为"g"。

可燃基:是煤的成分按不含水分和灰分样来表示的分析结果。代号为"r"。

(二)煤的种类

1.无烟煤

无烟煤又称硬煤、白煤。是一种碳化程度较深,可燃基挥发分含量小于10%的煤。其应用基低热值一般为20 934～29 308kJ/kg,结构致密坚硬,有金属光泽,密度较大,含碳高,着火温度高达600～700℃,燃烧火焰短,是水泥立窑的主要燃料。

我国无烟煤资源颇为丰富,但全国约有五分之四的无烟煤资源集中在山西和贵州两省。出产无烟煤较多的大型矿区是阳泉、焦作、京西和晋城等,以上矿区无烟煤总量约占全国无烟煤资源的93%。此外尚有储量1亿吨左右的中小型无烟煤矿区50来个。

我国主要无烟煤矿区的煤质指标的一般范围见表3-5-1。

表3-5-1　我国主要无烟煤矿区的煤质成分范围

矿区名称	原煤工业分析				煤灰成分(%)			
	A^y(%)	S^y(%)	Q_{DW}^f(kJ/kg)	V^f(%)	SiO_2	Al_2O_3	Fe_2O_3	CaO
山西阳泉	10～20	0.5～1.6	27 214～31 401	7～9	40～55	35～40	<10	<5
北京京西	10～30	0.2～0.5	20 934～28 470	3～7	40～55	10～40	5～15	5～30
河南焦作	12～28	0.3～4.5	27 214～30 145	4.5～6.5	40～50	30～40	5	3～10
贵州织金-纳雍	20～30	0.5～0.4	24 283～30 145	6～8	50～70	10～30	5～30	1～10
四川芙蓉	22～35	2.5～6.5	22 190～25 958	7～9	40～60	7～20	9～32	6～12
湖南金竹山	5～20	0.3～0.9	26 769～29 308	5～6	45～50	35～40	<8	1～2

2.烟煤和褐煤

烟煤是一种炭化程度较深,可燃基挥发分含量为15%～40%的煤。其燃烧火焰较长而多烟,应用基低热值一般为20 934～31 401kJ/kg,结构致密较为坚硬,密度较大,着火温度为400～500℃,燃烧过程中灰渣具有一定粘结性,根据此特性有些烟煤可以炼焦。烟煤是回转窑煅烧水泥的主要燃料。我国烟煤大型矿区有大同、淮南、开滦、平顶山、峰峰等。

褐煤是挥发分含量较高、炭化程度较浅的一种煤,褐色无光泽。有时可以清楚看出原来木质的痕迹。褐煤通常有两种:一为土状褐煤,质地疏松而较软;另一种为暗色褐煤,质地致密而较硬。褐煤的热值为8 374～18 841kJ/kg。褐煤可燃基挥发分可达40%～60%,灰分为20%～40%左右。褐煤中自然水分含量较大,性质不稳定,易风化或粉碎,且易发生自燃,我国云南等省褐煤储量较丰富。表3-5-2为烟煤和褐煤工业分析和灰分分析。

表 3-5-2　烟煤和褐煤的分析资料

煤种	产地	工业分析					煤灰的化学成分(%)				
		$A^f(\%)$	$V^f(\%)$	$C^f(\%)$	$Q_{DW}^f(kJ/kg)$	水分(%)	SiO_2	Al_2O_3	Fe_2O_3	CaO	MgO
烟 煤	淮南	24.63	28.10	47.27	23 289	4.0	52.92	34.94	5.42	3.92	1.15
	大同	11.40	29.61	58.99	25 847	1.08	55.14	16.42	16.13	6.14	1.30
	开滦	27.04	25.54	47.42	24 044	0.45	41.19	3.28	4.25	1.33	1.33
	平顶山	22.20	25.23	52.57	24 339	0.99	58.08	32.42	4.98	4.40	0.55
	峰峰	17.27	27.39	55.34	28 104	3.48	48.12	43.97	3.24	2.97	1.23
褐煤	开远	12.86	61.97	25.35	13 272	22.68	13.68	3.61	2.80	42.25	1.30

(三)回转窑对燃煤的质量要求

1. 热值

对燃煤的热值要求越高越好,可提高发热能力和煅烧温度,因而可提高熟料产、质量。

2. 挥发分

煤的挥发分和固定炭是可燃成分。挥发分高的煤着火快,火焰长。挥发分低的煤则不易着火,高温比较集中。为使回转窑火焰长些、煅烧均匀些,一般要求煤的挥发分在 22%～32%。在回转窑系统中采取特殊措施后,无烟煤也可使用。

3. 灰分

煤的灰分是煤燃烧后残余的灰渣。在水泥生产中,煤灰全部或部分进入熟料中,因而影响熟料的化学成分,须在配料时,事先加以考虑。灰分太多,热值低,降低窑的发热能力和降低熟料产、质量。一般要求灰分小于 27%。

4. 水分

煤粉水分高,使燃烧速度减慢,降低火焰温度。但少量水分存在能促进碳和氧的化合,而且在发火后,能提高火焰的辐射能力,因此煤的干燥不应过分,一般水分控制在 1.0%～1.5%。

5. 细度

回转窑用煤作燃料时,须将块煤磨成煤粉再行入窑。细度太粗,则燃烧不完全,增加燃料消耗;煤粉细,燃烧迅速完全;但也不能过细,过细则会降低磨机产量,增加煤磨电耗。煤粉细度一般控制在 0.080mm 方孔筛筛余为 8%～15%。

图 3-5-1 为某厂煤粉磨工艺流程图

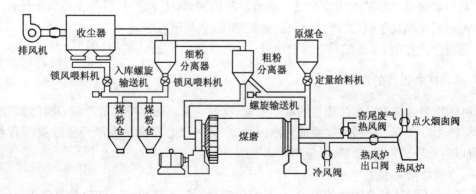

图 3-5-1　煤粉制备系统工艺流程示意图

（四）立窑用煤要求

立窑用煤要求挥发分低于 10% 的无烟煤或焦炭屑。挥发分高的煤，是不适用于立窑的，因为在立窑煅烧过程中，含有煤的生料球由窑顶喂入窑内时，在预热带和废烟气相遇而受热，煤中的挥发分逸出，由于缺氧而不能燃烧，随烟气带走，损失热量。

煤的灰分低，发热量高，有利于提高立窑熟料产、质量。

立窑对低质煤有较大适应性。可将低质煤和原料配合，一起粉磨，这样煤的灰分在熟料中分布就较均匀，热量也可以得到发挥。

加入生料中的外加煤应破碎到一定粒度，一般要求全部通过 5mm 方孔筛，小于 3mm 的煤粒应大于 90%。

二、液体燃料和气体燃料

采用气体或液体燃料时，由于没有灰分落入熟料中，熟料质量较好，而且容易调节。液体燃料多为重油、渣油。重油的热值为 41 323.7kJ/kg 左右。煅烧水泥熟料所用重油的杂质含量一般要求如下：

硫分<3%；水分<2%；机械杂质<3%。

泵送重油时，为了降低其黏度，一般需要预热到 60～70℃。

气体燃料也称煤气。煤气分天然煤气和人工煤气两种。水泥工业主要采用天然煤气作为回转窑燃料。天然煤气的热值为 33 494.4～37 681.2kJ/Bm³。天然煤气无灰分，不需要预热，供气系统简单，操作控制灵便，是一种理想燃料，但火焰亮度不大，辐射能力较低。鞍山红钢水泥厂用焦炉煤气作回转窑燃料，其热值为 18 003.2～18 421.9kJ/Bm³。

液体和气体燃料只能用于回转窑，不能用于立窑。

第六节　硅酸盐水泥的配料

生料配料就是根据原料化学成分，按一定的比例配合，以达到合理熟料成分的要求。配料是水泥生产中的一个重要环节。

配料工作的任务是：

1. 从本厂实际出发，选择合理的矿物组成和熟料率值，经济合理地使用各种原料；

2. 根据确定的熟料矿物组成和熟料率值以及原、燃料化学成分，计算出原料配比；

3. 配制的生料易于烧成，煅烧出来的熟料强度高、易磨性好。

4. 通过生产控制，保证配料方案的实现。

一、熟料矿物组成的选择

熟料矿物组成是决定水泥质量的基本因素，同时它又直接影响窑的产量、单位燃料消耗量以及窑衬使用寿命等。熟料矿物组成对水泥性能、各种工艺指标及生产经济效益都有着重大影响，所以对熟料矿物组成的选择应当予以极大注意。

（一）水泥质量要求

为了满足不同品种及标号的要求，配料时应选择不同矿物组成。如生产早强型（R）水泥，要求早期强度高，故 C_3S 和 C_3A 含量要适当提高。随着 KH 提高，C_3S 含量也随之增加，如煅烧充分,熟料强度就会提高;但如 KH 过高,由于煅烧条件不能适应,C_2S 和 CaO 不能完全反应形成 C_3S,致使 f-CaO 过高,会造成安定性不良,熟料强度反而不高。因此,应在煅烧条件允许的情况下,适当提高熟料的 KH,这样可有效地提高熟料质量,生产早强型或较高标号的水泥。在生产条件相同的情况下,采用矿化剂或复合矿化剂时,熟料 KH 可适当提高,以提高熟料质量,并保证安定性合格。

在选择 KH 值时,要同时考虑 n 值要适当,因为要有一定数量的硅酸盐矿物,才能使熟料具有较高强度,低硅率方案的液相数量较多,因其硅酸盐矿物含量较少,有可能降低水泥强度。KH 高,n 也高时,熔剂矿物含量也就少,f-CaO 吸收反应不易完全,f-CaO 高,使水泥安定性不良。高铝率方案具有早期强度高,但会增加液相黏度,使 f-CaO 不易吸收。高铁率配料方案液相黏度低,f-CaO 容易吸收,但也有易结大块等缺点。所以合适的配料方案必须根据工厂实际情况,在多次实践总结的基础上进行确定。

当生产特殊用途的硅酸盐水泥时,就应根据它的特殊要求,选择合适的熟料矿物组成。

(二)工艺及煅烧条件

为提高熟料质量,应加强原料的预均化和生料均化,以提高生料均匀性。在同样原料条件下,生料成分均匀性差的工厂,在配料时,熟料石灰饱和系数通常比生料成分均匀性好的工厂要低一些,否则会使熟料游离氧化钙增加,熟料质量变差。

物料在不同类型窑内的受热情况和煅烧过程不完全相同,因此,设计的熟料矿物组成也应有所区别。

湿法回转窑内,由于生料成分均匀,热工制度稳定,燃煤灰分不高时,熟料石灰饱和系数可适当配得高些。

带窑外分解的悬浮预热器窑,由于生料预热好,热工制度稳定,配料有趋向于低液相量、高饱和系数的配料方案。

立波尔窑的热气流从上而下通过加热机的料层,煤灰大部分沉落在上层料面,物料受热和煤灰掺入都很不均匀。因此,立波尔窑熟料的石灰饱和系数应配得低一些。

目前多数机立窑厂推广应用矿化剂或复合矿化剂,配料方案也相应采用高石灰饱和系数、高铝氧率。熟料中 C_3S 和 C_3A 含量高,对提高水泥强度有利,也有利于提高产量,容易操作。

不同窑型时硅酸盐水泥熟料三个率值一般范围见表 3-6-1

表 3-6-1　不同窑型硅酸盐水泥熟料率值

窑　　型	KH	SM	IM	熟料热耗(kJ/kg)
预分解回转窑	0.86~0.89	2.2~2.6	1.4~1.8	2 930~3 750
湿法长回转窑	0.88~0.91	1.5~2.6	1.0~1.8	5 833~7 520
干法回转窑	0.86~0.89	2.0~2.4	1.0~1.6	5 850~7 520
立波尔回转窑	0.85~0.88	1.9~2.3	1.0~1.8	4 000~5 850
立窑(无矿化剂)	0.85~0.90	1.9~2.2	1.2~1.4	4 200~5 430
立窑(掺矿化剂)	0.92~0.97	1.6~2.2	1.1~1.5	3 750~5 000

(三)原料质量

一般情况下,为了简化工艺流程,便于生产控制,即使熟料组成略为偏离设计要求时,也仍然采用两种或三种原料配料;若原料化学成分很难满足原设计中熟料矿物组成的要求,使生产技术经济指标明显下降时,就必须考虑更换某种原料或掺加校正原料。增加校正原料或是修改熟料矿物组成应从生产技术经济指标等各方面进行综合分析比较后确定。

(四)燃料品质

在选择熟料矿物组成时,还应考虑燃料的质量。用煤作燃料时,煤的灰分大部或全部掺入熟料中,配料计算时把煤灰作为一个原料组分考虑。实际上除立窑使用的全黑生料外,煤灰掺入熟料中很不均匀,结果熟料矿物形成不均匀,煤粉越粗,灰分越高,对熟料质量的影响也愈大。一般如果煤灰分升高,还仍然保持原熟料组成的配料方案时,则熟料中游离氧化钙会上升,导致熟料质量下降。所以使用质量较差的煤时,除在煅烧技术上相应采取措施外,熟料矿物组成也要相应调整,如适当降低 KH,以改善熟料质量。应用低品位燃料以及煤质变化较大时,应该进行燃煤预均化,才能保证熟料成分的稳定和水泥质量的提高。

煤的挥发分对熟料煅烧也有直接影响。在回转窑厂,若使用挥发分过低的煤,易造成热力集中,短焰急烧,会使游离氧化钙增加,强度下降,窑衬寿命缩短;在立窑厂,若使用挥发分过高的煤时,由于烟煤燃烧速度快,使底火层变薄,物料在高温带停留时间不足、而影响熟料质量。当出现上述情况时,在配料方案上也应相应作调整,以改善熟料质量。

熟料石灰饱和系数、硅酸率和铝氧率三个率值是互为影响、相互制约的,不能片面强调某一率值,而忽视其他两个率值,必须相互配合。

总之,影响熟料组成的设计的因素是多方面的。设计一个合理的配料方案,应根据所生产水泥的品种和质量要求,原料资源的可能性以及各工厂具体的现实条件结合起来,具体问题具体分析,不能只强调某一方面,才能保证质量,并且使技术经济指标比较先进,达到优质、高产、低消耗、长期安全运转的目的。

二、配料计算

配料计算可用误差尝试法、递推法、代数法、图解法等,随着科学技术的发展,微机配料在水泥厂中也得到普遍采用。

尝试法是通过尝试,逐步调整配比,使之满足熟料成分的要求;递推法是以熟料化学成分中依次减去假定配合比的原料成分,并进行递推修正的方法。在手工计算配合比时常用这二种方法。

递推法计算步骤一般如下:

1. 已知原料化学成分,并换算成 100%,如原料化学成分总和不足 100% 时,不足部分作其他项列入化学成分中,如超过 100%,则以实际总和除以各成分,换算为 100%。

2. 已知窑的单位燃料消耗量和煤的工业分析数据及煤灰化学成分,计算出熟料中的煤灰掺入量。

熟料中的煤灰掺入量可按下式计算:

$$G_A = (P \times A^y \times S)/100$$

式中　G_A——熟料中煤灰掺入量,%;

　　　P——煤耗(kg/kg 熟料),其中:P = 单位熟料热耗(kJ/kg 熟料)/煤的应用基低热值(kJ/kg 煤)

　　　A^y——煤的应用基灰分,%;

S——煤灰沉落率,%。

煤灰沉落率因窑型不同而有差别,见表 3-6-2。

表 3-6-2　不同窑型的煤灰沉落率　　　　　　　　　　%

窑　　型	无 电 收 尘	有 电 收 尘
湿法长窑($L/D=30\sim50$)有链条	100	100
湿法短窑($L/D<30$)有链条	80	100
湿法短窑带料浆蒸发机	70	100
干法短窑带立筒、旋风预热器	90	100
窑外分解窑	90	100
立波尔窑	80	100
立窑	100	100

3. 根据所要求的水泥熟料率值或矿物组成,计算出所要求的水泥熟料化学组成;

4. 进行递推计算;

5. 根据原料配比验算熟料化学组成和率值;

6. 求出原料配比。

例 3-1　三组分递推法配料

已知条件

1. 原料化学成分;

2. 煤的工业分析;

3. 设计熟料率值:$KH=0.89\pm0.01$;$n=2.1\pm0.1$;$p=1.30\pm0.1$;

4. 预分解窑生产,热耗为 4 100kJ/kg。

原料化学成分　　　　　　　　　　　　　　　%

物　料	烧失量	SiO_2	Al_2O_3	Fe_2O_3	CaO	MgO	其　他	合　计
石灰石	42.34	1.69	0.44	0.38	54.41	0.55	0.19	100
黏土	6.26	65.33	14.33	5.03	5.17	2.16	1.72	100
砂岩	2.79	82.36	10.08	2.01	1.24	0.76	0.76	100
铁粉	3.50	24.90	1.64	52.82	15.21	1.54	0.39	100
煤灰		52.28	35.2	5.16	5.48	0.78	0.1	100

烟煤的工业分析

组分	W^f	A^f	V^f	C^f	Q_{wd}^f(kJ/kg)
%	3.00	26.00	27.80	43.20	23 275

解:

1. 计算煤灰掺入量

$$G_A=(P\times A^y\times S)/100$$

设煤灰沉落率　$S=100\%$

则:　　　　　$P=4\ 100/23\ 275=0.176(kg/kg\ 熟料)$

　　　　　　　$G_A=(0.176\times26.00\times100\%)/100=4.58\%$

熟料中煤灰带入的化学成分计算如下：

$$SiO_2 = 4.58 \times 52.28/100 = 2.39$$
$$Al_2O_3 = 4.58 \times 35.2/100 = 1.61$$
$$Fe_2O_3 = 4.58 \times 5.16/100 = 0.24$$
$$CaO = 4.58 \times 5.48/100 = 0.25$$
$$MgO + 其他 = 4.58 \times (0.78 + 0.1)/100 = 0.04$$

2．计算熟料化学成分

设 $\sum = 97.50$

$$\begin{aligned}
Fe_2O_3 &= \sum /[(2.8KH + 1)(p + 1)n + 2.65p + 1.35]\\
&= 97.50/[(2.8 \times 0.89 + 1)(1.3 + 1)(1) \times 2.1 + 2.65 \times 1.30 + 1.35] = 4.50\\
Al_2O_3 &= p \times Fe_2O_3 = 1.30 \times 4.50 = 5.85\\
SiO_2 &= n(Al_2O_3 + Fe_2O_3) = 2.1 \times (4.50 + 5.85) = 21.74\\
CaO &= \sum - (SiO_2 + Al_2O_3 + Fe_2O_3) = 97.50 - 21.74 - 5.85 - 4.50 = 65.41
\end{aligned}$$

3．进行递推计算

以 100kg 熟料为基准，列表递推计算如下

物　料	掺加量(kg)	SiO_2	Al_2O_3	Fe_2O_3	CaO	其　他	备　注
要求熟料成分		21.74	5.85	4.50	65.41	2.50	
煤灰	4.58	2.39	1.61	0.24	0.25	0.04	
石灰石	120	2.03	0.53	0.46	65.29	0.89	依据 CaO 计算
黏土	26.5	17.31	3.80	1.33	1.37	1.03	依据 SiO_2 计算
铁粉	3.09	0.77	0.05	1.63	0.47	0.06	依据 Fe_2O_3 计算
石灰石	−3.62	−0.06	−0.02	−0.01	−1.97	−0.03	依据 CaO 修正
黏土	−1.06	−0.69	−0.15	−0.05	−0.05	−0.04	依据 SiO_2 修正
铁粉	0.1	0.02	0.00	0.05	0.02	0.00	依据 Fe_2O_3 修正
计算熟料成分	145.01	21.76	5.82	4.48	65.38	1.95	

例：石灰石掺加量 $= (65.41 - 0.25)/54.41 \times 100 \approx 120(kg)$

4．验算率值

$$KH = (65.38 - 1.65 \times 5.82 - 0.35 \times 4.48)/2.8 \times 21.76 = 0.89$$
$$n = 21.76/(5.82 + 4.48) = 2.11$$
$$p = 5.82/4.48 = 1.30$$

所得率值在要求范围内，计算符合要求。

5．计算原料配合比

100kg 熟料干原料用量：

$$石灰石 = 120 - 3.62 = 116.38(kg)$$
$$黏土 = 26.5 - 1.06 = 25.44(kg)$$
$$铁粉 = 3.09 + 0.1 = 3.19(kg)$$

合计＝116.38＋25.44＋3.19＝154.01(kg)

干原料配合比：

　　石灰石＝116.38/154.01×100%＝80.26%

　　黏土＝25.44/154.01×100%＝17.54%

　　铁粉＝3.19/154.01×100%＝2.20%

第四章　原料采运、加工及生料制备

第一节　原料的采掘与运输

在硅酸盐水泥的生产中,需要大量的石灰石质和硅铝质原料,为了降低生产成本,水泥工厂的主要原料(如石灰石和黏土)必须靠近工厂,由工厂直接进行开采。只有在特殊情况下,才允许利用外地运来的原料。

在进行原料开采之前,必须首先对矿床进行详细的勘探工作,包括有用矿的储量;矿层的分布情况,有用矿的化学成分波动情况;矿石的物理性质,如硬度、抗压强度等;对松散状黏土质原料还应进行筛分析,必要时应加做颗粒分析和塑性指数试验;并进行开采条件及矿区地质情况的调研工作。

水泥工厂的原料一般采用露天开采。在开采有用矿之前,必须先进行覆盖层的剥离工作。覆盖层如果是松散状的浮土,则剥离工作可以直接用人工或用电铲剥离,也可以采用水力冲洗的方法直接进行;如果是硬质废矿,则在剥离工作之前,要先进行覆盖层的爆破工作。为了均衡、持续地开采矿石,必须先剥离而后进行采矿。可采矿量要保持 6 个月的矿石产量。

有用矿如果是松散状的白垩、黏土等,可以用电铲直接挖掘,也可采用人工挖掘;有用矿如果是硬质物料(如石灰石等),则首先要进行爆破工程(包括钻孔及爆破)。矿山必须严格遵守国标《爆破安全规程》进行爆破设计和施工。

我国矿山钻孔设备有以下几种:手持式风动凿岩机,孔径为 35～45 mm;潜孔钻机,孔径为 150～200mm;回转钻孔机,孔径为 90～120mm;牙轮钻机,孔径为 150～250mm。爆破普遍采用铵油炸药、浆状炸药。露天矿中深孔用多排微差爆破,具有扩大爆破规模、提高爆破质量、减少爆破有害作用的显著优点,是矿山爆破的主要方法。爆破工作应根据矿体贮存条件、矿岩特点、开采方法,不断总结经验,优化爆破参数,力求获得最佳爆破效果。

具有一定规模的矿山,其爆破后的矿石装载都采用斗容挖掘机,斗容以 1～4m³ 为主。挖掘斗容为 1.0m³,台班效率是 400t;斗容为 2.0m³,台班效率是 700t;斗容为 3.0m³,台班效率是 1 000t;斗容为 4.0m³,台班效率是 1 300t。

矿石的运输,根据采石场距工厂的距离及采石场与工厂间的地形,可以选用不同的运输工具。如采石场距工厂较近,可在矿石破碎后采用皮带输送机运输至水泥厂;在距离不太远且有坡度的情况下,可以选用钢索绞车运输,利用矿石的自重将重车自上而下地滑下,而同时将空车由下而上地拉回;当采石场与工厂间的距离在 3km 以内时,矿石的运输选用自动卸料汽车也是合理的,矿用汽车有效载重应与挖掘机的斗容保持合理比例关系,则可提高挖掘机和汽车的效率;也有采用小斗车来运输石灰石的,将几个小斗车串联成一列,然后用小型内燃机车拖运;当采石场与工厂间距离较远,而且地形复杂,这时可采用架空中索道的方法。空中索道的运输距离可达 8km,而挂斗的滑行速度可达 7km/h。

生产矿山必须严格遵守"采剥并举,剥离先行"的原则,保持合理的"三量"(开拓矿量、准备矿量、可采用矿量)关系。要抓好计划开采,制定矿石进厂质量指标时,在满足水泥原料配料要求的前提下,对不同品级的矿石实行均化开采,经济合理地充分利用矿山资源。

第二节 物料烘干

在干法生产中,各种水泥原料一般在粉磨以前都需要烘干,黏土含有高达20%的水分,煤的水分高达11%,高炉矿渣有时水分高达30%,水分含量高的石灰石也需要烘干。

进入磨机的原料水分过高,磨内会发生"糊磨"现象,隔仓板上的篦孔会发生堵塞,造成通风不良,磨机生产能力降低,电耗增高。原料水分高还会给物料的输送、喂料、配料及干法生料的均化造成困难。所以,物料的烘干在干法生产中有重要作用;湿法生产中煤及混合材料也需要烘干。

一、烘干基本原理

烘干基本原理是利用热气流(空气或烟气)作为干燥介质,干燥介质将热量以对流传热的方式传给物料,使物料水分蒸发,从物料中蒸发出来的水气又扩散到干燥介质中被干燥介质带走。

(一)空气的干燥性能

在烘干过程中,水分从物料中气化后,扩散到空气中,当与空气相混合而成的水蒸汽与空气的混合物,称为湿空气。

$1m^3$ 湿空气中所含水蒸汽的质量称为空气的绝对湿度(g/m^3)。若向盛有 $1m^3$ 空气的容器中慢慢地加入与空气同温度的水气,开始时所有水气都与空气混合(溶解在空气中),但是后来,当空气吸收一定量水分后(该量随空气的温度而不同),加入的水气不再溶解于空气中,而形成雾状水滴聚在器壁上,即有一部分水气冷凝出来。因此,当温度一定时,$1m^3$ 空气中所含的水气不能超过一定量。

含有最高水气而不能再吸收时的空气状态称为饱和状态。此时的绝对湿度叫做饱和绝对湿度。

由表4-2-1可看出饱和绝对湿度随着空气温度的升高而急剧上升。

表 4-2-1 各温度下的空气饱和绝对湿度

温度(℃)	1m³ 饱和空气中所含的水蒸气质量(g/m³)	温度(℃)	1m³ 饱和空气中所含的水蒸气质量(g/m³)
−15	1.39	50	82.94
−10	2.14	55	104.28
−5	3.24	60	130.09
0	4.84	65	161.05
5	6.80	70	197.95
10	9.40	75	241.65
15	12.82	80	292.99
20	17.29	85	353.23
25	23.03	90	428.07
30	30.36	95	504.41
35	39.59	99.4	586.25
40	51.13	100	588.17
45	65.24		

为了说明空气为水分所饱和的程度,用湿空气的另一性质即相对湿度 ϕ 来表示。

绝对湿度与该温度的空气饱和水量的比值叫做空气的相对湿度,此比值是以百分数来表示。例如,70℃时 $1m^3$ 空气含 25g 水,欲求其相对湿度须先在表 4-2-1 中查出该温度时饱和绝对湿度,用此值去除所含水蒸气质量再乘上 100% 就得到相对湿度:

$$\phi = \frac{25}{197.95} \times 100\% = 12.6\%$$

假如冷却湿空气,则从开始到某一温度其相对湿度渐增,这是因为当降低空气温度时,空气的饱和绝对湿度要变小,而空气中所含的水分(绝对湿度)不变。在某温度时相对湿度达 100%,此时空气的绝对湿度等于饱和绝对湿度。再继续降低温度,水蒸气就要冷凝下来了。

水分开始由空气中冷凝出来的温度叫做"露点"。当低于露点时再冷却,温度就不再引起相对湿度的变化,其相对湿度保持不变,即为 100%,绝对湿度减小。

当湿空气加热时,其相对湿度减小,即空气吸收水蒸气的能力增高。

当空气的温度变化时,其体积也发生变化,所以用体积来表示空气的湿度是不方便的。在干燥操作中空气的湿度,常以在 1kg 干空气中所含水气质量来计算,称比值为湿含量 d。

空气的湿含量是 1kg 干空气中所带有水气的克数(g/kg 干空气)。利用湿含量很容易求出从物料中除去 1kg 水分所需的空气量。

若已知进入烘干机及由烘干机出来的空气中的湿含量,则此二量的差数就是被 1kg 干空气从烘干机中带出的水气的克数。例如,进入烘干机的空气湿含量 $d_1 = 10g$,而由烘干机出来的空气的湿含量 $d_2 = 30g$,则每 1kg 干空气由烘干机中带出的水为:

$$d_2 - d_1 = 30 - 10 = 20(g)$$

每 1kg 干空气由烘干机中带出 20g 水,因之欲带出 1kg 水则需要:

$$1\,000 / 20 = 50(\text{kg 干空气})$$

(二)影响干燥速度与干燥时间的主要因素

固体物料干燥过程中水分的扩散分为两个阶段:第一阶段为水分由固体物料表面扩散到干燥介质中,称外部扩散;第二阶段为物料内部水分从中心扩散到表面。

影响干燥速度与干燥时间的主要因素有:

1. 物料的性质　结构不同物料所需干燥时间是不同的,例如烘干矿渣比烘干黏土容易,塑性大的黏土比疏松结构的黏土烘干要困难得多。

2. 物料的粒度大小　粒度小,物料比表面积增大,干燥速度快,干燥时间短。

3. 物料的初水分及终水分　影响物料水分外部扩散及内部扩散的时间。

4. 空气的流动速度及相对于物料的流动情况　在烘干机内,空气流动速度快或者物料在悬浮状态下干燥,干燥时间将缩短,但空气速度过快,会使烘干机废气温度升高,带走热量增多,空气速度快,带走粉尘量也增多,所以空气速度也受到一定限制。

5. 干燥介质的选择及干燥介质的温度和湿度　空气的温度愈高以及它的湿度愈低,则干燥速度愈快,干燥时间愈短;使用高温烟气直接干燥,则可以获得更好的传热效果,因此,只要物料的工艺性质及烘干设备所允许,则应尽量采用高温烟气。

6. 干燥介质在烘干机中的温度降　温度降愈小,则干燥的平均温度愈高,干燥过程进行得愈均匀,与此相应干燥时间也将缩短。但干燥介质出烘干机的温度愈高,干燥过程的热量消耗也大。

7. 烘干机的构造 烘干机的规格尺寸、构造和密封情况都会影响干燥时间。

二、烘干方法

水泥厂采用的烘干方法有两种:一种是粉磨过程中同时进行烘干,即烘干兼粉磨设备;另一种是单独的烘干设备,物料烘干后再入磨。

采用烘干兼粉磨设备,可以简化工艺流程、节省设备和投资,还可以减少管理人员。由于减少了工艺环节,干物料在运输和中间贮存过程中扬尘机会也减少了。但是当原料水分超过某一限度,给运输、喂料及配料等工序造成困难时,必须采用单独烘干设备。国内外大型悬浮预热器窑和预分解窑水泥厂生料制备中一般采取烘干兼粉磨工艺;小型干法和立窑水泥厂原料一般采取单独烘干设备,矿渣一般采取单独烘干设备。国内水泥厂目前采用最广泛的单独烘干设备是回转式烘干机,其他还有悬浮式烘干机和流态化烘干机。

三、回转式烘干机

回转式烘干机一般是用厚约 10～20mm(取决于转筒大小)的钢板焊接而成的一个圆筒体。转筒烘干机通常配备两个轮带,在两对托轮上回转。最有效的长径比(长度/直径)在 6～10 之间。

回转式烘干机的斜度在 3°～6°范围内。直径较大的转筒要求斜度较小,其回转速度约为2～7r/min。

回转烘干机系统还设有燃烧室以产生热的干燥介质(热烟气及空气),通风机及烟囱是用来供给及排出干燥介质,此外还有物料的加料、卸料装置和除尘器等。

回转式烘干机按其传热方式的不同可分为三种:

1. 直接传热烘干机 直接传热回转烘干机的传热方式是热气流与物料在转筒内直接接触。

2. 间接传热烘干机 间接传热回转式烘干机又称双筒式回转式烘干机,热气体在烘干机筒体的套筒内通过,而物料则在套筒外面,热气体的热量通过金属套筒间接传给物料。这种烘干机适用于不能与高温接触,或不能受煤灰污染或易于扬尘的物料,但传热效率较差,因此,这种烘干机在水泥厂很少使用。

3. 复式传热烘干机 复式传热回转烘干机也是双筒式回转烘干机,热气体先在回转体的套筒内通过,间接传热给物料,然后再由套筒内到达套筒外直接与物料接触,传热效率较直接传热差,这种烘干机较适用于烘干烟煤,不致使煤在烘干过程中失去挥发分或着火。但这种烘干机目前在水泥厂也很少采用。

目前在水泥厂广泛使用的是直接传热回转式烘干机。

1. 回转烘干机的流程及选择

直接传热回转烘干机的烘干流程可分为顺流式和逆流式两种,如图 4-2-1、图 4-2-2 所示。

(1)顺流式烘干机 在烘干机头部上方有喂料装置,下有燃烧室。由燃烧室产生的热气体由机头向机尾流动;湿物料同时由下料管 3 喂入机内,随着烘干机的转动流向机尾,同时被热烟气和热干燥。蒸发出的水气与气流一起从烘干机尾部,通过排风机(或烟囱)

排出。热烟气与刚进烘干机的湿料直接混合。大量水分在回转烘干机的开始部分就蒸发了,因此,水分蒸发量在回转烘干机的其余部分就相对少一些。如果需要加强烘干,可以提高进入顺流烘干机的气体温度而不致对干物料产生不利后果。产品水分也可以根据需要进行控制。

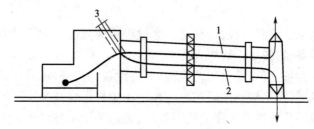

图 4-2-1　顺流式烘干机
1—热气体;2—物料;3—下料管

(2)逆流烘干机　物料与气流沿相反方向流动,它与顺流式相比,缺点是烘干了的物料要与最热的高温气体接触,所以这种烘干方法可能引起物料强烈过热。和顺流式比较,如果进出口气体温度相同时,逆流操作,气流与物料的平均温差较大,干燥速度比较均匀。

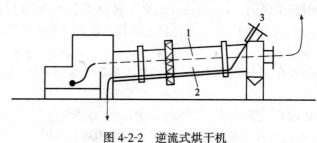

图 4-2-2　逆流式烘干机
1—热气体;2—物料;3—下料管

选择回转烘干机的型式时,首先应考虑物料的物理性质,然后再考虑物料的颗粒大小、烘干过程物料结构变化倾向、对热气体发生的变化、需要烘干的时间等。对黏土等塑性原料,还是采用顺流烘干法为好,以免在圆筒的进料端发生黏结或堵塞;塑性原料在逆流烘干机内会导致物料运动速度减慢而降低烘干能力;煤在顺流烘干机内,可以大大减少干煤着火的危险;水淬矿渣在顺流烘干机内可避免强烈过热而失去活性。但是顺流烘干机产生的粉尘要比逆流烘干机多。

2. 回转烘干机的供热及传热

烘干水泥原料可以用煤、油及气体燃料。回转烘干机还可以利用回转窑的废气以及从箅式冷却机排出的热风来烘干。回转窑、熟料冷却机与转筒烘干机结合,可以节约燃料费用,另一方面,结合运行至少可节约一套收尘系统的投资费用,但是使设备操作复杂化了。

我国的烘干机普遍使用煤作燃料,可以采用简单平炉箅子燃烧室,也可以采用自动炉箅子燃烧室和煤粉燃烧室。目前节能型沸腾燃烧室也广泛用于烘干机。沸腾燃烧室内,燃料是在一定高度内剧烈翻腾燃烧,燃料燃尽率高达99%,燃烧室热效率可达85%以上,与人工操作平炉箅子燃烧室相比,节煤率可达40%,烘干机产量可提高15%～20%。

烟气进入烘干机一般为400～1 000℃,视物料的不同而有所不同(见表4-2-2)。

表 4-2-2 进入烘干机的烟气温度 %

干燥物料	煤	黏土	矿渣	石灰石
进烘干机烟气温度	400~700	600~800	700~800	800~1 000

为了提高烘干机的生产能力,应采用较高的允许温度和较大的气流速度,但烘干过程中加热不应引起原料的化学变化。对进入烘干机的烟气温度的控制是靠引入周围环境冷空气来实现的,这是在设于燃烧室与回转烘干机之间的混合室内进行的。

出烘干机的废气温度不宜过高,废气温度过高,将使烘干物料的热耗增高,废气温度一般控制在120℃左右,以防止烟气中所含的水蒸气在收尘器内凝结,影响收尘器正常运行。当排出的废气温度较低时,烟囱的自然抽风就不足以克服烘干设备的流体阻力。因此,烘干设备几乎总是配有排风机的。

在直接加热的回转烘干机内,物料颗粒与热气体直接接触的对流热交换是主要因素。通过传导和辐射向物料传热只起很小的作用而可以忽视。为了充分利用对流传热的原理,烘干圆筒内装有扬料板,把物料扬起后撒落下来,使之与烟气长时间充分接触。内部装置基本上有两种:扬料板和格子式扬料装置。

烘干机转筒内装的扬料板使得喂入烘干机的物料充满整个断面,使热气体与物料进行反复和充分的接触。扬料板适用于黏性物料,物料不易黏结,但扬料板的扬尘量较大。直型、45°弯和90°弯的扬料板作用见图 4-2-3。直型扬料板大都装在烘干机的进料端,适用水分较高的黏性物料,45°和90°形扬料板适用于水分较少的物料。

格子式扬料装置见图 4-2-4,把烘干机转筒的横断面分成若干扇形格子,这样可阻止喂入物料自由落下而被经常翻转,以保证与热气体充分接触。格子式扬料装置的扬尘量较少。

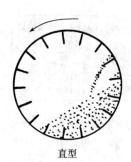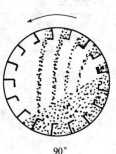

直型   45°   90°

图 4-2-3 转筒烘干机内的扬料板

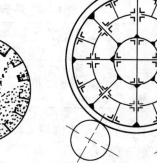

图 4-2-4 转筒烘干机内的
格子式扬料装置

影响回转烘干机内传热效率的因素有:

(1)回转筒体的转速;

(2)送入回转烘干机的气体温度;

(3)烘干机内的气体流速;

(4)扬料装置的类型、大小和表面形状。

回转烘干机的转速越快,物料翻动次数增加,气体对物料的传热越好。送入烘干机的气体温度应当尽可能提高一些。气体与物料之间温差大一些就可以保证获得较好的传热,提高烘干机的产量。

3. 回转烘干机的生产能力

回转烘干机的小时产量可通过烘干物料的初水分和终水分、烘干机筒体的容积以及烘干机的水分蒸发强度(筒体单位容积单位时间的蒸发量)来求得。计算公式如下:

$$G = \frac{AV}{1\,000\left(\dfrac{W_1 - W_2}{100 - W_1}\right)}$$

式中　G——回转烘干机生产能力,按烘干后物料计算(t/h);

　　　V——回转烘干机筒体容积(m³);

　　　W_1——湿物料的初水分(%);

　　　W_2——干物料的终水分(%);

　　　A——烘干机水分蒸发强度〔kg 水/(m³·h)〕。

烘干机水分蒸发强度 A 是经验数据,它与物料性质、水分含量、烘干温度及筒体内部结构等因素有关。回转烘干机蒸发强度参见表 4-2-3、表 4-2-4。

表 4-2-3　回转烘干机水分蒸发强度

物料名称	初水分(%)	终水分(%)	进气温度(℃)	排气温度(℃)	蒸发强度[kg 水/(m³·h)]
煤	10	0.5	800	100	30~40
泥煤	50	20	450	100	60
黏土	10~20	1~5	1 000	80	50~60
石灰石	8	1	1 000	100	40~60
矿渣	20~30	1	700	100~200	35~55

表 4-2-4　烘干机使用高温烟气沸腾炉的测试数据

烘干机规格 (m×m)	物　料	燃　料	产量(kg)	蒸发强度 [kg 水/(m³·h)]	燃烧室热效率 (%)	烘干机热效率 (%)	蒸发每 1kg 水所需热量 (kJ)
φ1.5×12	矿渣	炉渣	7 817	61.66	89.34	76.45	1 662.87
φ1.5×12	矿渣	无烟煤	11 280	37.58	85.45	59.67	3 812.06
φ2.4×18.35	黏土	无烟煤	12 210	26.98	84.27	58.00	4 086.99

例 4-1　在回转烘干机内烘干粒状矿渣,设计产量为 10t/h,矿渣初水分为 25%,终水分为 1.5%,用烟气空气混合物作干燥介质,混合气体进烘干机温度为 750℃,试确定回转式烘干机型式及尺寸。

解　1. 选型。由于矿渣遇高温易失去活性,故采用顺流烘干机。

2. 初步确定烘干机尺寸

$$G = \frac{AV}{1\,000\left(\dfrac{25 - 1.5}{100 - 25}\right)} = \frac{AV}{314}$$

根据表 4-2-3,选取回转烘干机水分蒸发强度 $A = 45\text{kg}/(\text{m}^3 \cdot \text{h})$,因此烘干机容积为:

$$V = \frac{10 \times 314}{45} = 69.8(\text{m}^3)$$

取烘干机 L/D＝7,则:

$$\pi D^2/4 \times 7D = 69.8(m^3)$$
$$D = 2.33(m)$$
$$L = 7 \times 2.33 = 16.4(m)$$

初步选用 $\phi 2.4 \times 18m$ 回转烘干机一台。

图 4-2-5 为某厂矿渣烘干系统流程示意图。

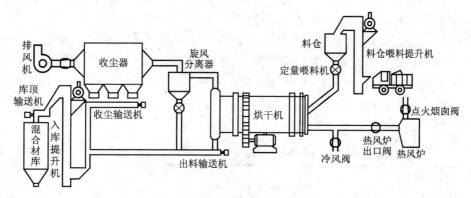

图 4-2-5　矿渣烘干系统流程示意图

四、烘干-粉磨

烘干-粉磨法的特点是把烘干和粉磨两个加工过程一起在磨机内完成。由于烘干是在粉磨过程中进行的,因此热交换加快了。在回转烘干机内烘干物料时,往往在比较大的颗粒中有时还留有毛细管水分,而在磨机内烘干就不存在这种情况了。另外,在粉磨过程中,由于研磨介质对物料的冲击和研磨会产生热量,这样就可以向磨机供给热量减少一些。

把回转窑和熟料冷却机的热废气也可利用于烘干-粉磨过程中。但是废气的温度是比较低的。在烘干较高水分的物料时,必须应用较大量的废气,或者使用高温气体。因此,为了利用废气就需要加大磨机横断面积和增大磨机的空心轴和轴承。

烘干兼粉磨系统生产流程见下一节。

第三节　生料制备

一、生料制备的目的要求

生料制备是将原料(石灰质原料、黏土质原料及少量校正原料等),以及立窑煅烧水泥熟料时所加的一定量的燃料,经过一系列加工过程后,制成具有一定细度、适当化学成分,并且均匀的生料,使其满足各种窑型的煅烧要求。

在水泥熟料煅烧过程中,多数化学反应是在固态表面进行的(物理化学中称之为固相反应),固相反应速度与物料混合的均匀程度有关,因此,要保证生产出品质优良的水泥,制得成分均匀的生料就具有很重要意义。如果生料化学成分稳定就易于选择合理的煅烧制度,有利于稳定窑的热工制度,这对提高水泥熟料的质量及提高窑的产量和降低能耗都具有很大意

51

义。

对于生料成分波动的大小,工厂常用的指标是控制生料碳酸钙或氧化钙的含量在一定范围内,还同时控制三氧化二铁含量在一定范围内。采用全黑生料或半黑生料煅烧的立窑,还要控制含煤量在一定范围内。碳酸钙波动范围:湿法厂为 ±0.15% 之间;干法厂为 ±0.4% 之间;立窑厂为 ±0.5% 之间。

水泥熟料煅烧过程中,固相反应是在物料相互接触表面进行的,当温度一定时,接触表面越大,混合得越均匀,它们的化学反应就越迅速。因此,生料必须粉磨到一定细度,但过分提高细度会增加粉磨电耗和降低磨机产量,所以应结合磨机产量、电耗、窑的烧成煤耗及熟料质量等因素进行综合分析比较,并根据原料物理性能将生料细度控制在经济合理范围内。根据中国建筑材料科学研究院的试验表明,如果大于 0.2mm 的颗粒(尤其是石英颗粒)含量在 1% 以上时,熟料 f-CaO 显著增加。因此,一般控制 0.2mm 方孔筛筛余小于 1.5%;此外小于0.05mm 颗粒应占大部分,0.080mm 方孔筛筛余小于 10%,这样可以大大地改善易烧性。生料细度与 f-CaO 的关系见表 4-3-1、表 4-3-2。

表 4-3-1　生料 0.2mm 方孔筛筛余量对熟料 f-CaO 的影响　　　　　　　　%

0.2mm 方孔筛筛余量	0.90	1.40	2.42	3.06
熟料中 f-CaO	0.76	0.84	1.54	2.24

表 4-3-2　生料 0.080mm 方孔筛筛余量对熟料 f-CaO 的影响　　　　　　　%

0.08mm 方孔筛筛余量	13.6	13.2	12.5	11.6	10.7	10.4	9.30	5.10
熟料中 f-CaO	2.15	1.48	1.08	1.04	0.94	0.74	0.67	0.44

采用黑生料煅烧工艺的立窑厂,如果黑生料中煤粉过细,就会增加立窑煅烧中 CO 损失;煤粉过粗,则容易造成机械不完全燃烧。采用立磨进行粉磨时,磨内物料靠气流带走,当煤、料共同粉磨时,颗粒小的煤可及时分选出来,不会产生过细粉磨现象,应用立磨可为采用全黑生料创造节能条件。目前也有的厂采用煤、料分别粉磨工艺,达到煤、料不同要求的细度,以适应煅烧要求。

湿法回转窑生产时,还需要控制料浆水分在一定范围内,一般料浆含水分 33% ~40%。料浆水分的作用是使料浆具有一定流动性,便于输送。料浆中的水分高,流动性好,但热耗大;料浆中的水分低,热耗小,但料浆流动性差。一般要求料浆水分波动控制在 ±1.0% 范围内。

干法生产时普通磨机,原料需烘干后再进行粉磨,水分过高会降低磨机产量,堵塞输送设备,生料水分一般控制在 1.2% 以下。采用烘干兼粉磨工艺时,原料水分不很高时入磨前可以不进行预烘干。

采用空气搅拌库时,水分过高会堵塞空气室的透气板,因此要求生料水分小于 0.5%,最大不超过 0.8%。

二、破碎

(一)破碎目的

制造水泥的硬质原料,如石灰石、块状黏土等,大部分需要预先破碎,以便为粉磨、烘干、运输与贮存等准备条件。石灰石是制造水泥用量最多的原料,开采后的粒度较大,硬度较高,因此,石灰石的破碎在水泥厂的物料破碎中占有比较重要的地位。生产水泥所消耗的电能约有3/4用于破碎与粉磨原料、煤、熟料和混合材料。破碎过程与粉磨过程相比较,破碎过程要比粉磨过程经济而方便得多。根据生产厂经验,破碎 1t 物料,只耗 2～4kWh 的电,而粉磨 1t 物料则需耗电 20～30kWh。因此,应尽量将物料破碎至较小的粒度,再进入粉磨设备。一般要求石灰石进入粉磨设备前其最大粒度不超过 25 mm。采用管磨机粉磨生料时,若减小入磨粒度,可以提高磨机产量 5%～20%;采用立磨的工厂,破碎出口粒度可根据立磨性能要求确定。

物料破碎后,比表面积增大,因而可提高烘干机效率;物料破碎至细小而均匀的粒度后,可减少在运输和贮存过程中不同粒度物料的分离现象,有利于制得成分均匀的生料;缩小入磨物料粒度对配料准确性也有特别重要的作用,粒度越细小均匀,配料就越容易达到准确。

(二)破碎过程

破碎是用机械方法减小物料粒度的过程。破碎物料的方法有压碎、击碎、磨碎及劈碎等四种。根据这些破碎方式设计了颚式破碎机、锤式破碎机、辊式破碎机、锥式破碎机和反击式破碎机等破碎机械。还有破碎湿黏土用的冲击式黏土破碎机、湿黏土质原料破碎烘干机等新型破碎机械也在我国研制成功,用于生产。

破碎作业一般可分为粗碎、中碎和细碎三种,见表 4-3-3。

表 4-3-3　粗、中、细碎的划分　　　　　　　　　　　mm

项　　目	入　料　粒　度	出　料　粒　度
粗碎	300～900	100～350
中碎	100～350	20～100
细碎	50～100	5～15

上表对于粗、中、细的划分是相对的,可以大体上说明破碎分段情况。但是,由于有的破碎机可兼有粗中碎或中细碎的作用,有的厂并不需要粗或细碎。破碎系统的段数主要与物料破碎前后最大粒度之比,即破碎比的大小有关。当选用一种破碎机就能满足破碎比及产量要求时,即为单段破碎。如果要选用两种或三种破碎机进行分级破碎才能满足要求时,即为多段破碎。为了简化工艺流程,减少扬尘点,在满足破碎比的要求下,应尽量选用单段破碎系统。如采用多段破碎,应通过各级破碎能力的平衡,在选择合理破碎比范围内,规定各级破碎机进出口粒度和相应的小时产量,求得最佳综合破碎效果。喂入各级破碎机的原料粒度必须符合规定尺寸。最终破碎粒度应符合破碎设备性能及工艺要求。图 4-3-1 为某日产 2 500 吨熟料预分解回转窑生产线石灰石破碎系统工艺流程。

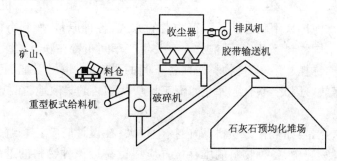

图 4-3-1　石灰石破碎及输送系统工艺流程示意图

三、物料贮存

为了保证水泥厂均衡连续地进行生产,各种物料在厂内需要有一定贮存量。贮存量的多少,以满足生产需要的天数,以贮存期来表示。

确定物料贮存期须考虑以下几方面因素:

1. 物料的运输方式和产量

确定原料、燃料贮存期,须考虑进厂的运输方式和产量。如石灰石有自备运输矿山,规模在年产 50 万吨矿石以上,碎石贮库容量应保持 2 天的生产量;小于 50 万吨规模时,贮库容量应保持 3 天的生产量。煤、铁粉、混合材和石膏一般运输距离较远,为了防止因运输而影响生产,需要较大的贮存量。其中石膏和铁粉用量较小,来车次数较少,对它们的贮存期可考虑长些。水泥贮存期与来车不均衡情况有关,为了防止库满停产,水泥库要有一定库容量。

2. 工序的衔接情况

在工序相连的车间之间,为了避免某一车间因故停车,影响下一车间的正常生产,或者当两个车间工作班制不同时,需要对半成品进行贮存。如破碎车间和生料粉磨车间的工作班制不同,碎石的贮存往往是不可少的。为了保证回转窑的运转不因生料磨的检修而受影响,对生料(或料浆)需要有一定贮存量。

3. 质量控制要求

为了对原、燃料,半成品或成品进行质量检查,也要求物料有一定贮存期。如对原、燃料要坚持先化验后使用原则。贮存生料(或料浆)的目的之一是为了控制生料成分均匀,以保证熟料质量,并稳定窑的煅烧;水泥的贮存目的,除适应来车不均衡的情况外,还为了控制它的质量,以便检验水泥强度;并改善水泥的安定性。

在水泥生产过程中的块状、粉状或浆状物料均需要一定贮存期。对于贮存期的考虑要求长短适宜,因为贮存期过短,将影响生产;贮存期过长,将会增加基建投资和经营费用。有些物料还会因存放过久而不利于生产。例如,煤堆存时间过长,容易发生自燃。因此,为了既保证生产,又节约投资和简化管理,必须从具体情况出发,合理地确定贮存期。按水泥企业质量管理规程的规定,对原、燃材料,半成品、成品应保持合理贮存量的要求:石灰石为 5 天,硅质原料(黏土等)、混合材、燃料为 10 天,铁质原料、铝质原料、石膏为 20 天,生料旋窑为 2 天、立窑为 4 天,熟料为 5 天,水泥为 5 天。当低于最低可用贮存量时,厂长、生产部门和化验室应积极采取包括限产在内的各项措施,限期补足。

贮存物料的贮库有以下几种:

1. 联合贮库

有些大、中型水泥厂采用联合贮库贮存物料的方式,各种原料、燃料等均存放在一个总的贮库内,用隔墙将不同物料隔开,分别堆放。有关生产车间布置在联合贮库周围。利用设在库内的抓斗起重机(亦称抓斗吊车)将物料送往各车间的受料仓,也可以把加工后的半成品由输送设备送回库内存放。因此,联合贮库是水泥工厂块状物料的集散地,在总体布置上成为各主要生产车间的中心。

联合贮库的缺点是:如堆存干物料,库内扬尘很大;在设计时要注意避免在运输过程中一种物料漏入另一种物料中,各种物料的堆存位置应尽量靠近该种物料的进出料点以缩短抓斗起重机的运输距离。

2．露天堆场

露天堆场是一种应用较广的贮存设施。它与联合贮库相比：单位贮存量的投资较省，而贮存量较大。因此，在大、中型水泥厂中，除采用联合贮库贮存物料外，一般还另设露天堆场用以贮存外部运入的物料，如煤、矿渣、石膏、铁粉等。在小型水泥厂中，一般也采用机械化程度较低的露天堆场堆存各种原、燃料而不设联合贮库。现代大型水泥厂一般用预均化堆场堆放石灰石或燃料，在堆存过程中进行预均化，在预均化堆场内设置专门的堆料设备和取料设备，使操作过程自动化。

露天堆场以下列三种类型为例：

(1)设有龙门吊车的露天堆场　这种露天堆场采用卸车机卸料；用龙门吊车进行堆料和倒运。龙门吊车的堆料高度可达10m，但投资较大。

(2)用推土机堆料的露天堆场　进厂物料用卸车机卸料，然后用推土机或铲斗车堆料。从堆场内取料，也用推土机将物料推到地沟胶带输送机的受料斗内，然后送往联合贮库或使用点。这种堆场的面积利用程度较低，占地面积较大，对不同物料要求分段定点卸车，否则容易混料。推土机堆料高度一般为6～7m。

(3)设有高架栈桥的露天堆场　这种堆场适用于物料品种较少的堆存。进厂物料由卸车机卸入卸料坑内，然后经过高架栈桥送到堆场上。堆场下部设有受料漏斗、卸料器和地沟胶带输送机，将物料由堆场送往车间。高架栈桥堆料高度视栈桥标高而定，一般约8～10m。投资较省，适用于中、小型工厂。

3．圆库

水泥厂一般采用圆库贮存生料、水泥、熟料及其他干物料。由于圆库具有密闭性能好，易除尘，占地面积少等优点，被水泥厂广泛应用。圆库有库容为数百吨、数千吨及上万吨的各种规格和型式。

4．堆棚

堆棚可防止雨天增加松散物料(黏土、铁粉、煤)的水分，小水泥厂普遍采用。

四、生料粉磨

生料粉磨系统有开路、闭路和烘干兼粉磨三种，在粉磨过程中，当物料一次通过磨机后即为产品时，称为开路系统(如图4-3-2所示)；当物料出磨后经过分级设备选出产品，粗料返回磨机再粉磨.称为闭路系统(如图4-3-3所示)。

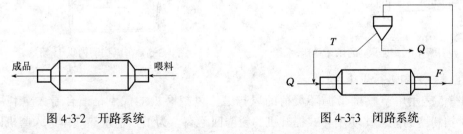

图4-3-2　开路系统　　　　　　　图4-3-3　闭路系统

开路系统的优点是：流程简单，设备少，投资省，操作维护方便，但物料必须全部达到产品细度后才能出磨。因此，当要求产品细度较细时，已被磨细的物料将会产生过粉碎现象，并在磨内形成缓冲层，妨碍粗料进一步磨细，从而降低粉磨效率，产量低，电耗高。开路系统一般用于小型磨机系统。

闭路系统可以减少过粉碎现象,有利于提高磨机产量和降低粉磨电耗。一般闭路系统比开路系统(同规格磨机)可提高产量 15% ~ 25%,产品细度可通过调节分级设备的方法来控制,比较方便。但是闭路系统流程较复杂,设备多,系统设备利用率较低,投资较大,操作、维护管理较复杂。闭路系统一般用于大中型粉磨系统和烘干兼粉磨系统。

开路系统产品的颗粒分布较宽;而闭路系统产品颗粒组成较均匀,粗粒少,微粉也少。

烘干兼粉磨法的特点是把烘干和粉磨二个加工过程一起在磨机内完成。由于烘干是在粉磨过程中进行的,因此热交换加快了。在回转烘干机内烘干物料时,往往在比较大的颗粒中有时还留有毛细管水分,而在磨机内烘干就不存在这种情况了。另外,在粉磨过程中,由于研磨介质对物料的冲击和研磨会产生热量,这样向磨机供给热量就可以减少一些。

回转窑和熟料冷却机的热废气也可利用于烘干-粉磨过程中。大中型干法悬浮预热器窑和预分解窑系统一般用窑的废气引入生料磨系统进行生料烘干。但是废气的温度是比较低的。在烘干较高水分的物料时,必须应用较大量的废气,因此,为了利用废气就需要加大磨机横断面积和增大磨机的空心轴和轴承。

下面介绍几种应用热气流进行烘干-粉磨的工艺流程示意图。

1. 在球磨机内烘干-粉磨

图 4-3-4 表示在磨机内进行烘干的闭路循环粉磨系统。为了取得较好的烘干效率,在磨机粉磨室的前面设了一个预烘干室,两者之间用隔仓板分开。预烘干室内装有扬料板,但是没有研磨介质。烟气从喂料端空心轴进入磨机,从出料端空心轴离开磨机。废气经过三级收尘净化后排入大气。物料由喂料机喂入磨内,在烘干仓经过烘干,又经粉磨室粉磨后从出料端卸出。出磨物料由提升机和空气输送斜槽送入选粉机中进行选分。细粉进入生料库,粗粉回磨。对烘干-粉磨的管磨,经过特别设计并扩大其进口空心轴和支撑轴承,就可以利用大量热风。

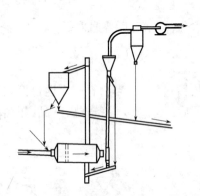

图 4-3-4　磨内有预烘干室的烘干-粉磨系统

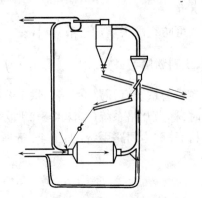

图 4-3-5　在风扫磨内烘干-粉磨

2. 在风扫磨内进行烘干-粉磨

图 4-3-5 表示用空气携带循环负荷的风扫磨。风扫磨机的优点是适合于大量利用热废气。但风扫粉磨的能耗比使用斗式提升机的粉磨回路高。为了让适量热气体进入磨机以便得到高的粉磨效率,满足操作的需要,可以用一个旁路装置来控制热风流量。在图 4-3-5 中,气流把经过粉磨的产品带出磨外并向上输送,首先进入重力型分离器,然后进入旋风筒,在旋风筒内细粉从气体中分离出来,然后送进二级除尘器。

3. 在辊式磨内进行烘干-粉磨

辊式磨主要用于烘干粉磨。图 4-3-6 表示用作烘干-粉磨机组的操作流程图。

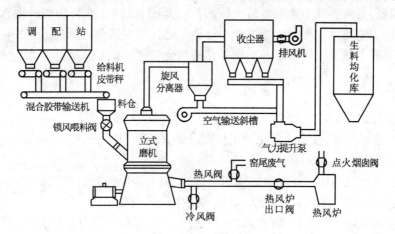

图 4-3-6　立磨生料制备系统工艺流程图

立式辊磨的工艺流程及特点为:配合原料经除铁器除铁后,输送入立磨系统磨头仓,立磨喂料由称重皮带喂料机控制。配合原料由锁风喂料机喂入磨内,同时热风炉产生的热风也被吸入磨内。立磨的热风温度及风量通过阀门控制,以使进入立磨风温控制在一定范围内。合格的生料粉随热风进入旋风收尘器,初步净化后的废气由循环风机抽吸。一部分循环入磨,另一部分则进入袋式除尘器进一步净化。经二级净化后的废气可直接排入大气,收下的粉尘可进入生料库。

立式辊磨的主要特点是:

(1)辊式磨的单位能量消耗低于管磨;

(2)单位功率所需场地较少;

(3)入磨物料粒度允许较大;

(4)可以处理原始水分为 15% 左右的原料;

(5)成分检测滞后时间短。

第四节　原料预均化

一、均化的基本概念及其必要性

水泥生产是以天然石灰石、黏土、铁矿石或铁粉等为原料,经过破碎、粉磨、煅烧及再粉磨等工艺过程而制成的水硬性胶凝材料。随着矿山原料开采层位和块段的不同,原料的品位也不一致,导致原料成分波动,使之不能满足生产要求。为此应对原料、生料采取有效的均化措施。

矿石或原料经过破碎后有一个储存、再取用的过程,如果在这个过程中采用不同的储取方法,使储入时成分波动较大的原料,至取出时成为比较均匀的原料,这个过程称之为预均化。

粉磨后生料在储存过程中利用多库搭配、机械倒库和气力搅拌等方法,使生料成分趋于均匀一致,这就是生料的均化。

长期以来,干法和湿法生产工艺并存。在原料和生料的均化问题没有得到很好解决之前,能烧制出高质量熟料的湿法回转窑得到迅速发展,这是因为料浆易于均化,较易定量均质地喂入窑内。但湿法生产的热耗高,热效率只有 50% 左右。对于立窑水泥厂,由于存在着先天性煅烧不均匀问题,更需要减小入窑生料成分的波动范围,以满足熟料烧成的要求。因此,近些年来,干法均化工艺技术在水泥工业生产中得到了迅速的发展和广泛的应用,并结合水泥生产的特点,逐渐形成了一个与生料制备系统并存的均化工艺系统。

二、均化工艺系统

均化工艺流程如图 4-4-1 所示,它主要包括下列四道工序:

1. 矿山采掘原料时,按质量变化情况搭配开采,使矿石在采运过程中得到初步均化,以减小矿石成分的长期波动范围。

2. 破碎后原料在堆场或储库内的预均化,以消除入磨原料的低频波动。

3. 生料粉磨过程中的配料与调整,以排除某些高频波动。

4. 出磨生料的均化与储存,可消除生料成分的全部高频波动,以获得均匀稳定的生料。

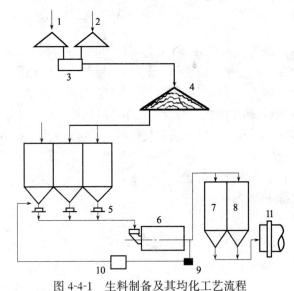

图 4-4-1　生料制备及其均化工艺流程

1—石灰石堆场;2—第二种原料;3—破碎;
4—预均化堆场;5—配料;6—粉磨;7—空气搅拌库;
8—备用储库;9—取样点;10—X 射线荧光分析仪;11—均化后入窑生料

应指出,水泥生料生产的整个过程就是一个不断均化的过程,每一个过程都会使原料和生料得到进一步的均化,我们把生料入窑前的一系列制备工作看作生料均化工作的一条完整的均化链,其中第二、四环节一般占了全部均化工作的 80% 左右。

三、均化过程基本参数及其计算

我国水泥企业中一般是用 $CaCO_3$ 滴定值合格率来衡量生料样品质量及均齐性的。合格率的含义是指若干个样品在规定质量标准上下限之内的百分率,即在一定范围内的合格率。例如,当要求生料中碳酸钙的滴定值为 (78 ± 0.3)% 时,滴定值在 77.7% ～ 78.3% 之间均为合格。如果 10 个样品中有 7 个在此范围内,则合格率为 70%,但只有合格率并不能保证生料质量合乎要求,因为这 10 个试样的平均值不一定是 78%。如果 7 个样品都大于 78% 但小于

58

78.3‰,其合格率仍为 70%,这时,当其他 3 个不合格试样偏离平均值很多时,则全部试样的平均值将远离目标值。因此需要用其他方法衡量均化程度。

1. 标准偏差

标准偏差也叫均方差,是数理统计中的一个概念,用于表示数据波动幅度的一种科学方法。其计算公式为:

$$S = \sqrt{\frac{1}{n-1}\sum_{i=1}^{n}(x_i - \bar{x})^2} \tag{4-1}$$

式中　S——标准准偏差;

　　　n——试样个数;

　　　x_i——单个样品的测定值;

　　　$\bar{x}$——n 个 x_i 值的算术平均值。

求标准偏差,首先要计算平均值,然后计算偏离平均值的差值。

例 4-2　有两组石灰石试样,其 $CaCO_3$ 含量测定结果如下:

%

样品编号	1	2	3	4	5	6	7	8	9	10
第一组	99.5	93.8	94.0	90.2	93.5	86.2	94.0	90.3	98.9	85.4
第二组	94.1	93.9	92.5	93.5	90.2	94.8	90.5	89.5	91.5	89.9

解　假设测定值在 90%～94% 之间为合格,此时两组试样的合格率均为 60%,现考查这两组试样的平均值:

第一组　　　　　　$\bar{x}_1 = \frac{1}{n}\sum_{i=1}^{n}x_i = 92.58\%$

第二组　　　　　　$\bar{x}_2 = \frac{1}{n}\sum_{i=1}^{n}x_i = 92.03\%$

虽然两组试样的合格率相同,平均值也接近,但波动幅度相差很大。第一组波动幅度在平均值的 ±7% 左右。即使合格,不是接近上限,就是接近下限;第二组样品的波动幅度要小得多,用这两组原料去制备生料,其质量就会大不相同。

如用标准偏差去衡量它们的波动幅度,将 $\bar{x}_1 = 92.58\%$、$\bar{x}_2 = 92.03\%$ 代入式(4-1),得 $S_1 = 4.68$, $S_2 = 1.96$。

标准偏差不仅反映了数据围绕平均值的波动情况,而且便于比较若干个数据的不同的分散程度。S 越大,分散程度越高,S 越小,成分越均匀。同时标准偏差和算术平均值一起,可以表示物料成分的波动范围及分布规律,通过多次等量试样的测定结果表明,成分波动于标准偏差范围之内的物料,在总量中大约占 70% 左右,其余物料成分波动比标准偏差大。

2. 均化倍数

均化倍数是物料均化前后标准偏差之比:

$$H = S_1/S_2 \tag{4-2}$$

式中　H——均化倍数;

S_1——均化前物料标准偏差；

S_2——均化后物料标准偏差。

均化倍数常用来比较不同工艺或不同设备的均化效果的优劣。均化倍数越大,均化效果越好。

四、原料预均化

预均化基本上用于水泥原料中的主要组分——石灰石。黏土和铁粉等成分比较单一,一般不需要预均化。通过粉磨前对主要组分的预均化处理,减轻了粉磨后的均化过程,它是获得合格入窑生料的重要手段。

(一)基本原理

破碎后的石灰石原料在储存和取用的过程中,尽可能以最多的相互平行和上下重叠的同厚度的料层进行堆放(储存),取用时要垂直于料层方向同时切取不同料层,取尽为止。这样取出的原料就比堆放时要均齐得多。堆放的层数越多,取料时切取的层数也就越多,原料在堆放时短期内的波动被均摊到较长的时间里切取而减小了,使得所取物料的成分达到比较均匀的效果(见图4-4-2)。

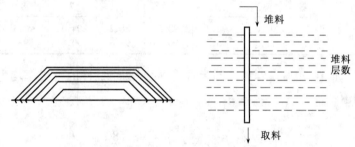

图 4-4-2　预均化原理示意图

(二)预均化堆场的类型与堆取料方式

1.预均化堆场类型

(1)矩形预均化堆场　这类预均化堆场一般设有两个料堆,一个正在堆料,另一个正在取料,相互交替。根据地形和总体布置要求,料堆可排成直线,也可以平行布置。

直线布置的预均化堆场(如图4-4-3所示),堆料机和取料机的布置比较容易,不需设转换台车,可以选择设备价格较低的顶部活动皮带机堆料。只要条件允许,优先考虑直线布置形式。

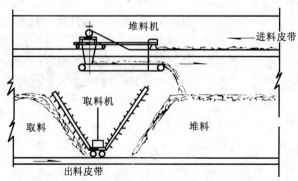

图 4-4-3　直线布置的矩形预均化堆场(立面图)

在这类堆场中,取料机停在两个料堆之间,可向两个方向取料。堆料机通过活动的S型皮带卸料机在进料皮带上截取物料,沿纵长方向向任何一个料堆堆料。

平行布置的预均化堆场(如图4-4-4所示),在总平面布置上比较方便,但取料机要设转换台车,以便平行移动于两个料堆之间,堆料也要选用回转式或双臂式堆料机,以适用于平行的两个料堆堆料。

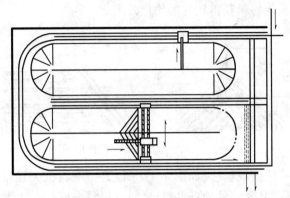

图4-4-4　平行排列的两个料堆

(2)圆形预均化堆场　圆形预约化堆场如图4-4-5所示。原料由皮带输送机送到堆料中心,由可以围绕中心作360°回转的悬臂式皮带堆料机堆料,料堆从俯视图看为一不封闭的环形,取料时用刮板取料机将物料耙下,再由底部刮板送到底部中心卸料口,并从地沟内的出料皮带机上运走。

在圆形堆场中,一般是环形料堆的1/3正在堆料,1/3堆好储存,1/3取料。

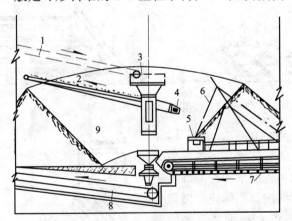

图4-4-5　圆形预均化堆场
1—进料皮带;2—皮带堆料机;3—中心柱;4—悬臂配重;
5—控制室;6—耙齿绳;7—取料机刮板;8—出料皮带;9—环形料堆

2. 堆料方式和取料方式

预均化堆场的料堆中各层物料是以一定方式互相重叠堆积而成的。为获得较好的均化效果,堆料方式应尽可能使料层平行重叠、厚薄均匀一致,取料时尽可能地同时切取各层物料。目前堆料方式多采用人字形、波浪形和倾斜形,此外还有水平形和圆锥形堆料等。取料一般采用端面取料、侧面取料以及底端取料等。现就几种常用的堆取料方式作一简要介绍。

（1）人字形堆料——端面取料法（如图 4-4-6 所示） 堆料机沿料堆纵向长度,以一定速度从一端移动到另一端完成一层物料的堆放。第一层物料是撒在堆场的纵向中心线上,是横截面为等腰三角形的一条物料带,这样依次一层一层地重复往上堆料。除第一层外,从横断面上看,每层物料都形成类似"人"字形形状。

取料时,由料堆的一端开始,逐渐往另一端推进,而且在整个料堆的横截面上进行,同时切取所有层次的物料,从而使物料获得较好的均化效果。

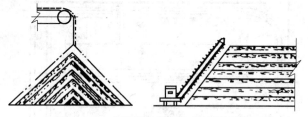

图 4-4-6　人字形堆料——端面取料法

（2）波浪形堆料——端面取料法（如图 4-4-7 所示） 堆料机先在堆场底部的整个宽度范围内堆成许多相互平行而又紧靠着的条形料堆,每一层料堆就是一层物料,其断面成等腰三角形,各条物料之间形成了"料峰"和"料谷",继续堆料时,在每条料谷中堆料,将其填满并变成料峰,如此不断地填满料谷形成料峰,完成堆料为止 。取料时采用端面取料,每一条物料带均能受到切割。

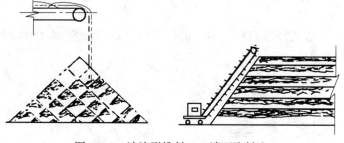

图 4-4-7　波浪形堆料——端面取料法

（3）倾斜形堆料——侧面取料法（如图 4-4-8 所示） 堆料机先在料堆的一侧堆成一条截面为三角形的料条带,然后堆料机的落料点向堆场中心移动一小段距离,使物料按自然休止角覆盖于第一层内侧,然后各层依次堆放,形成许多倾斜而平行的料层,直到堆料点到达料堆的中心线为止。这种堆料方法要求堆料机在料堆宽度的一半范围内能做伸缩或回转。

取料时,取料机在料堆的一侧从一端至另一端沿料堆纵向往返取料,取料的一侧是堆料机可以移动的一侧。

3.堆料机械和取料机械

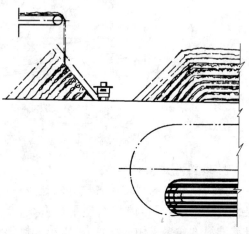

图 4-4-8　倾斜形堆料——侧面取料法

62

一定的堆料方式要靠一定的堆料机械来实现。堆料机的任务是将进料皮带上的物料转运下来,按照一定的方式堆料,它能在矩形料堆的纵向和圆形料堆作180°回转的移动,来完成堆料作业。

(1)天桥皮带堆料机 这种堆料机适用于有屋顶的预均化堆场,利用厂房屋架,使其沿纵向中心线安装,装上一台S型卸料小车或移动式皮带机,可做人字形堆料作业(如图4-4-3所示),这种堆料设备简单,应用广泛。为防止物料落差过大而引起扬尘,可以接上一条活动的伸缩管,或者接上可以升降卸料点的活动皮带机,以保持卸料时物料落差为最小,减少扬尘。

(2)车式悬臂胶带堆料机 这种堆料机适用于矩形堆场的侧面堆料和圆形堆场内围绕中心堆料,卸料点可以通过调节堆料机的俯仰角而升降,使物料落差保持最小,它能在露天堆场和室内堆场使用,可以装成轨道式、固定式和回转式,进行人字形、波浪形和倾斜形堆料(图4-4-9)。

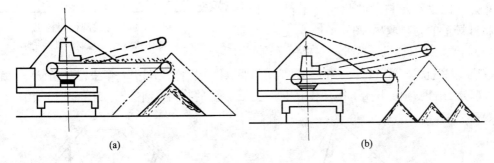

图4-4-9 车式悬臂胶带堆料机
(a)人字形堆料;(b)波浪形堆料

(3)耙式堆料机(如图4-4-10所示) 耙式堆料机是一种结构简单、价格低廉的设备,它也可以用于取料。作为堆料机,可进行倾斜层堆料和人字形堆料。在进行堆料作业时,耙杆的斜度要同物料的休止角保持一致。

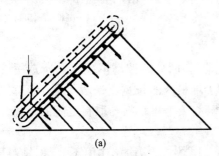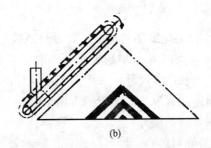

图4-4-10 耙式堆料机
(a)倾斜层堆料;(b)人字形堆料

根据取料方式的不同,取料机的类型也有所不同,常用的有以下几种:

(1)桥式刮板取料机 这种取料机适用于端面取料,基本上能同时切取料堆端面上全部物料的料层,有较好的均化效果。并能适用于各种类型的预均化堆场。它的结构是在桥架上安装一水平或略有倾斜的链耙。链耙由链板和横向刮板组成,它可以将耙出的物料卸入出料皮带机。桥架的一侧或两侧设有松料装置,可以调整其角度以便能紧贴料面,平行往复耙松物料,使物料滚落至底部,被运行的链耙连续送到出料皮带机,使物料在取料过程中得到均化(如图 4-4-11 所示)。

(2)悬臂耙式取料机 取料装置为一由刮板、链板和链轮所构成的耙链,将其装在一台能沿着轨道行走的台车上,斜度可以通过卷扬机调节,使其紧贴于料面,链耙转动,将物料耙落到料堆下部的出料皮带机上。当台车沿料堆纵向走到端部后,卷扬机要松动一下,将链耙放下一段距离,以便台车返回时继续耙料。如此往复耙料,可以基本上将堆场上的物料取尽(图 4-4-12)。

(3)门架耙式取料机 这种取料机用于侧面取

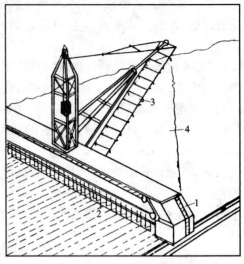

图 4-4-11 桥式刮板取料机
1—桥架;2—链耙;3—松料装置;4—料堆

料,取料原理和过程与悬臂式基本相同,只是用门架取代了桅杆,而且有一个主耙,一个副耙,当主耙完成大部分工作时,副耙开始工作,耙料方向与主耙一致,将物料推向主耙(如图 4-4-13 所示)。

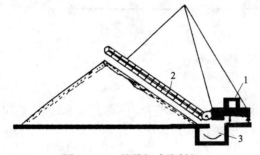

图 4-4-12 悬臂耙式取料机
1—台车;2—链耙;3—出料皮带

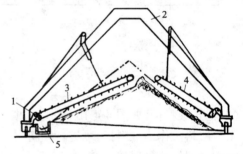

图 4-4-13 门架耙式取料机
1—台车;2—门架;3—主耙;4—副耙;5—出料皮带

4．预均化堆场的几个主要参数的确定

(1)堆场大小 堆场大小主要取决于工厂规模、原料成分的波动情况以及所选用堆、取料机的型式和主要尺寸。采用矩形预约化堆场时,每个堆料区的长宽比一般不低于 4,每个料堆区的储量通常取为窑 7 天的需用量。采用圆形堆场时,要考虑堆料与取料之间的距离,即堆场应为一开口的圆环。

(2)堆料层数 堆料层数直接影响着均化效果。层数太少,均化作用不大,但堆料层数达到一定数量后,均化效果并不一定随层数的增加而提高,这是因为物料相对来说颗粒较大,越到高层越薄,无法分布均匀。物料堆积层数主要取决于原料成分的波动情况,也与堆场容积和堆料速度有关。一般来说,进入堆场原料成分波动较小时,堆料层数应多一些;同时要考虑堆料层数与堆料速度相适应,料层厚度与物料粒度相适应。

冀东水泥厂和宁国水泥厂采用的是矩形预均化堆场,各有 $2 \times 40\,000$t 和 $2 \times 36\,500$t 料堆。堆料机能力为 600t/h,每堆堆料作业时间约 $60 \sim 70$h,堆料层数为 $400 \sim 500$ 层,因此堆料机在铺平一层原料时,需10min左右时间,而用完这堆原料约7天左右时间,那么如果某一层物料成分波动较大,但需在7天时间里均摊,所以所取原料成分就比较均齐了。

5. 影响预均化堆场均化效果的主要因素及提高预均化效果的途径

(1)堆料机布料不均 由于进入预均化堆场的原料输送设备都与破碎系统直接相连,中间无储备环节。当破碎机的产量不稳定时,导致进预均化堆场皮带输送机单位长度上的物料不等,使得堆料机的布料不均匀,影响均化效果。

(2)料堆两端及其死角 料堆的两端呈半圆形,取料机开始取料时,端部料层的方向正好同取料机切面平行而不垂直切割,当取料机接近终点时又会出现死角,故取不到料(如图4-4-14所示),故对整个均化效果有比较显著的影响。

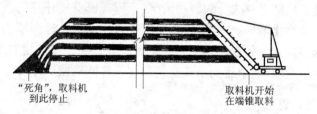

"死角",取料机　　　　　　　　取料机开始
到此停止　　　　　　　　　　　在端锥取料

图 4-4-14　料堆端部对均化效果的影响

(3)物料的离析作用 堆料作业时,物料是从料堆顶部沿着休止角往下滚落的,较大颗粒物料滚落到料堆底部的两侧,细小颗粒物料留在料堆上部,大小颗粒的成分一般不同,引起横向断面物料成分的波动,影响预均化的效果。

为了消除上述因素对均化效果的影响,应尽量使进入预均化堆场的物料量和粒度稳定,由于物料直接来自破碎机,因此要控制好破碎机的产量和破碎比。在堆料机布料时,要考虑到"死角"的影响,一方面要控制好堆料机的卸料端,因它随着料堆的升高而升高,另一方面堆料机达到终点时要及时回程,避免端锥部分料层增厚。

6. 其他预均化方法

预均化堆场一般适用于大中型水泥企业,小型水泥厂不具备条件时,可采用简单方法对原料进行预均化处理。

(1)分堆存放搭配均化法 采掘原料时,要根据矿石品位分布确定合理的开采方案,进厂后分堆存放,分批化验,合理搭配使用。这种均化方法在很大程度上受人为因素的影响,但如果能严格控制,加强管理,也能达到较好的均化效果。

(2)仓式预均化方法 将破碎后的物料同时均匀装入若干个均化仓(小型储库),当仓内物料装至一定高度后,各仓同时按一定比例均匀卸料,由皮带输送机将所卸物料汇总,输送到储库。它的预均化原理与预均化堆场基本相同,即入库原料在库内一层层地进行自然堆积,开始时,在纵断面上呈"人"字形分布,当堆积到一定高度后,逐渐由正人字形变成倒人字形的漏斗形状(如图4-4-15所示),通过上述进料与出料过程可使原料得到一定的均化。

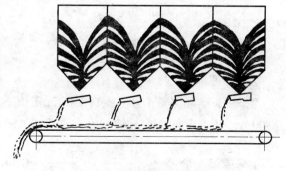

图 4-4-15　仓式预均化示意图

第五节　生料的均化

对原料在粉磨前进行预均化处理,可使原料成分波动缩小 1/10～1/15。如 $CaCO_3$ 波动 ±10% 的石灰石,均化后可缩小至 ±1%。但是,即使预均化得十分均匀,由于在配料过程中的设备误差、操作因素及物料在输送过程中某些离析现象的存在,使得出磨生料仍会有一定的波动。因此,必须通过均化来进行调整,使其满足入窑生料控制指标的要求。

生料的均化方式有机械搅拌和空气搅拌两种基本方式。空气搅拌又分间歇式和连续式。连续式具有流程简单、操作管理方便、便于实现自动控制等优点;间歇式系统的均化效果较好。均化系统的选择取决于出磨生料成分的波动情况、工厂规模、自动控制水平以及对入窑生料质量的要求等。对于有预均化堆场的水泥厂,当出磨生料波动不大时,可采用连续式生料均化系统,并能对该系统进行自动控制,它适用于大型水泥企业。对于出磨生料成分波动较大、计量水平不高的中小型水泥企业,可采用间歇式空气搅拌系统或机械搅拌系统。

一、多库搭配均化系统

这种均化方法的原理与前面所述的仓式预均化方法基本相同,均化过程见图 4-5-1 所示。它要求工厂有 4 个以上的生料库,编成两组,交替均化,交替使用。要尽量做到进料时各库均匀分配,库底出料均匀可调。均化时要等库内生料堆积到一定高度后才能放料使用。否则生料库只起到一个通道的作用而没有达到均化的目的。采用这种方法对生料进行均化,可使出磨生料 $CaCO_3$ 合格率提高 30%～40%。

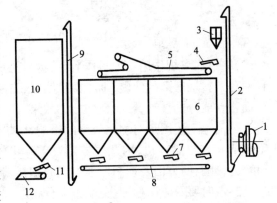

图 4-5-1　多库搭配生料均化工艺系统
1—磨机;2、9—斗式提升机;
3—缓冲仓;4、7、11—电磁振荡给料机;
5、8、12—胶带输送机;6—均化仓;10—储库

不同库内的生料可搭配使用,生料的调配量按下面的方法确定:

设 S 为生料 $CaCO_3$ 滴定值的控制指标,S_1、S_2 分别表示实测 1 号和 2 号库生料 $CaCO_3$ 滴定值,X_1 为 1 号库的生料调配量,$X_2 = 1 - X_1$ 为 2 号库的生料调配量,因此:

$$S = S_1 X_1 + S_2(1 - X_1) = S_1 X_1 + S_2) - S_2 X_1$$

$$S - S_2 = S_1 X_1 - S_2 X_1 = (S_1 - S_2) X_1$$

1 号库调配量:$X_1 = \dfrac{S - S_2}{S_1 - S_2}$

2 号库调配量:$X_2 = 1 - X_1$;

例 4-3　实际测得 1 号库生料 $CaCO_3$ 定值 $S_1 = 80.00\%$,2 号库生料 $CaCO_3$ 滴定值 $S_2 = 75.00\%$。要求生料 $CaCO_3$ 控制值 $S = 77.00\%$,其调配量如下:

1 号库调配量:$X_1 = \dfrac{S - S_2}{S_1 - S_2} = \dfrac{77 - 75}{80 - 75} = 0.40 = 40\%$

2 号库调配量：$X_2 = 1 - X_1 = 1 - 0.40 = 0.60 = 60\%$

按照上述比例进行搭配入库,基本能满足控制指标的要求。如无法实测生料库的 $CaCO_3$ 滴定值,可用入库时的出磨生料 $CaCO_3$ 滴定值的算术平均值求得。

二、机械倒库均化系统

这类均化系统是将几个库内的一定量的生料倒入另一个库或几个库内,使成分不同的生料在运输过程中混合搅拌,以达到均化的目的,同时,出磨生料按照要求同时入几个均化库。在储库内按自然休止角倾斜分层堆积,出库时再按比例放料,在出料口处形成漏斗形料坑,生料则沿漏斗边缘从上至下逐次切割料层,经中心料孔卸出,起到了均化的作用,如果均化不能满足入窑要求时,可以反复进行倒库均化(如图4-5-2所示)。

机械倒库均化系统具有操作简单方便、投资少、能耗低等优点,适用于立窑和规模不大的回转窑水泥厂的生料均化,如果管理得好,也可达到较为理想的均化效果。但在操作中注意做到一个库不能同时进料和出料,因为这样相当于边磨边烧,使储库只起到通道的作用而没有发挥均化的作用。

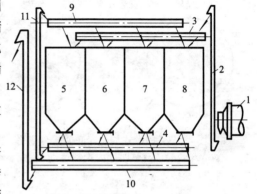

图 4-5-2 机械倒库均化工艺流程

1—磨机;2—入库提升机;3—入库绞刀;
4—回库绞刀;5、6—搭配均化库(或合格库);
7、8—合格库(或搭配均化库);9—倒库绞刀;
10—均化后出库生料;11—倒库提升机;12—入窑提升机

三、空气搅拌均化系统

空气搅拌均化是当生料在空气搅拌库内堆积到一定高度(约占库高的 70 %)后,在库底通入压缩空气将生料松动并呈流态化,若使库底各区充入的气体压力不同,会使库内生料产生差速流态化运动,从而达到搅拌均化的目的,空气搅拌均化的类型分为间歇式和连续式两类。

(一)间歇式均化库

间歇式均化库是依靠压缩空气使粉料流态化,在强力充气条件下产生涡流和剧烈翻腾而起均化作用的设备。它是利用库底充气装置分批轮换充气进行搅拌,只能进行分批间歇操作,是只起均化作用的设备。物料得到充分均化后再入储库,因此称为间歇式空气搅拌均化库。库底四等分扇形充气装置进行对角轮流充气时,库内物料运动情况见图4-5-3所示。

为使生料充分流态化,首先将空气分散成细小的气流,向库内生料吹射。图4-5-4是库底充气装置示意图,图中透气板是多孔的陶瓷板,压缩空气进入后,透过多孔板的细小微孔向生料层吹射空气细流。搅拌时只有空气自下而上吹射,停止时,物料不能从孔隙中下落。

间歇式均化库的库底结构与普通储库不同,它在库底铺设了一层净高为 150~200mm 的充气箱。充气箱按一定要求次序排列组成若干个充气区,其形状有扇形、条形和环形(见图4-5-5所示)等多种型式,各充气箱都有各自的进气管道。工作时,根据需要经自动配气装置或人工控制,向各充气区轮流通入不同流量的压缩空气。

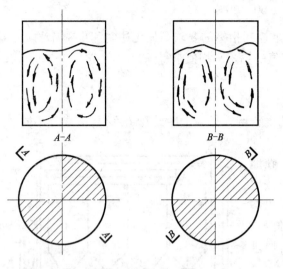

图 4-5-3　间歇式均化库底四等分扇形
对角轮流充气时库内物料运动示意

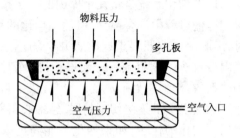

图 4-5-4　充气装置示意图

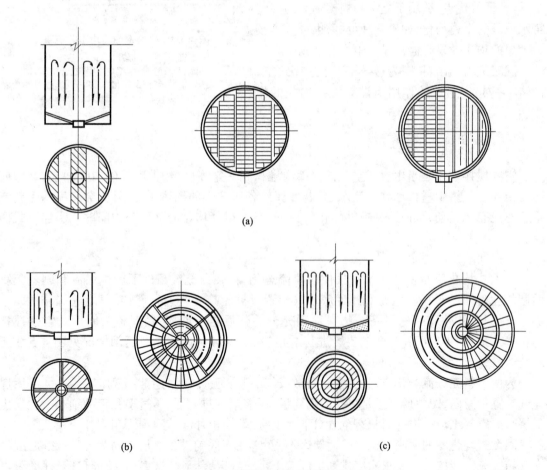

(a)

(b)　　　　　　　　(c)

图 4-5-5　搅拌库底充气装置形式
(a)条形分区法；(b)扇形分区法；(c)环形分区法

68

搅拌库的结构形式很多,但原理都基本相同。图4-5-6是其中的另一种形式,称为切变流均化库。这种库的库底分成四块充气区域。工作时只有一个区充强气,其余三个充弱气,使强气区产生一股向上的气料混合物湍流,弱气区则同时产生向下的切变流,强弱气区轮流变换,最后使库内生料均化。

为使均化库能更好地发挥均化作用,提高均化效率,生产管理中应做好以下几项工作:

(1)确保均化库工作时有足够的均化空气量、均化压力及稳定的充气制度。为此,应设专用均化气源,充气要按设计程序进行,并经常检查各阀门的启动关闭是否灵活严密,否则会导致充气制度紊乱,影响均化效果。

(2)生产中要加强原料预均化,尽量做到入磨原料成分稳定,努力提高出磨生料合格率。

(3)做好搅拌前入库生料的调配工作。具体做法是:将出磨生料先按正常指标控制,当入库生料装至均化库容量的70%左右时,按下式进行配库计算;

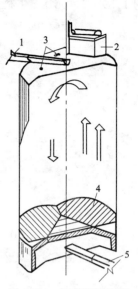

图4-5-6　切变流均化库
1—进料斜槽;2—收尘器;
3—辅助装置(人孔、料位器、安全阀、库侧入口等);
4—充气区;5—带有控制部件的出料斜槽(图中未画出鼓风机及空气分配器等)

$$M_1 T_{c1} + M_2 x = (M_1 + M_2) T_c$$

$$x = \frac{(M_1 + M_2) T_c - M_1 T_{c1}}{M_2}$$

式中　M_1——已入库生料高度(m);

　　　M_2——准备继续入库的生料高度(m);

　　　T_{c1}——已入库生料$CaCO_3$滴定值平均值;

　　　T_c——指标要求的生料$CaCO_3$滴定值;

　　　x——配库所需的校正料$CaCO_3$滴定值。

根据计算出的x数值,重新下达出磨生料的$CaCO_3$滴定值指标,待库内$CaCO_3$滴定值平均数达到要求时,即开始搅拌。然后在库内三个不同点取样化验,如合格便可将料送入储库,如不合格,仍需按上述方法重新调配、搅拌,直到合格为止。

(二)连续式生料均化库

与间歇式生料均化库有所不同,连续式生料均化库是一种均化兼储存的设备,它能同时进料、均化和出库,生料在库内产生重力混合和气力搅拌,以达到均化的目的。

1. 混合室均化库

图4-5-7是连续式生料均化库与生料制备、熟料烧成的工艺布置示意图。图中所示的均化库称之为混合室均化库,它是一个大的储存库,在内部中央设一个小搅拌仓,其容积占全部库容的3%～5%。生料在库顶中心经分配器被分成八等分,通过八条放射布置的输送斜槽送入库内各区,基本上形成水平料层。库底向中心倾斜,并设有充气装置轮流充气,生料在局部活化并进入搅拌仓,此时库内生料塌落,产生重力混合,进入搅拌仓的生料受到气力均化,然后喂入窑内。

冀东水泥厂采用的是连续式生料均化库,其工艺流程与上述基本相同,只是搅拌仓是锥形而不是柱形,见图 4-5-8 所示。均化效果单库运行时为 5～11,双库运行时为 9～15,均化电耗约 1.89～2.16MJ/t 生料。

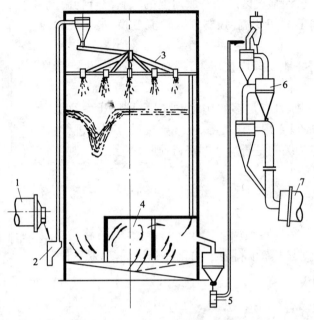

图 4-5-7　连续式生料均化库与生料粉磨系统、烧成系统工艺布置图

1—生料磨;2—气力提升泵;3—生料分配器;4—圆柱形搅拌仓;
5—气力提升泵;6—悬浮预热器;7—回转窑

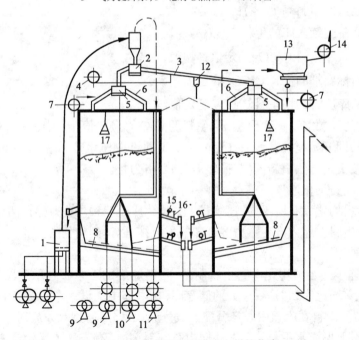

图 4-5-8　冀东水泥厂连续式生料均化库

1—提升泵;2—生料分配器;3、6—斜槽;4、7—鼓风机;5—八嘴生料分配器;8—库底充气箱;
9—罗茨鼓风机(强气、一台备用);10—罗茨风机(环形充气);11—罗茨风机(弱气);
12—负压安全阀;13—收尘器;14—排风机;15—闸板阀;16—流量控制阀;17—料位计

70

2. 多料流式均化库

多料流式均化库是德国伯力鸠斯公司研制的连续式生料均化设施,如图4-5-9所示。其库中底部向下突出一个圆柱形搅拌室,在搅拌室上部有一个锥形帽。库底板为向中心倾斜的圆锥面,在锥面上有许多沿径向布置的带盖板的暗沟,在沟底板安装条型充气箱。由于库的横断面很大,在横断面的不同部位生料下料速度不同,故在暗沟盖板上入料口处往往是不同时间的入库生料,利用这种时间差而产生重力混合作用,而不同时间入库的生料在进入圆形搅拌室后又进一步混合均化。多料流式均化库的主要特点是通过采用库内多点下料的方式,充分利用重力混合作用达到生料均化的目的。它的总的均化效果一般可达到7,均化电耗约0.36~0.72MJ/t生料。

3. 控制流连续式均化库

控制流连续式均化库也叫CF库,是丹麦史密斯公司发明研制的,见图4-5-10。库底板设有七个卸料锥,每个卸料锥由六个充气区组成,因而库底有6×7=42个三角形充气区。每个区中心有个出料孔,每个出料孔下有卸料阀和空气斜槽。库底42个充气区由微型计算机控制,让42个料柱在不同流量的条件下卸料,在重力混合的同时,实现库内各料柱的径向混合,出库时一般保持3个卸料区同时出料,进入库下混合室后再次混合。这种库均化效果可达到10~16,均化电耗约0.72~1.08MJ/t生料,用电也不多。

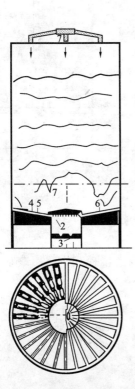

图4-5-9 多料流式连续均化库

图4-5-10 控制流连续式均化库

连续式生料均化库的结构比较复杂,操作管理难度较大,因此在运行时要严格遵守操作规程,在全部系统安装后,要进行空车试车;检查充气程序是否符合要求及其充气箱和管道是否漏气,并记录鼓风机出口管道上的空气静压,以供今后生产过程中计算搅拌室内料层高度参考。装料运行时要测定搅拌情况和下料能力以及管道系统阻力。严格遵守开停车顺序,即库顶加料系统的开车顺序为:库顶收尘系统——生料分配器——斜槽鼓风机——生料提升机。停车顺序与上述相反。库底卸料系统的启动顺序为:出库生料提升机(提升泵)-生料输送斜槽——空气分配阀——罗茨风机——叶轮下料器。停机顺序与上述过程相反。

4.其他类型的均化库

我国有关设计研究单位在引进的技术基础上,近年来新开发了 TP 型多料流式均化库和 NC 型多料流式均化库,它们都属于连续式多料流式均化库的改进,在提高均化效果、降低均化电耗等方面都有较好的效果。

四、影响均化效果的常见因素及防止措施

1.充气系统发生故障

充气管路及充气箱发生漏气,导致充气无力。透气性材料发生堵塞,引起出料不畅,使充气系统失效。上述故障主要是由于设计安装不完善而引起的,因此应注意做到充气系统密闭可靠,加强防漏检查。

2.入库生料物理性能发生变化

生料含水量对均化效果有显著的影响,当水分低于0.5%时,适合于正常的均化作业。当水分超过 0.5%时,生料颗粒间的黏附力增强,流动性变差。此时从库底向库内充气时,积极活动区变小,惰性活动区和死料区变大,使生料重力混合作用降低(如图 4-5-11 所示)。

3.供气压力不稳,使库内某些区域压力不足,充气分布不均,影响均化效果。

4.库顶加料系统堵塞,库底叶轮下料器卡料,空气分配阀磨损较严重等,引起均化库的操作不正常。因此运行时要防止铁块、钢球碎片等混入系统和库内。

5.充气箱多孔板发生堵塞。当生料水分高于0.5%时,很容易发生充气箱多孔板堵塞事故。充气箱多孔板发生堵塞后,均化效果将大幅度降低,因而使用空气均化库的企业要严格控制生料出磨水分。

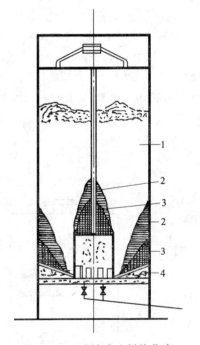

图 4-5-11　连续式生料均化库
内生料活动区域图

1—积极活动区域;2—惰性活动区域;
3—死料区;4—流态化区

第五章 硅酸盐水泥熟料的煅烧

第一节 硅酸盐水泥熟料的煅烧原理

硅酸盐水泥熟料的主要矿物组成是硅酸三钙、硅酸二钙、铝酸三钙和铁铝酸四钙等。但是,这些矿物组成是如何形成的呢? 形成过程中发生了哪些物理和化学变化呢? 哪些因素影响这些矿物的形成呢? 因此,了解并研究熟料的煅烧过程是非常必要的。

一、生料在煅烧过程中的物理和化学变化

(一)干燥与脱水

干燥就是自由水的蒸发,而脱水则是黏土矿物分解放出化合水。

由于不同的生产方法和窑型其生料的含水量也是不同的。干法回转窑的生料含水量一般不超过 1%,为了改善通风,立窑、半干法立波尔窑的生料成球时需加水 12%~14%;而半湿法的立波尔窑,需将料浆水分过滤降至 18%~22% 后制成料块入窑;也可以将过滤后的料块,再在烘干、粉碎装置中制成生料粉后在悬浮预热器窑或窑外分解窑内煅烧;湿法窑的料浆水分应保证具有可泵性,通常为 30%~40%。

自由水的蒸发温度一般为 100℃ 左右。每 1kg 水蒸发潜热高达 2 257kJ,湿法回转窑生产每 1kg 熟料用于蒸发水分的热量高达 2 100kJ,占湿法窑热耗的 35% 以上。因而降低料浆水分可以降低热耗,增加产量。

黏土矿物的化合水有二种:一种以 OH^- 离子状态存在于晶体结构中,称为晶体配位水(也有称为结构水);另一种以分子状态吸附于晶体结构间,称为层间吸附水。层间吸附水在 100℃ 左右即可失去,而结构水必须在高达 400~600℃ 才能脱去。

黏土矿物高岭土在 500~600℃ 下失去结构水变为偏高岭土($Al_2O_3 \cdot 2SiO_2$),或进一步分解为无定形的氧化铝和氧化硅。其反应式为:

$$Al_2O_3 \cdot 2SiO_2 \cdot 2H_2O \longrightarrow Al_2O_3 \cdot 2SiO_2 + 2H_2O$$
$$Al_2O_3 \cdot 2SiO_2 \longrightarrow Al_2O_3 + 2SiO_2$$

高岭石脱水后主要形成非晶质偏高岭石,因此,高岭石脱水后活性较高。蒙脱石、伊利石脱水后,仍然具有晶体结构,因而蒙脱石、伊利石的活性较高岭石差。

多数黏土矿物在脱水过程中,均伴随着体积收缩,唯有伊利石、水云母在脱水过程中,伴随着体积膨胀。当立波尔窑或立窑水泥厂采用以伊利石为主导矿物的黏土时,应将生料磨得细些,料球水分与孔隙率不宜过小;或者加一些外加剂以提高成球质量。

(二)碳酸盐分解

生料中的碳酸钙与碳酸镁在煅烧过程中都分解出二氧化碳气体,其反应式如下:

$$MgCO_3 \longrightarrow MgO + CO_2 \qquad (1\ 047 \sim 1\ 214)J/g$$

$$CaCO_3 \!=\!\!= CaO + CO_2 \qquad 1\,645J/g$$

这是吸热反应,碳酸钙是生料中的主要成分,分解时吸收的热量约占干法窑热耗的一半以上,因此,碳酸钙分解是熟料煅烧中重要过程之一。上述反应又是可逆反应,为了使分解反应顺利进行,必须供给足够的热量,保持较高的煅烧温度,并把分解出的二氧化碳及时排走,以降低周围介质中二氧化碳分压,并供给足够热量。假如让上述反应在密闭容器中,在一定温度下进行时,随着碳酸钙的不断分解,容器中二氧化碳分压随之增加,分解速度将随之变慢,直至反应停止。

通常,碳酸钙约在 600℃ 时就开始有微弱的分解,到 894℃ 时,分解出的二氧化碳分压达到 0.1MPa,分解速度加快,到 1 100～1 200℃ 时,分解极为迅速。温度每增加 50℃,分解时间约可缩短 50%。

图 5-1-1 表示一颗正在分解着的碳酸钙颗粒。颗粒表面 a 首先受热,达到分解温度后进行分解,放出 CO_2。随着过程的进行,表层变为氧化钙,分解反应面逐步向颗粒内部推进。颗粒内部(图中 b 处)的分解反应可分为下列五个过程:

1. 气流向颗粒表面的传热过程;

2. 热量由表面以传导方式向分解面传递的过程;

3. 碳酸钙在一定温度下,吸收热量,进行分解并放出 CO_2 的化学过程;

4. 分解出的 CO_2 穿过 CaO 层向表面扩散的传质过程;

5. 表面的 CO_2 向周围气流扩散的过程。

这五个过程中四个是物理传递过程,一个是化学反应过程。五个过程进行的速度是不同的。碳酸钙分解速度决定于其中最慢的一个过程。

根据福斯腾(B.Vosteen)的计算,当碳酸钙颗粒尺寸小于 $30\mu m$ 时,由于传热和传质过程进行的速度都比较快,因而分解速度或者分解所需要的时间将决定于化学反应所需要的时间。粒径大约为 0.2cm 时,传热、传质过程与分解反应过程具有同样重要地位;粒径约等于 1cm 时,传热、传质过程占主导地位,而分解反应过程降为次要地位。

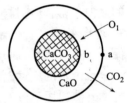

图 5-1-1　正在分解的
石灰石颗粒

在回转窑内,虽然生料粉的粒径通常只有 $30\mu m$,比较小,但物料在窑内呈堆积状态,使气流和耐火材料对物料的传热面积非常小,传热系数也不高。由于碳酸钙分解要吸收大量热量,因此,回转窑内的碳酸钙分解速度主要决定于传热过程;立窑和立波尔窑加热机虽然其传热系数和传热面积较回转窑内大得多,但由于料球颗粒较大,决定碳酸钙分解速度的仍然是传热和传质速度。

在悬浮预热器和分解炉内,由于生料悬浮于气流中,基本上可以看作是单颗粒,其传热系数较大,特别是传热面积非常大。传热系数经测定计算比回转窑内高 2.5～10 倍,而传热面积比回转窑内大 1 300～4 000 倍,比立窑和立波尔窑加热机大 100～450 倍,因此,回转窑内碳酸钙的分解,在 800～1 100℃ 温度下,通常需要 15min 以上,而在分解炉内(物料温度为 800～850℃),只需 2s 即可使碳酸钙分解率达 85%～90%。

福斯腾等人也对单颗粒碳酸钙和实际生料粉的分解时间进行了研究,并给出了相应的关系式和曲线图。对于特征粒径 $D = 30\mu m$、均匀性系数 $n = 0.84$ 的生料,按其方法计算所得结果如表 5-1-1。

表 5-1-1 分解时间与分解温度、分解率、二氧化碳浓度的关系

分解温度 (℃)	炉气 CO₂ 浓度 (%)	30μm 颗粒完全 分解所需时间(s)	$D=30\mu m$、$n=0.84$ 的生料	
			平均分解率达85%所需分解时间(s)	平均分解率达95%所需分解时间(s)
820	0	12.7	6.3	14.9
	10	20.5	11.2	22.6
	20	50.3	25.1	55.2
850	0	7.9	3.9	8.7
	10	10.3	5.2	11.3
	20	15.0	7.5	16.5
870	0	5.6	2.8	6.1
	10	6.9	3.5	7.6
	20	8.7	3.9	9.6
900	0	3.7	1.9	3.9
	10	4.1	2.2	4.6
	20	4.7	2.5	5.0

从表 5-1-1 可以看出,平均分解率达 85% 的生料分解所需时间,将比大小等于特征粒径的单颗粒分解所需的时间短,而平均分解率达 95% 的生料分解所需时间则比特征颗粒分解所需时间要长。这是因为生料中既含有小于特征粒径的小颗粒,又含有大于特征粒径的粗颗粒,而细颗粒分解时间与粗颗粒分解所需时间相差甚远的缘故。生料颗粒粗细均匀,粗粒较少时,有利于达到较高分解率。从表 5-1-1 还可以看出,随着炉气中 CO_2 浓度的增加,分解所需时间延长。随着分解温度升高,分解所需时间缩短。

综上所述,影响碳酸钙分解速度的因素有:

(1)温度 随着温度升高,分解速度加快。

(2)窑系统 CO_2 分压 如通风良好,CO_2 分压较低,有利于碳酸钙的分解。

(3)生料细度和颗粒级配 生料细度细、颗粒均匀、粗粒少,分解速度快。

(4)生料悬浮分散程度 生料悬浮分散性差,即相对地增大了颗粒尺寸,减少了传热面积,降低了碳酸钙的分解速度。因此,生料的悬浮分散程度是决定分解速度的一个非常重要的因素。

(5)石灰石的种类和物理性质 如结构致密、结晶粗大的石灰石,分解速度慢。

(6)生料中黏土质组分的性质 高岭土类活性大,蒙脱石、伊利石次之,石英砂较差。由于在 800℃ 下黏土质组分能和氧化钙或直接与碳酸钙进行固相反应,生成低钙矿物,活性大,可以加速碳酸钙的分解过程。

(三)固相反应

固相反应是固相与固相之间的反应。在水泥熟料烧成过程中 $CaCO_3$ 分解后生成的 CaO 和高岭土分解后生成的 SiO_2,它们的熔点远高于 1 200℃,但实践证明,在低于 1 200℃ 时.它们之间就进行化学反应,生成大量 C_2S。在这种情况下,CaO 和 SiO_2 并不是在液相中进行反应的,而是在固相之间进行反应的。

固相反应的特点是在固相界面上进行反应,然后扩散到内部。固态物质结构上的缺陷是使固相反应能够进行的主要原因。两种经过充分粉碎的固体粉末,因其表面存在严重晶体缺陷,故表面处的原子、分子或离子较活泼,当温度升高时,这些晶体质点振动的振幅增加而脱离晶体表面参加反应。那么,反应又为何向固体内部扩散呢?其原因仍然

是晶体结构本身存在缺陷所致,如晶体内部出现空位,就给其他质点向内扩散造成了机会,当达到一定温度时,质点能量增加到足够程度时扩散就进行了,于是固相反应得以继续进行下去。

在煅烧水泥熟料过程中,在碳酸钙分解的同时,石灰质组分和黏土质组分之间进行固相反应。其反应过程如下:

约在800℃开始进行下列反应:

$$CaO + Al_2O_3 \longrightarrow CaO \cdot Al_2O_3$$
$$CaO + Fe_2O_3 \longrightarrow CaO \cdot Fe_2O_3$$
$$CaO \cdot Fe_2O_3 + CaO \longrightarrow 2CaO \cdot Fe_2O_3$$
$$2CaO + SiO_2 \longrightarrow 2CaO \cdot SiO_2$$

800~900℃开始进行下列反应:

$$7(CaO \cdot Al_2O_3) + 5CaO \longrightarrow 12CaO \cdot 7Al_2O_3$$

900~1 000℃开始进行下列反应:

$$12CaO \cdot 7Al_2O_3 + 9CaO \longrightarrow 7(3CaO \cdot Al_2O_3)$$
$$2CaO + 7(2CaO \cdot Fe_2O_3) + 12CaO \cdot 7Al_2O_3 \longrightarrow 7(4CaO \cdot Al_2O_3 \cdot Fe_2O_3)$$

1 100~1 200℃大量形成C_3A与C_4AF,C_2S达最大值。

如前所述,固相反应一般包括固相界面上的反应和向固体内部扩散迁移两个过程。温度较低时,固体化学活性低,扩散迁移很慢,所以固相反应通常需要在较高温度下进行。提高温度可以大大缩短反应时间。在水泥熟料矿物形成时,CaO与SiO_2之间的反应处在低于液相出现的温度,在SiO_2晶型转变的温度时,或碳酸钙刚分解为氧化钙时,均为新生态物质,故化学反应活性特别高,反应速度会大大加快。

由于水泥熟料矿物C_2S、C_3A、C_4AF等都是通过固相反应完成的,因此,生料粉磨细度的影响关系极大。生料磨得越细,物料颗粒尺寸愈小,比表面积增大,组分间的接触面愈大,同时表面质点的自由能亦大,使反应和扩散能力增强,因而反应速度愈快。图5-1-2表示生料细度对熟料游离氧化钙含量的影响。

由图5-1-2可以看出,当生料中粒度大于0.2mm的占4.6%,烧成温度为1 400℃时熟料中未化合的游离氧化钙含量达4.7%;生料中粒度大于0.2mm的减少到0.6%时,在同样温度下,熟料中游离氧化钙减少到1.5%以下。在实际生产中,磨细的生料颗粒往往不可能控制得均等。但是,即使有少量较大尺寸的颗粒,都可显著地延长反应过程的完成。所以,生产上应尽量使生料颗粒分布在较窄的范围内。

生料均匀混合,可以增加各组分间接触,也有利于加速固相反应。

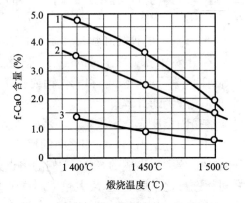

图5-1-2 生料细度对熟料f-CaO的影响
1—0.2mm以上占4.6%;0.09mm以上占9.9%;
2—0.2mm以上占1.5%;0.09mm以上占4.1%;
3—0.2mm以上占0.6%;0.09mm以上占2.3%

加入矿化剂可以加速固相反应。矿化剂可以通过与反应物形成固溶体,使晶格活化,反应能力加强;或是与反应物形成某种活性中间体而处于活化状态;或是通过矿化剂促使反应物断键;或是与反应物形成低共熔物,使物料在较低温度下出现液相加速扩散和对固相的溶解作用等。

(四)熟料的液相烧成

物料在 1 300～1 450～1 300℃温度范围内,进行熟料液相烧成。物料温度达到 1 300℃左右时,铁铝酸四钙、铝酸三钙、氧化镁及碱质开始熔融,氧化钙和硅酸二钙溶入液相中。

在液相中,硅酸二钙和氧化钙发生反应生成硅酸三钙,这一过程称为石灰吸收。到达 1 450℃时,游离石灰得到充分吸收。其反应式如下:

$$2CaO \cdot SiO_2 + CaO \longrightarrow 3CaO \cdot SiO_2$$

在 1 450～1 300℃降温过程中,主要进行阿里特晶体的长大与完善过程。直到物料温度降到 1 300℃以下时,液相开始凝固,硅酸三钙生成的反应也就基本结束。这时物料中还有少量未与硅酸二钙化合的氧化钙,则称它为游离氧化钙。

熟料烧成过程中液相生成温度、液相量、液相性质以及氧化钙、硅酸二钙溶解于液相的溶解速度、离子扩散速度对 C_3S 的形成有很大影响。

1. 最低共熔温度

物料在加热过程中,有两种或两种以上组分相互作用,开始出现液相的温度,称为最低共熔温度。最低共熔温度与组分的性质与数目有关。尤其是组分中增加些低熔点的物质时,液相出现的温度更要降低。表 5-1-2 列出一些系统的最低共熔温度。

表 5-1-2　一些系统的最低共熔温度

系　　　统	最低共熔温度(℃)	系　　　统	最低共熔温度(℃)
C_3S-C_2S-C_3A	1 455	C_3S-C_2S-C_3A-C_4AF	1 338
C_3S-C_2S-C_3A-Na_2O	1 430	C_3S-C_2S-C_3A-Na_2O-Fe_2O_3	1 315
C_3S-C_2S-C_3A-MgO	1 375	C_3S-C_2S-C_3A-MgO-Fe_2O_3	1 300
C_3S-C_2S-C_3A-Na_2O-MgO	1 365	C_3S-C_2S-C_3A-Na_2O-MgO-Fe_2O_3	1 280

由表 5-1-2 可知,组分的性质与数目都影响系统的最低共熔温度。硅酸盐水泥熟料由于含有硫、碱及氧化镁、氧化钠、氧化钾、氧化钛、氧化磷等次要氧化物,因此其最低共熔温度约为 1 250℃左右。矿化剂与其他微量元素等也影响最低共熔温度。

2. 液相量

熟料中生成液相量与生料化学成分、煅烧温度有关。同样的生料化学成分,当温度升高时,液相量增加;在同样煅烧温度下,生料化学成分不同,液相量也不同。在不同温度下计算液相量的公式如下:

1 280～1 338℃时液相量按下式计算:

$$p > 1.38 \text{ 时} \qquad W = 6.1Fe_2O_3 + R$$

$$p < 1.38 \text{ 时} \qquad W = 8.2Al_2O_3 - 5.22Fe_2O_3 + R$$

1 340℃时,按下式计算:

$$W = 3.03Al_2O_3 + 1.75Fe_2O_3 + R$$

1 400℃时,按下式计算:

$$W = 2.95Al_2O_3 + 2.2 Fe_2O_3 + R$$

1 450℃时,按下式计算:

$$W = 3.0Al_2O_3 + 2.25Fe_2O_3 + R$$

1 500℃时,按下式计算:

$$W = 3.3Al_2O_3 + 2.6Fe_2O_3 + R$$

上述各式中,W 表示熟料液相的百分含量;R 代表熟料中 MgO、K_2O、Na_2O、$CaSO_4$ 及其他微量元素的百分含量之和;p 代表铝氧率;Al_2O_3 和 Fe_2O_3 分别代表熟料中三氧化二铝与三氧化二铁的百分含量。

上述计算式说明,产生液相量的多少与生料中所含三氧化二铁、三氧化二铝的量有极大关系。而且熟料中三氧化二铝与三氧化二铁的比例的变化也影响熟料中液相量的变化,表 5-1-3 说明液相量随铝氧率的变化而变化的情况。

表 5-1-3　熟料中液相量随铝氧率而变化的情况

温　　度	$p = Al_2O_3/Fe_2O_3$		
	2.0	1.25	0.64
1 338℃	18.3	21.1	0
C_3S-C_3A、C_3S-C_4AF 界面处	23.5(1 365℃)	22.2(1 339℃)	20.2(1 348℃)
1 400℃	24.3	23.6	22.4
1 500℃	24.8	24.0	22.9

从表 5-1-3 可以看出,当铝氧率提高时,生料中的液相量随温度升高而增加缓慢;当铝氧率降低时,生料中液相量随温度升高增加很快。所谓烧结范围就是指生料加热至出现烧结时所必须的、最少的液相量时的温度(开始烧结的温度)与开始出现结大块(超过正常液相量)时的温度的差值。生料中液相量随温度升高而增加缓慢,其烧结范围就较宽,而生料中液相量随温度升高增加很快,则其烧结范围就较窄。它对烧成操作影响较大,如烧结范围宽的生料,窑内温度波动时,不易发生生烧或烧结成大块的现象。铝氧率过低的生料,其烧结范围就较窄。烧结范围不仅随液相量变化,而且和液相黏度、表面张力以及这些性质随温度而变化的情况有关。

3. 液相黏度

液相黏度对硅酸三钙形成有较大影响。如黏度小,液相中 C_2S 和 CaO 分子的扩散速度增加,有利于 C_3S 的形成。但是,液相黏度过小,也会使煅烧操作困难。

液相黏度随温度和组成的变化而变化。温度升高,液相黏度降低(见图 5-1-3)。铝氧率提高,液相黏度增加(见图 5-1-4)。

液相中加入某些外加剂,会改变液相黏度,生料中加入萤石(CaF_2),其含量低时,可显著降低液相黏度,但含量高时,促进液相结晶,从而使液相变黏稠。

4. 液相的表面张力

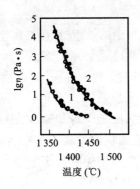

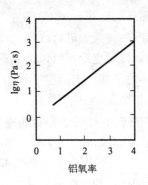

图 5-1-3　液相黏度与温度关系
1—最低共熔物;2—1 445℃为 C_2S 和 CaO 所饱和的液相

图 5-1-4　液相黏度和铝氧率的关系
1 440℃纯氧化物熟料

图 5-1-5 表示铝氧率等于 1.38 的纯氧化物熟料的最低共熔物与 1 450 ℃饱和液相的表面张力、密度和温度的关系。随着温度升高,两者的表面张力、密度均下降。液相表面张力愈小,愈易润湿生料颗粒或固相物质,有利于固相反应或固液相反应,促进熟料矿物,特别是硅酸三钙的形成。熟料中含有镁、碱、硫等物质时,会降低液相的表面张力,从而促进熟料的烧结。

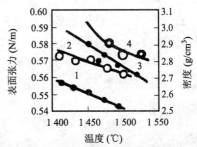

图 5-1-5　液相表面张力、密度和温度的关系
最低共熔物:1—表面张力;2—密度;
1 450℃饱和液相:3—表面张力;4—密度

5. 氧化钙溶解于熟料液相的速率

氧化钙溶解于液相的速率,对氧化钙与硅酸二钙反应生成硅酸三钙的影响很大。这个速率受氧化钙颗粒大小的控制,也就是受生料中石灰石颗粒大小的控制。表 5-1-4 表示在实验室条件下,不同粒径的氧化钙在不同温度下完全溶于熟料液相的时间。随着氧化钙粒径减小和温度增加,溶于液相的时间愈短。

表 5-1-4　氧化钙溶解于熟料液相的速率

温　度　(℃)	不同粒径的溶解时间(min)			
	0.1mm	0.05mm	0.025mm	0.01mm
1 340	115	59	25	12
1 375	28	14	6	4
1 400	15	5.5	3	1.5
1 450	5	2.3	1	0.5
1 500	1.8	1.7		

6. 反应物存在的状态

试验发现,在熟料烧结时,氧化钙与硅酸二钙的晶体尺寸小、晶体缺陷多的新生态活性大,易于溶解在液相中,有利于硅酸三钙的形成。通过试验还发现,在极高的升温速度下(600℃/min 以上),加热至生料烧成温度进行反应,可使黏土矿物的脱水、碳酸盐的分解、固相反应、固液相反应几乎重合,使反应产物处于新生态的高活性状态,在极短的时间内,可同时生成液相、阿利特和贝利特,熟料的形成过程基本上始终处于固液相反应的过程中,大大加快了质点或离子的扩散速度,加快反应速度,促进阿利特的形成。

(五)熟料的冷却

熟料烧成后,就要进行冷却。冷却的目的是:回收熟料带走的热量,预热二次空气,提高窑的热效率;熟料迅速冷却可以改善熟料质量与易磨性;降低熟料温度,便于熟料的运输、贮存与粉磨。熟料的冷却从烧结温度开始,同时进行液相的凝固与相变两个过程。

1. 液相凝结

液相在冷却时往往还和固相进行反应,因此,液相的凝结决定于冷却速度、固液相中的离子扩散系数及固液相的反应速度等因素。如果冷却很慢,使固相中的离子扩散足以保证液相中间的反应充分进行,称为平衡冷却。如果冷却速度中等,使液相能够析出结晶,但由于固相中离子扩散很慢,不能保证固液相的反应充分进行,这种冷却制度称为独立结晶。如果冷却速度很快,此时在高温下形成的 20%～30% 液相,来不及结晶而形成玻璃体,这种冷却制度称为淬冷。冷却制度不同所得的矿物组成有很大差别。熟料铝氧率在 0.64～3.5 之间,对于铝氧率高或中等的熟料,快冷所得 C_3S 含量较慢冷的为高;对于铝氧率较低的熟料则相反。以熟料化学成分数据计算熟料中各矿物含量,往往与实际情况有差别,这是因为矿物组成的各计算式是假定熟料在冷却过程中完全平衡,即平衡冷却。

2. 矿物相变

熟料在冷却时,形成的矿物还会进行相变,其中贝利特转化为 γ 型和阿利特的分解对熟料质量有重要影响。

(1)C_2S 的多晶转变。C_2S 有 α、α′、β、γ 四种变体,在 0～1 600℃ 温度范围内加热或冷却,它们之间会发生晶形转变。其转变情况如下:

将 γ-C_2S 加热时,晶型转变如下:

$$γ\text{-}C_2S—α'\text{-}C_2S—α\text{-}C_2S$$

但将 α-C_2S 冷却时,晶形转变为:

$$α\text{-}C_2S—α'\text{-}C_2S—β\text{-}C_2S—γ\text{-}C_2S$$

由此可见,把 γ-C_2S 加热至 α-C_2S,然后再由 α-C_2S 冷却至 γ-C_2S,其转变路径是不同的,即不可逆转。

由于 α-C_2S 是在高温下存在,所以熟料中一般不存在 α-C_2S。α′-C_2S 的结构与 β-C_2S 相近,而与 γ-C_2S 相差甚大,所以 α′-C_2S 很难转变为 γ-C_2S,通常转变为 β-C_2S。因此,常温时熟料中的 C_2S 以 β-C_2S 存在。在冷却较慢时 β-C_2S 会转变为 γ-C_2S。

由于 β-C_2S 的密度为 $3.28g/cm^3$,γ-C_2S 的密度为 $2.97g/cm^3$,两者相差很大,在晶型转变时发生体积膨胀约 10%。结果使熟料崩溃,生产中称为粉化,因 γ-C_2S 几乎无水硬性,会使水泥质量下降。

从较高的温度以较快的速度冷却,使 γ-C_2S 晶核来不及形成,可以阻止 β-C_2S 转变为 γ-C_2S,但要求从烧成温度淬冷。为此,多采用稳定剂和适当快冷的方法。

(2)C_3S 的分解。阿利特在 1 250℃ 以下不稳定,要分解为 C_2S 和二次游离氧化钙。即:

$$1\ 250℃ \quad C_3S \Longrightarrow C_2S + CaO$$

此分解过程在缓慢冷却条件下才能进行。阿利特分解速度十分缓慢,只有当冷却速度很慢,且伴随着还原气氛时,分解才加快。硅酸三钙的分解,会降低水硬性,但对安定性影响不大。

如果生料中掺有 CaF_2 或含磷化合物,氟含量超过 0.74%,或 P_2O_5 含量超过 0.5% 会促使 C_3S 的分解,分解温度分别为 1 170℃ 和 1 160℃。

3. 冷却速度对熟料质量的影响

熟料的冷却速度对水泥质量有很大影响,因此,从设备及操作上应设法加速熟料冷却,可改善熟料质量。急冷熟料具有以下优点:

(1)熟料急冷可使熟料中主要矿物 C_3S 和 C_2S 呈介稳状态存在,避免 β-C_2S 转变成 γ-C_2S。尤其当生料中使用 CaF_2 作矿化剂时,会促使 C_3S 分解和 β-C_2S 转变为 γ-C_2S,在这种情况下急冷尤为重要。

(2)熟料慢冷时,MgO 结晶成方镁石,很不容易水化,往往几年后才发生水化,而使水泥石体积膨胀,严重时使水泥制品破坏。但熟料急冷时,MgO 凝固于玻璃体中,一般熟料的液相可溶解约 5% 的 MgO,即相当于熟料总组成 1.5%～2.0% 的 MgO。凝固于玻璃体中的 MgO 水化时不会发生膨胀现象,即使结晶,晶体也比较细小,因此水化较快,后期产生膨胀的可能性小些。因此,急冷可以克服熟料中 MgO 含量高的不利因素,改善水泥安定性。

(3)熟料急冷,C_3A 晶体较少,不易出现瞬凝现象,凝结时间容易控制;同时可增加水泥抗硫酸盐腐蚀的能力。水泥抗硫酸盐腐蚀性能与 C_3A 晶体多少有关,当 C_3A 冷凝成玻璃体,因其晶体减少而增强对硫酸盐溶液的稳定性。但熟料中 C_3A 低,C_4AF 高则具有相反结果,即快冷熟料抗硫酸盐性能低,而慢冷时抗硫酸盐性能增加。

(4)急冷熟料的玻璃体含量较高,且它的矿物晶体较小,使这种熟料的粉磨比慢冷熟料要容易得多。

二、熟料形成的热化学

表示化学反应与热效应关系的方程式称为热化学方程式。

水泥原料在加热过程中所发生的一系列物理化学变化,伴有吸热或放热反应。表 5-1-5 为各类反应的热效应。表 5-1-6 为熟料矿物的形成热。烧成每 1kg 熟料的理论热耗为 1 630～1 800kJ/kg 之间,熟料理论热耗计算见表 5-1-7。

生料煅烧时在 1 000℃ 以下的变化主要是吸热反应,而在 1 000℃ 以上则是放热反应。因此,煅烧生料的整个过程,大量热量消耗在生料的预热和分解上,特别是碳酸钙的分解上,而在形成熟料矿物时,只要保持一定的温度和时间,可使其化学反应完全。

表 5-1-5　熟料形成各反应的热效应

反　　　应	热效应
游离水蒸发	吸热
黏土结合水逸出	吸热
黏土无定型脱水产物结晶	放热
碳酸钙分解	强吸热
氧化钙和黏土脱水产物反应	放热
形成液相	吸热
硅酸三钙形成	微放热

表 5-1-6　熟料矿物的形成热

反应	反应温度(℃)	热效应(J/g)
$2CaO +$ 石英砂 —— βC_2S	1 300	+620
$3CaO +$ 石英砂 —— C_3S	1 300	+465
$\beta - C_2S + CaO$ —— C_3S	1 300	-1.5
$3CaO + Al_2O_3$ —— C_3A	1 300	+348
$4CaO + Al_2O_3 + Fe_2O_3$ —— C_4AF	1 300	+109

表 5-1-7　熟料理论热耗计算

吸　　热	(kJ/kg 熟料)	放　　热	(kJ/kg 熟料)
原料由 20℃ 加热到 450℃	712	脱水黏土产物结晶放热	42
450℃ 黏土脱水	67	水泥化合物形成放热	418
物料自 450℃ 加热到 900℃	816	熟料自 1 400℃ 冷却到 20℃	1 507
碳酸钙 900℃ 分解	1 988	CO₂ 自 900℃ 冷却到 20℃	502
分解的碳酸钙加热到 1 400℃	523	水蒸气自 450℃ 冷却到 20℃	84
熔融净热	105	(包括部分水分冷凝)	
合计	4 311	合计	2 553

表 5-1-7 的计算是假定生成 1kg 熟料所需的生料量为 1.55kg,石灰石和黏土的比例为 78:22。按物料在加热过程中的化学反应热和物理热,计算得 1kg 熟料的理论热耗为:

$$4\,311 - 2\,553 = 1\,758 \quad (\text{kJ/kg 熟料})$$

第二节　回转窑内熟料的煅烧工艺

回转窑是一个斜置在数对托轮上的金属回转筒,窑内镶砌耐火材料,一般直径为 2～5m,长为 60～180m,现在国外已有直径达 7.6m,长达 250m 的大型回转窑。

在干法长窑或湿法回转窑生产中,生料粉或生料浆(湿法)由窑尾送入窑内,随窑体不断回转而缓慢前进。煤粉随一次空气入窑,与通过冷却机进入窑内的二次空气混合燃烧。生料或料浆受热后渐渐失去水分,进而预热、分解起化学变化。物料温度升高到 1 300～1 450～1 300℃ 时,生料便逐渐变成部分熔融状态,烧结成熟料,出窑的熟料经冷却机、输送设备入熟料堆场或储库。回转窑窑尾废气除尘后由烟囱排入大气。

回转窑系统主要包括回转窑、冷却机、预热器及其他附属设备,它是水泥生产过程中的中心环节,也是大量消耗燃料的设备。

回转窑的优点是物料在回转窑内运动条件较好,特别是烧成带的物料在高温下出现液相,窑体的回转不仅使黏性物料继续保持正常运动,而且有助于形成颗粒均匀的熟料,所以操作比较稳定,熟料质量好,生产能力高,劳动生产率较高。但是,由于回转窑内物料与热气体接触不密切,传热速度是比较慢的,窑内的传热过程,特别是低温带的传热过程主要依靠在物料与气体之间保持较高的温度差来实现,因此,窑尾气体温度很高,形成大量废热。干法中空回转窑废气温度一般都在 650℃ 以上,窑的热效率仅 20% 左右。所以减少废气带走热损失和其他热损失,降低熟料热耗是回转窑节能的主要途径。

自第一台回转窑投入使用以来,经过长期变革和发展,现在回转窑系统有多种型式,最先进的是预分解回转窑系统。

一、在湿法回转窑内物料的煅烧过程和窑体型式

(一) 回转窑内各带的划分

在湿法回转窑内物料沿窑长的温度变化和反应情况可划分为干燥带、预热带、分解带、放热反应带、烧成带和冷却带。现以湿法窑为例,说明各带的物料温度变化和反应。

1. 干燥带(物料温度 150℃ 以下)

含水分 32%～40%的料浆喂入回转窑后温度逐渐升高,料浆水分不断蒸发,料浆由稀变稠,当水分降到 22%～26%时,物料可塑性最大,此时最易形成泥巴圈,以后水分继续蒸发,物料从链条上脱落下来而成球。出链条带时物料水分波动在 0～5%。

这一带主要是自由水的蒸发,需要消耗大量的热,大约占总热耗的 30%～35%。所以降低料浆水分或湿法改干法是降低熟料热耗的主要途径。

干法窑由于入窑生料的水分小于 1%,几乎没有干燥带。半干法窑的干燥过程在加热机上进行,在回转窑内无干燥带。预热器窑和窑外分解窑自由水蒸发在预热器内进行,因此,回转窑内无干燥带。

2. 预热带(物料温度 150～750℃)

该带的反应首先是原料中有机物质的分解,当温度升到 400～600℃时黏土脱水分解出活性二氧化硅和三氧化二铝,当温度升到 600～700℃,$MgCO_3$ 进行分解。由于以上反应使球状物料逐渐粉化成黄色粉状物料。

该带是吸热反应,物料温度逐渐升高,为碳酸钙分解创造条件,所以称预热带。带悬浮预热器或加热机的窑,预热都在窑外进行。

3. 分解带(物料温度 750～1 000℃)

在预热带未分解完的碳酸镁在该带继续分解,但主要是碳酸钙分解。由于分解出二氧化碳气体,使粉状物料流动性好,因此,物料在这一带内运动速度最快,扬尘也较多。

在分解带内,碳酸钙分解需要吸收大量热量,但窑内传热速度很低,而物料在分解带内的运动速度又很快,是影响回转窑熟料煅烧的主要矛盾。

这一带的末端,分解产物之间产生固相反应,最初生成低碱性的铝酸盐(CA)和铁酸盐(CF)以及 C_2S,低碱性的铝酸盐和铁酸盐再吸收氧化钙生成高碱性的铝酸盐和铁铝酸盐。

带悬浮预热器和加热机的窑,分解反应有一部分在预热器和加热机内进行。

而带窑外分解炉的窑大部分的分解反应在窑外的分解炉内进行。

4. 放热反应带(物料温度 1 000～1 300℃)

在分解带分解出的大量 CaO 和黏土分解出的 SiO_2、Al_2O_3 等氧化物在该带进行固相反应,生成 C_3A、C_4AF 和 C_2S。这些反应都是放热反应。物料温度迅速上升,使该带在窑内占的比例较小。

5. 烧成带(物料温度 1 300～1 450～1 300℃)

该带是回转窑内温度最高的一带,物料进入该带就出现液相,液相量波动于 20%～30%,在液相中 C_2S 和氧化钙反应生成 C_3S,其反应为:

$$CaO + C_2S = C_3S$$

其化学反应热效应基本上等于零(微吸热反应),只是在熟料形成过程中生成液相时需极少量的熔融净热。但是为使游离氧化钙吸收比较完全,获得高质量的熟料,必须使物料在烧成带保持一定的高温和足够的停留时间,对湿法回转窑通常需 15～20min。窑外分解窑,由于大大改善了窑后的物料预烧条件,窑转速从湿法回转窑的 1～1.5r/min。提高到 3.5～3.7r/min,窑内物料温度均匀性又得到较大改善,从而使物料在烧成带的停留时间可以缩短到 10～15min。

6. 冷却带(物料温度 1 300～1 000℃)

冷却带内物料温度从 1 300℃ 降到 1 000℃ 左右,熟料在该带冷却成圆形颗粒,落入冷却机内。在预分解窑内熟料出窑温度在 1 300℃ 左右,冷却带仅有 1～2m。

以上各带不是截然分开的,而是互相交叉的,回转窑内各反应带的长度随窑的煅烧情况而变化。

(二)回转窑窑体型式

为了使回转窑窑体适应各反应带的不同需要,曾采用不同的窑体型式,即变化回转窑各带的筒体直径,或改变回转窑长度与直径的比例关系。窑体型式主要有直筒型、一端扩大型及两端扩大型。扩大热端的目的在于提高产量。扩大冷端则有利于降低料耗和热耗,两端扩大型窑兼有二者之长。但由于窑体局部扩大,在大直径到小直径的过渡段,容易积料和扬尘,而且筒体制作复杂,费用较高。实践经验和理论研究表明,直筒型是现时最有效的窑体结构,现代预热器窑和窑外分解窑的筒体一般都是直筒型。

如只从操作上过分增加窑的发热能力,虽然可以加速熟料形成过程,但是会超过窑烧成带正常热负荷,会使废气温度提高,增大燃料消耗,缩短窑衬寿命。提高传热能力也是加速熟料形成的有效措施。提高湿法窑和干法长窑回转窑传热能力的措施和方法有:

(1)链条装置。链条装置是湿法长窑和干法长窑的主要热交换装置之一。其作用是加强窑的热气体和生料之间进行热交换。湿法窑内链条除传热外,还有输送物料和防止结泥巴圈的作用。

链条装置有垂挂链幕和花环链幕两种。干法长窑一般在整个链条带内,全为垂挂链幕。湿法长窑的链条带,通常为花环链幕和垂挂链幕相结合。花环链输送物料的能力高于自由悬挂链,这对湿法窑特别重要。但是垂挂链的安装比花环链容易。

(2)料浆过滤预热器。料浆过滤预热器是装在湿法回转窑的窑尾入口、链条带之前的热交换器。除链条式外,这些热交换器内均装有金属填充体,使气体通过各室及金属填充体时,增加料浆和气流的接触面积,强化传热效果。这种预热器可使料浆预热到 55～75℃,同时可以降低废气温度,最好的情况可使废气温度降到 130～150℃;同时,这种预热器还起到过滤粉尘的作用。其收尘效率可达 50%。但在窑内粉尘过大时,这种预热器容易堵塞,有时只得在料浆中增加 2%～3% 的水分以避免堵塞。

(3)格子式热交换器。有金属和陶瓷格子式热交换器。为了提高干法或湿法回转窑的传热面积,把这种热交换器装在链条带后面,它们把窑的横截面分成几格,以使热气体与固体物料之间进行更好热交换。这种热交换器阻力较小,传热面积较大。金属热交换器所用的材料为耐高温的镍铬钢,但价格昂贵。陶瓷热交换器通常采用 70%～75% 的 Al_2O_3 耐高温耐火材料制成。由于它可以安装在窑内气体温度 1 000～1 200℃ 处,故可提高热交换效率。但陶瓷热交换器易于碎裂。

(4)陶瓷扬料器。陶瓷扬料器可以把窑内物料提升起来,使物料直接暴露在热气体中增加传热面积,加速传热和强化热交换。短回转窑中使用扬料砖可提高产量,降低热耗。但陶瓷扬料砖有碎裂的倾向。

二、立波尔窑

立波尔窑是提高窑的传热能力,使烧结能力与预热能力相适应,提高热利用率的一种重要型式。立波尔窑的日生产能力可达 3 000t 熟料以上,热耗已下降到 3 350kJ/kg 左右。

这种煅烧工艺的主要特征为：一台较短的回转窑与一台回转式炉篦子加热机连接工作。把料球较均匀地铺散在炉篦子机上，料层厚度150～200mm。加热机一般分为两室，湿料球先在干燥室干燥，然后进入温度较高的预热室，最后，已经部分分解的生料进入回转窑内进一步煅烧成熟料。图5-2-1表示为气体一次通过的立波尔窑。"一次通过"的废气量大，废气温度较高，热损失较大，后改为"二次通过"立波尔窑。生料通过立波尔窑加热机后，入窑的生料温度，一次通过立波尔窑约700℃左右；二次通过立波尔窑约750℃左右。

成球质量对立波尔窑熟料煅烧影响很大，因此，必须采用塑性良好的黏土质原料，以提高成球质量。

由于高温气体是通过料层进行传热，因而预热室热端料球表面的温度与底层温度差可达300～400℃；同时，如以煤为燃料，煤灰首先落在料层表面，造成料球化学成分不均匀。因此，立波尔窑的熟料质量较低。

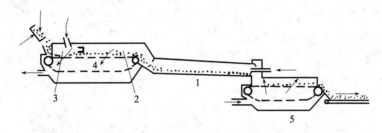

图5-2-1　气体一次通过立波尔窑
1—回转窑；2—预热室；3—干燥室；4—炉篦子机；5—熟料冷却机

三、旋浮预热器窑

(一)旋风预热器窑

旋风预热器窑是悬浮预热器窑的一种，根据旋风筒的级数可分为四级旋风预热器窑、五级旋风预热器窑及六级旋风预热器窑。

悬浮预热的特点是：干生料粉在热气流中悬浮预热，因而传热面积大，传热速度快。根据试验计算，在悬浮预热器内的传热面积比回转窑内提高了2 400倍，此外，由于传热速度很快，在约20s时间内即可使生料从室温迅速上升到750～800℃。这时黏土已基本脱水，碳酸钙已部分进行分解。从而使干法生产的技术经济指标得到提高。

图5-2-2表示生料和气流在旋风预热器内的流程示意图。生料首先喂入一级旋风筒入口上升管道内，在管道内进行热交换，然后进入一级旋风筒把气体和生料颗粒分离，收下的生料经卸料管进入二级旋风筒的上升管道内进行第二次热交换，再经二级旋风筒分离。如此，物料依次经四级旋风预热器再进入回转窑内进行煅烧，而预热器的废气经增温塔、电收尘器由排风机排入大气。窑尾排出的1 100℃烟气，经预热器热交换后，废气温度可降至330℃左右，生料可预热至750～820℃再进入回转窑。大型旋风预热器窑的熟料热耗可达3 140kJ/kg熟料左右。

旋风预热器内气体与物料的传热主要在管道中进行，占总传热量的87.5%～94%，而旋风筒只占6%～12.5%。旋风筒则主要承担气固分离的任务。

为了加速气体与物料之间的热交换，在生料进入每一级的上升管道处，管道内可安装生料分散装置，使生料能够比较充分地分散、悬浮于管道内气流中。旋风筒的分离效率的高低对系统的传热速率和热效率有重要影响,因此,旋风筒下部的闪动密封阀,必须运动灵活;闪动阀应避免漏风,以提高旋风筒的收尘效率。此外,还必须最大限度地减少系统漏风,以提高旋风预热器系统的热效率。

旋风预热器对含碱、氯、硫的原料比较敏感。碱化合物从窑内挥发出来以后,又在预热器内重新凝聚,易在Ⅲ、Ⅳ级旋风筒及废气进入预热器的上升管道内形成结皮或堵塞,所以要控制生料中碱含量应小于1%。在预热器内安装自动清扫装置,自动定期清扫结皮,可保持窑的正常生产。

(二)立筒预热器

立筒预热器也是悬浮预热器的一种。国内立筒预热器结构型式较多,图5-2-3表示带两级旋风筒的立筒预热器(泾阳型)悬浮预热示意图,立筒的横断面为椭圆形,它们在立筒的垂直轴线布置上彼此错开。生料喂入一级旋风筒入口上升管道内,在管道内进行热交换,然后由一级旋风筒把气体和生料分离,收下的生料经卸料管进入二级旋风筒的上升管道内进行第二次热交换,再经二级旋风筒分离,收下的生料经卸料管进入立筒,生料在立筒周边区内按逆流方向逐室下降的运行中,只有一部分进入下级预热器,而其余部分随气流上升,靠各级立筒的分离,形成强烈的热交换。

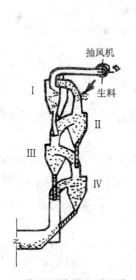

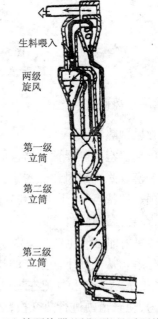

图 5-2-2　旋风预热器悬浮预热示意图　　　图 5-2-3　立筒预热器(泾阳型)悬浮预热示意图

立筒由于生料悬浮于气流中的分散度不如管道内好,立筒的分离效果也不如旋风筒好,所以立筒的预热效果和热效率比旋风预热器差,但立筒的结构简单,投资较低,阻力损失小,而且立筒各级空间宽大,不易结皮堵塞,特别是高温部分对碱、氯、硫结皮不敏感,所以可以适当放宽原燃料中碱、氯、硫的含量。

四、窑外分解窑

窑外分解窑或称预分解窑,是一种能显著提高水泥回转窑产量的煅烧工艺设备,是水泥煅烧设备的重大革新。

窑外分解窑是在回转窑和悬浮预热器之间增设分解炉。其基本原理是:在分解炉中同时喂入预热后的生料、一定量的燃料及适量的热空气。在 900℃ 以下温度,使生料和燃料处在悬浮或沸腾状态下,燃料进行无焰燃烧,同时高速完成传热与碳酸钙分解过程,煤粉(或其他燃料)的燃烧时间和碳酸钙分解所需时间均约为 2s,这时生料的碳酸钙分解率可达 85%~95%,生料预热后的温度约为 800~870℃,一般不超过 900℃。图 5-2-4 表示窑外分解窑流程示意图,该系统采用四级旋风预热器;图 5-2-5 表示现代大型预分解窑流程,该系统采用双列五级旋风预热器。

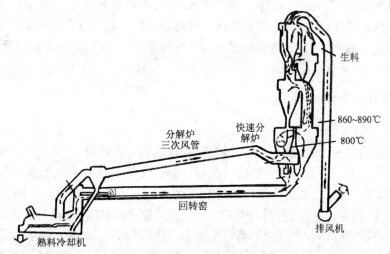

图 5-2-4　窑外分解窑流程示意图

由于耗热量最大的碳酸钙分解反应移到窑外分解炉内进行,使回转窑只承担少量碳酸钙分解、固相反应、熟料烧成及冷却的任务,大大减轻了回转窑热负荷,从而使窑的生产能力成倍提高,并延长了窑衬寿命,稳定了窑的操作,提高了窑的运转率。

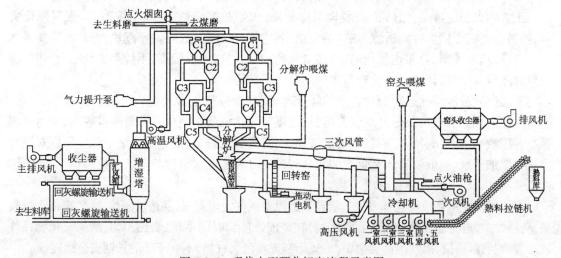

图 5-2-5　现代大型预分解窑流程示意图

由于窑产量的大幅度提高,减少了单位熟料的表面散热损失,因而窑外分解窑的热耗比一般预热器窑低 3%~6%;在投资费用上也比悬浮预热器窑低 3%~6%。由于分解炉内燃烧温度较低,可以使用较差的燃料,而且可以降低回转窑在高温下燃烧所产生的氮氧化合物 NO_x,减少空气污染。

分解炉的种类和形式繁多,按其作用原理可分为悬浮和沸腾两种型式。悬浮式按气流运动不同,又有多种型式,如旋流式、喷腾式、紊流式、涡流燃烧室及其复合式等,但基本原理是相似的。试验表明:不论是悬浮式还是沸腾式,如燃料和生料能够在分解炉内充分分散,均可形成无焰燃烧,此时由于气流和物料之间传热面积大,传热系数高,边燃烧,边传热,高速完成传热过程和生料的分解过程。如果生料分散、悬浮不良,甚至悬浮不起来,则形成有焰燃烧。此时火焰温度虽高,但因传热面积较小和传热系数较低,不但传热速率不高,而且高温火焰还会引起结皮和堵塞。因此,必须使生料入分解炉时充分分散。煤粉进入分解炉时,与来自熟料冷却机的新鲜热空气混合,一方面使煤粉很好地分散悬浮于气流中;另一方面在足够的氧气浓度和温度下,进行迅速充分燃烧。

五、工艺条件对熟料形成的影响

工艺参数

水泥回转窑既是一个燃烧炉,进行燃料燃烧,并达到一定高温;它又是一个化学反应炉,使生料通过高温热处理,完成熟料化学反应过程;同时,回转窑也是输送设备,使物料通过回转窑。煅烧过程是把供热、化学反应及复杂的物料运动都综合在一起。某一个环节不稳定都会影响熟料的形成,如供热不稳定,则会影响化学反应稳定进行;喂料波动大或化学成分波动大,供热跟不上,熟料质量就会严重波动,有时出次品,有时出大块;物料在窑内运行速度太快或太慢都会影响熟料的形成。因此,为了使熟料形成反应顺利进行,必须创造一个稳定的工艺条件,对回转窑来说,必须稳定全系统的热工制度。回转窑主要工艺参数是风、煤、料和窑速度,这些参数要合理确定,而且要控制稳定,才能取得最佳的技术经济效果。

(1)风和煤 为了使生料在回转窑内充分进行化学反应,首先要重视供热条件,就是要合理用煤、合理用风,在窑内形成一个正常的火焰,火焰的温度、长度、位置、形状都要合适。

正常的火焰应该是:回转窑的煅烧温度较高,火焰长度合适,火焰活泼有力,燃料燃烧完全,熟料在烧成带停留时间适宜,熟料结粒细小、均齐,色泽正常,好烧不起块,熟料的矿物晶体发育良好,晶形规则,分布也较均匀,游离氧化钙较低,熟料质量较高,不烧窑皮及耐火衬料,窑的台时产量、燃料消耗及耐火砖寿命等技术经济指标均较好。

当燃煤质量波动,燃煤灰分高,热值降低时,就难以保持正常火焰,会使窑台时产量下降,燃料消耗增加。当煤粉灰分高细度又粗时,燃煤灰分将沉落在烧成带熟料颗粒表面,使得熟料颗粒表层液相多,贝利特多,而颗粒内部液相少,游离氧化钙多,使熟料质量下降。所以对燃煤质量要严加管理,一般要求入窑煤粉的灰分和挥发分相邻两次检测波动范围控制在 $\pm2.0\%$ 以内。

当生料预烧不良或燃煤挥发分过低及其他设备条件受限制时,易造成短焰急烧,窑内火焰较短,高温集中,迫使烧成带缩短,因而使物料在烧成带停留时间不足,受热不匀,游离氧化钙往往较高,影响熟料质量,而且因高温集中,易烧坏窑皮及耐火材料,不利于窑的长期安全运转。

如从操作上过分增加风和煤,会使火焰温度高,火焰长,虽然可以加速熟料形成过程,但是会超过窑烧成带正常热负荷,将使废气温度提高,增大热耗,影响窑衬使用寿命。

当煤粉细度粗,煤粉燃烧速度慢,窑内排风又过大时,会使火焰拉长,温度较正常偏低,往往往使熟料晶体偏小,熟料强度偏低。

定量的煤,需一定量的风助燃,风、煤必须配合合理,如果煤多风少,煤粉燃烧不完全,造成还原焰,会影响熟料颜色,在还原气氛中熟料呈黄褐色,还原气氛还会促使 $\beta\text{-}C_2S$ 转变为 $\gamma\text{-}C_2S$,C_3S 分解为 C_3S 及游离氧化钙。在还原气氛中冷却至 1 350℃ 以下时,由于 C_2S 含量减小,水泥强度明显下降。

(2)料 从原料开采、破碎、烘干到粉磨及均化的一系列工艺过程,其制备目的是为水泥回转窑及时提供数量足够、质量合格的生料,生料数量不保证,当然不能发挥窑的生产能力;生料成分不合适,细度、化学成分不均匀,就不能烧出优质的熟料。

生料的化学、物理和矿物性质对易烧性和反应活性影响很大。易烧性和反应活性可基本反映固、液、气相环境下,在规定温度范围内,通过复杂的物理化学变化,形成熟料的难易程度。

"实用易烧性"是指在 1 350℃ 恒温下,在回转窑的煅烧生料中的 f-CaO≤2% 所需的时间。

生料易烧性还常用易烧性指数或易烧性系数来表示。指数或系数愈大愈难烧。

$$易烧性指数 = \frac{C_3S}{C_3A + C_4AF}$$

易烧性系数

$$= \frac{100CaO}{2.8SiO_2 + 1.18Al_2O_3 + 0.65Fe_2O_3} + \frac{10SiO_2}{Al_2O_3 + Fe_2O_3} - 3(MgO + K_2O - Na_2O)$$

生料易烧性愈好,生料煅烧的温度愈低;易烧性愈差,煅烧温度愈高。有关试验表明,生料的最高煅烧温度与熟料潜在矿物组成的关系,如下列回归方程式所示:

$$T(℃) = 1 300 + 4.51C_3S - 3.74C_3A - 12.64C_4AF$$

影响生料易烧性的主要因素有:

生料 KH、n 高,生料难烧;反之易烧;n、p 高,难烧,要求较高的烧成温度。

原料中石英和方解石含量多,难烧;结晶质粗粒多,易烧性差。

生料中含有少量次要氧化物如:MgO、K_2O、Na_2O 等有利于熟料形成,易烧性好,但含量过多,不利于煅烧。

生料均匀性好,粉磨细度细,易烧性好。

掺加各种矿化剂,均可改善生料的易烧性。

生料煅烧时,液相出现温度低且数量多,液相黏度小,表面张力小,易烧性好,有利于熟料烧成。

燃煤热值高、煤灰分少、细度细,燃烧速度快,燃烧温度高,有利于熟料的烧成。如窑内氧化气氛煅烧,有利于熟料的形成。

(3)窑速 在满足物料在烧成带停留时间的前提下,提高窑速具有使窑内物料混合较好及热交换较好的好处。窑速一般用每分钟回转次数表示。目前国内湿法回转窑窑速一般控制在 1~2r/min 左右,窑外分解窑的窑速为 3~5r/min。

窑速要控制稳定,才能稳定全窑的热工制度,窑速不稳,会造成热工制度的混乱,甚至造成窑的作业成周期性恶性循环,使质量不稳定,产量下降。要保持窑速稳定,要求喂料设备计量要准确、灵活可调,合理确定与稳定窑内物料填充率,生料喂料量应该控制在目标值 ±2% 以内,并与窑速相适应。

在回转窑转速不变的情况下,物料是以不同的速度通过各个反应带。图 5-2-6 表示出一台回转窑内的物料沿纵轴线通过各窑带的不同速度。物料在烧成带通过速度最慢,而在分解带由于分解出二氧化碳使物料运行速度最快。在窑运转过程中,窑的操作者就应尽力平衡这些可变量。

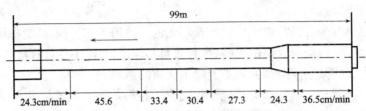

图 5-2-6 装有多筒冷却机的日产 205t 熟料的湿法回转窑内,物料通过窑时的不同停留时间

窑规格:$\phi 2.65/2.85 \times 99m$.斜度 4%;0.91r/min

六、冷却机

迅速冷却熟料对于改善熟料质量有良好效果,快冷有助于稳定 β-C$_2$S,因而水泥强度比慢冷的高;水泥熟料出窑温度约 1 100~1 300℃,每 1kg 熟料含有 1 170~1 380kJ 的物理热,充分回收熟料带走的热量以预热二次空气,对提高燃料燃烧速度和燃烧温度都具有很重要的意义;迅速冷却熟料还可以改善熟料易磨性。

水泥熟料冷却机型式有:单筒式、多筒式、篦式(包括振动篦式、推动篦式与回转式)以及立筒式冷却机等。

单筒冷却机出冷却机熟料温度可达 150~250℃,二次空气可预热到 750~800℃,热效率达 55%~70%,冷却时间约 30min。

多筒式冷却机出冷却机的熟料温度可降至 130~150℃,二次风温提高到 650~800℃,热效率达 65%~70%。长多筒冷却机的冷却时间为 40~50min。

振动篦式冷却机,冷却速度较快,约 5~10min,可使熟料冷却至 60~120℃,有利于改善熟料质量。但这种冷却机的冷却风量较大,可达每 1kg 熟料 4.0~4.5Bm^3,约有 70% 风量需放掉,因而二次风温只有 350~500℃,热效率只有 50%~60%。

推动篦式冷却机的冷却速度在高温区经高压风机处理,几分钟即可使熟料温度降至 1 000℃以下,全部冷却时间为 20~30min;废气处理量较振动式低,每 1kg 熟料冷却风量为 3.0~3.5Bm^3,二次风温可达 600~900℃,熟料可冷却至 80~150℃,因而热效率较高,可达 65%~75%。当入冷却机的熟料温度为 1 250~1 300℃时,入窑二次空气温度可达 1 000~1 100℃。

回转篦式冷却机与推动式相似,唯有其篦子作缓慢回转运动。

目前,小型回转窑多采用单筒冷却机、国内大型回转窑多采用新型篦式冷却机。

国外 FLS 公司在 20 世纪后期研制出了 SF 交叉棒式固定篦板冷却机,1997 年在美国宾州 Armstrong 水泥厂一台窑的改造中应用,中国柳州水泥厂 2 000t/d 生产线亦采用该设备。其特点为:(1)整个篦冷机全部采用固定篦床。篦板承担通风冷却任务,推动棒承担熟料在篦床上的推动输送任务,两者互不影响,运转更加可靠。(2)由于全部采用固定篦板,消灭了漏料和漏风,因此无需漏料收集装置和密封风机。(3)每块篦板下面设有特制的空气自动平衡流量调节阀,可根据篦上阻力及时调节所需风量,控制简便准确。(4)模块化设计,节省安装时间和费用。

我国天津水泥设计院和丹麦富士摩根公司合作,于 2008 年研制成功这类新型冷却机,称为 TCFC 型第四代行进式稳流冷却机。其与第三代冷却机参数比较见表 5-1-8。

表 5-1-8　第四代冷却机与第三代冷却机参数对比

形式	单位面积产量 t/m²·d	单位冷却风量 Nm³/kg·cl	热效率 %	熟料热耗降低 kacl/kg·cl	单位冷却电耗比	土建投资比	维修费用比
第三代	38～42	1.9～2.2	68～72		100%	100%	100%
第四代	44～46	1.7～1.9	>75	约 10～18	80%	75%	20%～30%

第三节　预分解窑的操作及工艺管理

根据预分解窑运行的特点和生产中应遵循的科学规律,"均衡稳定"是预分解窑生产操作中最为重要的问题,是搞好生产操作的关键所在。它不但关系到生产能否正常进行,也直接影响到产品质量、产量、消耗、生产的安全、成本、效益和环境保护工作。

一、预分解窑的点火方法

重油的着火温度一般在 370℃ 左右,煤粉的着火温度在 500～700℃ 之间。着火温度与煤粉粒度、质量、油的雾化粒度及炉内氧气浓度有关。当分解炉内氧气含量在 10% 以上,炉内气流温度在 500℃ 以上时,只要一喷燃料即可着火。

分解炉与回转窑的点火方法

1. 逐步升温法。这种方法有利于保护衬料和挂好窑皮。

(1)首先窑点火,逐渐升温,当窑尾温度达 850～900℃ 时,开始加料,加料量约为正常加料量的 30%～40%。

(2)经过数小时,逐步增加喂料量,由于窑开始排出熟料,入炉风温升高,当分解炉内温度和氧气浓度适当时,开始引燃分解炉。

(3)逐步调节燃料加入量,使炉内正常燃烧,逐渐增加喂料量直至正常加料量。从点火挂窑皮至正常生产约需 24 小时。

2. 升温较快的方法。这种方法投料晚,升温快,但须防止烧坏耐火砖。

(1)先是窑点火,经 3～4 小时预热,使窑尾温度达到 800 ℃ 左右。

(2)当分解炉内温度达 600℃,含氧浓度为 10% 时,即将分解炉点火。

(3)待全系统升温,I 级旋风筒出口温度达 350～400℃ 时,开始加料,加料量为正常加料量的 60%～70%,以后逐步增加,直至正常为止。

(4)如果不需新挂窑皮,一般约需 8 小时即可正常运转。

二、预分解窑的正常操作

为了保证窑系统良好的燃料燃烧条件和热量传递条件,从而保证窑系统最佳的稳定的热工制度,在生产中必须做到生料成分稳定,生料喂料量稳定,燃料成分(包括热值、煤粉细度、油的雾化等)稳定,燃料喂入量稳定和设备运转稳定(包括通风稳定窑转速稳定),这是水泥窑操作中最重要的工艺原则。

(一)操作要求

预分解窑的正常操作要求,与一般回转窑相似。即保持窑的发热能力与传热能力平衡与稳定,以保持窑的烧结能力与窑的预热能力的平衡和稳定。不过预分解炉窑的发热能力来源于两个热源,预烧能力主要依靠预热器、分解炉来完成;烧结能力主要由窑的烧成带来决定。为达到上述两方面的平衡,操作时必须做到前后兼顾,炉、窑协调,保证烧结温度及分解预热温度,稳定窑、炉的合理的热工制度。

在一般回转窑中,物料的预烧及分解,一般需要 30 分钟以上,而在预分解窑系统中,不到 1 分钟即可完成。因此,预分解窑操作"敏感",特别需要"合理、稳定",需要风、煤(喂煤量、煤质)、料(喂料量、料质)和窑转速的合理配合与稳定,保持合理稳定的热工制度。

(二)回转窑的正常操作

正常操作时要稳定窑温,前后兼顾,窑炉兼顾,合理使用风、煤(油),掌握正确的燃料配比,适当拉长火焰,调整合理的火焰形状和位置,做到不损窑皮、不窜黄料,达到优质、高产、低消耗,长期安全运转。

某厂带 RSP 分解炉的预分解窑的操作制度为"五个稳定,处理好五个关系,建立正常操作制度"。

五个稳定:即稳定窑尾气温,稳定分解炉出口气温,稳定系统排风,稳定预热器出口气体温度,稳定窑的转速。

处理好五个关系:即处理好窑和分解炉用风的关系,处理好新加生料和回料均匀入窑的关系,处理好窑和预热器、分解炉、冷却机之间的关系,处理好窑和煤磨之间的关系,处理好主机和辅机之间的关系。

建立正常的操作制度:即在日常生产中,要求看火工做到"一稳、二清、四勤"。一稳是稳定窑系统的热工制度;二清是清楚地掌握生料化学成份及喂料量的多少,清楚地掌握煤粉的质和量的情况;四勤是勤看火、勤检查、勤联系、勤观察有关仪表。

(三)分解炉的正常操作

1. 及时正确调节燃料加入量及通风量,保持炉中及出口气温稳定。

2. 经常检查与观察炉中燃烧及排灰阀下料情况,发现结皮、堵塞或掉砖等情况及时处理。

3. 定时检查与清理各级预热器和连接管道以及分解炉,保证系统工作良好。

4. 操作中要严格掌握系统(分解炉及各级预热器)的温度和压力的变化情况,防止气温过高或过低的现象发生,保证分解炉的安全、稳定运行。

三、系统主要工艺参数的控制、监测、调节

(一)窑系统需要重点控制的工艺参数

1. 烧成带温度

一般烧成带物料温度需达 1 300～1 450℃才能顺利地进行烧结反应。同时烧成带后物料的升温与化学反应速度,与温度密切相关,温度愈高、反应速度愈快,所以烧成带的燃烧气体温度一般宜保持在 1 600～1 800℃,而且比一般窑的高温带要长。但是温度也不能过高,以防物料结大块或过烧,尤其要防止烧坏烧成带窑皮及衬料。

烧成带温度监测,当前可用三种方法:

（1）用比色高温计或辐射高温计或目测测量。

（2）测窑尾烟气中的 NO_x 的浓度。这一方面是为保护环境,控制 NO_x 含量;另一方面在窑煅烧情况大致不变的情况下, NO_x 愈高,反映烧成温度愈高,反之降低。

（3）测窑转动力矩。当窑的烧成温度增高,物料中液相增多,物料被窑壁带的较高,窑的转动力矩也增高,反之降低。由于转动力矩受掉窑皮、喂料量、跑生料等影响,所以需结合上述二项综合进行判断。

2．窑尾烟气温度(一般控制在 950～1 100℃)

通常用热电偶或辐射高温计测量。它与烧成带温度、预热系统温度一起,表征窑内及窑外热力分布情况。因入窑料温达 850℃ 左右,如果尾温控制低,将使窑末段失去有效作用,且窑尾温度过低,不利于窑内传热及化学反应。同时,窑尾温度控制低,限制了窑内通风及窑的发热能力,影响高温带长度,也减少了在预热器中(及分解炉中)可供给物料的热量。但是窑尾温过高,往往容易引起窑尾烟室内及上升管道结皮或堵塞。

3．分解炉温度

它表征炉内燃烧及分解状况。分解炉的中游温度,一般在 850～880℃,温度愈高,说明燃烧及分解愈快。

分解炉的出口温度一般为 850～900℃。温度过高,说明燃料加入量过多,或燃烧过慢所致。出炉气温过高,可能引起炉后系统物料过热结皮,甚至堵塞。如果出炉气温过低,说明分解炉下游燃料早已基本烧完,将使分解炉下游分解速度锐减,不能充分发挥炉的分解效能。

4．最低级旋风筒出口气体温度

一般为 800～880℃,它应低于分解炉出口气体温度。否则说明出炉气流中还有部分燃料未烧完。

5．最上级旋风筒出口气体温度

对带四级旋风预热器的预分解窑最上级(C1)旋风筒出口气体温度一般控制在 330～370℃。对带五级旋风预热器的预分解窑最上级(C1)旋风筒出口气体温度一般控制在 300～350℃。当 C1 出口超温时,它影响排风机、电收尘器的安全运转,影响燃料热耗的增加。当超温时应检查以下几种状况:即生料喂料是否中断或减少;某级旋风筒或管道是否堵塞;燃料量与风量是否超过需要等。当温度降低时,则应结合系统有无漏风及其他级旋风筒温度状况检查处理。

6．排风机或电收尘器入口气体温度

温度控制在规定范围,它对设备安全运转、收尘效率及防止气体冷凝结露有重大影响,一般可通过排风机冷风门开度及调节增湿塔水量予以调节。一般电收尘器装有自控装置,当入口气温超过允许值时,电收尘器的高压电源自动跳闸。

7．窑尾分解炉及预热器出口的气体成分

它们是通过设置在各相应部位的气体成分分析器检测的。指示着窑内、炉内或整个系统的燃料燃烧及通风状况。对燃料燃烧的要求是既不能使燃烧空气不足而产生一氧化碳,又不能使过剩空气过多,增大热耗。一般窑尾烟气中 O_2 含量控制在 1.0%～1.5%;分解炉出口烟气中 O_2 含量控制在 3.0% 以下。

在窑系统装设有电收尘器时,对分解炉、预热器出口的气体中的可燃气体(CO+H_2)含量必须严加控制,以防在电收尘器中燃烧或爆炸。一般在电收尘器入口 CO+H_2 含量达 0.2%

时,发出警报,达允许极限 0.6% 时,电收尘器高压电源自动跳闸。

8. 预热器系统的负压

预热器各部位负压的测量,是为了监视各部位阻力,以判断生料喂料是否正常、风机闸门开启以及这些部位是否漏风及堵塞情况。当预热器(最上一级)旋风筒出口负压升高时,首先应检查旋风筒是否堵塞,如属正常,则结合气体分析判断排风是否过大,适当关小主排风机闸门。当负压降低时,则应检查喂料是否正常,各级旋风筒是否漏风,如均属正常,则应结合气体分析,检查排风是否偏小,适当调节排风机闸门。若能调节风机转速,则更好。

一般讲,当发生黏结、堵塞时,其黏结堵塞部位与主排风机间的负压有所增高,而窑与黏堵部位间的气温升高、负压值下降。

9. 窑尾及窑头负压

窑头及窑尾负压反映二次风入窑及窑内流体阻力的大小。当冷却机情况未变,窑内通风增大时,窑头、窑尾负压均增大,当窑内阻力系数增加(窑内结圈或料层增厚)时,窑尾负压也增大,而窑头负压反而减小。

当其他情况不变而增大箅冷机鼓风量或关小箅冷机放风风机阀门,也会使窑头负压减小。正常生产时,窑头负压一般在 0.02～0.06kPa,窑尾负压在 0.2～0.4kPa。

10. 窑速及生料喂料量

当窑速有较大变动时,喂料量应随之调整,最好与窑速同步,以保持窑内料层均匀,利于克服干扰因素。至于由此而引起的炉及预热器的波动,因物料在其中的停留时间短,传热快,比回转窑调节见效快,能较快地克服干扰因素。

(二)分解炉温度的调节控制

分解炉中的温度变化,在炉中、上游,炉温主要受燃烧速度的影响;炉下游及出口气温,主要受燃料及料粉加料量的影响,因此调节炉内温度主要应从这两方面考虑。

1. 调节燃料喂入量

在通风量基本不变时,改变燃料加入量,在完全燃烧的条件下,就是改变了炉的发热量,在喂料相同时,则是改变了物料的分解率。一般来说,加入燃料愈多,温度愈高,分解率愈高,否则相反。然而燃料加入过多或过少,对分解炉出口气温的影响也是明显的,加入燃料过多,分解用热量有余,则出炉气温必然升高,温度过高易发生堵塞。相反,加入燃料过少,分解用热不够,则炉内物料吸收气体显热而使气温下降。所以调节燃料加入量主要是控制物料分解率及出炉气体温度。

然而调节燃料量,不能明显地控制分解炉中、上游的温度,这有两方面的原因:一是因为在炉中、上游气流中,原有燃料浓度较高,多加(或减少)部分燃料,对燃烧速度影响不是很大。二是温度对分解吸热速度的影响大。温度若有小幅度升高,就将引起分解速度较大增加,吸热量大,抑制温度的升高;相反,温度若有小幅度降低,分解速度也较大幅度地降低,吸热速度减小,减缓炉温的下降。

2. 调节燃烧速度

分解炉内的分解温度可通过改变燃料的燃烧速度来调节,当燃料一定时,燃料的燃烧速度愈快,放热多,分解炉温度也愈高。

3. 通风量及加料量的影响

当入炉物料、燃料不变时,通风量减小,会引起不完全燃烧,燃烧速度减慢,总的发热能力降低。通风量过大,过剩空气增加,烟气带走热量增多,又会影响分解率的降低及炉中、下游温度下降。

加料量的大小,对炉中部温度的影响不如对炉下游及出口温度的影响大。加料量多,分解吸热多,使炉温下降。

(三)风、煤、料的配合

1. 分解炉中风、煤、料的配合

分解炉的通风量、喂煤(油)量、喂料量及它们之间的配比,应根据热工计算,并通过实践加以修正确定。表 5-3-1 是根据国内一般生产条件计算的风、煤、料比例关系。

表 5-3-1　分解炉风煤料间一般配比

	窑气不入炉或从炉下游入炉	窑气入炉(窑炉热耗比 45∶55)
通风量(炉上游 900℃)(m³)	1	1
喂煤量(kg)	0.026	0.014
在炉内可传给物料热量(kJ/m³)	485	268
可加热分解料粉量(kg)	0.45	0.24
喂煤与喂料比例	1∶20	1∶20
风煤料比例(m³∶kg∶kg)	1∶0.026∶0.52	1∶0.014∶0.28
熟料热耗(kg/kg 熟料)	3 770	3 770

注意事项:

(1)由排风机正常风量及漏风系数,可推算分解炉正常操作风量,从而可计算正常情况下的喂煤量与喂料量。最好制作出风量-喂煤-喂料关系表,以指导生产;(2)上述比例关系在一定时间内应保持相对稳定,不要随意变动,当生产条件变化时,再调节其比例。

2. 系统通风量的调节

在正常情况下,主排风机稳定运转,窑炉通风基本稳定,但当系统流体阻力发生变化,入炉空气温度波动,炉窑系统漏风,系统结皮积灰,及窑炉互相干扰都可能使通风量产生波动。

窑与分解炉系统为并联管路,一般入炉风管上的阀门与窑尾缩口阀门是用来调节窑、炉通风平衡的。两个阀门,应该有一个全开,一个关小。哪一边风过大,关小哪一边阀门。如果全系统总风量过大或过小,则应在两系统会合后的管路上调节,一般调节风机进口闸门开度及排风机转速。

(四)系统的自动控制

目前窑系统的自动控制系统一般由电子计算机、自动调节回路及可编程控制器(PLC)三个部分组成。

1. 电子计算机控制部分

我国某厂日产 4 000tN-SF 窑使用电子计算机对窑系统的控制分三种方式:

第一,稳定控制。即在窑的生产过程稳定时的正常控制,计算机 1 分钟计算 1 次。

第二,回复控制。即当窑炉发生稍大波动,被控变量超过上、下限时,进行回复控制,使之回复。

第三,修正控制。即当窑炉发生较大波动时计算机即要求操作人员进行人工干预,实行修正控制。

回复控制的被控参数主要有:最下级旋风筒出口气体 O_2 含量,窑尾气体 O_2 含量,烧成带温度和窑的转矩。

对窑在三种状态下的控制变量为:窑后主排风机转速与风门开度;窑转速;分解炉入口风门开度;窑炉燃料喂入量;原料喂入量及箅冷机三室通风量。

该窑使用计算机,根据烧成带温度与窑转矩,输出控制窑的转速、燃料或原料喂入量;根据最下级旋风筒及窑尾 O_2 含量输出控制主排风机及分解炉二次风门开度;除此以外,还利用计算机对其他重要部位及参数进行监视、显示与制表。

2. 自动调节回路控制部分

(1)根据窑头罩负压,自动调节冷却机的排风机阀门开度,以稳定窑头负压;

(2)利用箅式冷却机一室下压力调整箅床冲程次数,以保持箅床上熟料层厚度均匀稳定;

(3)箅式冷却机一、二室鼓风机按给定风量自动调节风机入口阀门开度;

(4)为保持冷却机电收尘器的收尘效率,根据冷却机排风温度自动控制冷却机排风口附近喷水量;

(5)根据出分解炉的气体温度调节喂煤机转速来自动调节分解炉的喂煤量,以稳定出炉气体温度和物料分解率;

(6)根据系统主排风机进口负压自动调节排风机转速;

(7)根据增湿塔出口气体温度自动调节喷水量;

(8)根据气力提升泵所给定的松动风压自动调节双管喂料机的转速,以保持均衡喂料;

(9)回转窑燃烧带筒体温度设有红外线自动扫描测量装置,可自动指示记录和超温报警,以监测筒体表面温度分布,保护窑衬,实现安全运转。

3. 由可编程逻辑控制器(PLC)对主要生产线上的设备开停进行控制。

四、系统的结皮、堵塞及旁路放风

结皮,是物料在设备或气体管道内壁上,逐步分层黏挂,形成疏松多孔的层状覆盖物。

堵塞,是指窑后通风系统或料流系统被物料堵塞,使系统不能正常运转。

系统结皮的多发部位是窑尾下料斜坡、烟道,特别是缩口下部,以及最下级旋风预热器的锥体部位。结皮增厚时,会使通风管道的有效截面缩小,增大该处通风阻力。结皮严重或塌落时,容易引起系统的堵塞,妨碍正常运行。

造成系统堵塞的原因除结皮塌落外,还有分解炉、预热器内掉砖,排灰阀失灵,大幅度减风或突然停风等机械性原因。

(一)原料燃料中碱、氯、硫等对结皮的影响

一般认为结皮的发生与所用的原、燃料成分及系统温度变化有关。生料和熟料中的碱主要来源于黏土质原料及泥灰质的石灰岩和燃料。同样,黏土质原料和燃料可带入 SO_3 和氯化物,氯化物在窑内与碱反应,形成氯化碱(RCl)影响结皮。

在实际生产中发现,结皮料的成分中,碱氯硫的含量比当时生料、熟料中这些成分的含量高得多。

另外,由生料以及燃料带入系统中的碱、氯、硫的化合物,在窑内高温带逐步挥发呈气体状态。挥发出来的碱、氯、硫以气相的形式与窑气混合在一起,被带到预热器内。当它们与生料相遇时,这些挥发物冷凝在生料表面上。冷凝的碱、氯、硫随生料又重新回到窑中。它们在系统内循环往复,逐渐积聚起来。当系统内挥发物达到一定浓度时,随废气排出,使熟料带出的

碱、氯、硫增多。其排出系统的碱、氯、硫量与生料燃料带进的量相平衡时，系统内的挥发物含量才保持大体上不变，其浓度却高于进口生料或出口熟料中碱、氯、硫的含量。

这些碱、氯、硫组成的化合物熔点较低，当它在系统内循环时，凝聚于生料颗粒表面上使生料表面的化学成分改变，这些物料处于较高温度下，其表面开始部分熔化，产生液相，生成部分低熔化合物。这些化合物与温度较低的设备或管道壁接触时，便可能黏结在上面。如果碱、氯、硫含量较多时，温度较高，黏相多而黏，容易使料粉层层黏挂，愈结愈厚形成结皮。

在用煤灰渣代替黏土的企业，由于煤灰渣中残余碳在 $600 \sim 700℃$ 时发生燃烧，也有可能在 C3 筒引起生料堵塞。

(二)防止结皮、堵塞的措施

1. 对原料、燃料的控制

悬浮预热器窑及预分解窑，对生料的一般要求是碱含量($Na_2O + K_2O$)$\leqslant 1.5\%$，氯含量 $\leqslant 0.02\%$。燃料中硫的含量 $\leqslant 3.0\%$。

原料中碱的含量不仅影响系统结皮、堵塞，还将降低熟料的质量。因此在选择原料、燃料时，应在合理利用资源的前提下，尽量采用碱、氯、硫低的原料、燃料。

2. 采用旁路放风

如果原料、燃料中碱、氯、硫含量超出上述范围，为降低系统碱等循环浓度，可采取旁路放风措施，即将含碱、氯、硫浓度较高的出窑气体在入分解炉、预热器之前，部分引入旁路，排出系统。

3. 严格控制系统各处的温度

窑后气温愈高，含碱、氯、硫颗粒表面出现的液相愈多，煤灰熔化的可能性愈大，则结皮的趋向愈高。一般控制出窑气体温度不超过 $1\,050℃$，出分解炉气体温度不超过 $900℃$，且完全燃烧，以防止结皮。

4. 及时用空气炮清除沉积的物料。

5. 如经常发生生料中煤灰渣中残余碳燃烧引发的堵塞，则应该调整原料的组成。

(三)预分解窑的旁路系统

1. 旁路系统的作用

为了适用高碱原料、燃料，或生产低碱水泥(按 Na_2O 当量计含量 0.6% 以下的水泥)的需要，有的预热器窑采用了旁路系统。其方法是在窑尾与最下一级旋风筒之间，安装旁路放风系统，放出部分窑气和粉尘，从而减少系统内碱、氯、硫的含量，缓和预热器结皮和堵塞现象，也减少熟料的碱含量，提高熟料质量。预分解窑为了同样的目的，也可在回转窑尾烟室上安装分路系统。由于预分解窑只有 $40\% \sim 50\%$ 的燃料在窑内燃烧，窑气中的碱、氯、硫的含量将比预热器窑高一倍，所以其放风效率比预热器窑高。

2. 预分解窑旁路系统

图 5-3-1 是带有旁路放风的 SF 窑系统示意图。图中部分有害气体从窑尾烟室抽出，喷入冷空气或喷入冷却水使之急速冷却，窑气中的碱、氯、硫等低熔物质被凝固下来。混合气体再经调湿调温后，进入电收尘器，净化后经排风机排出。而收集下的灰尘，根据其成分特性，利用于肥料、筑路等。

3. 旁路放风的比率

采用旁路放风，将损失部分烟气中的热能和料粉，并要增添设备，所以是否采用旁路放风，其放风比率多少，需视原、燃料中碱、氯、硫的含量及熟料对碱含量的限制要求而定。旁路系统不同放风率的效果比较见表 5-3-2,由表可见,预分解窑采用放风量 20% ~40% 的旁路系统,当生料的氧化钠含量为 1.1% 时,也可生产出含氧化钠小于 0.6% 的低碱水泥。

所以,窑外分解技术采用旁路系统,可使用大部分可以利用的原料来生产水泥。

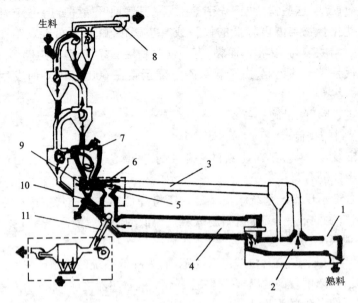

图 5-3-1 带有旁路系统的预分解窑示意图

1—冷却机通风口;2—熟料冷却机;3—二次风管;4—回转窑;
5—混合室;6—SF 窑的旁路系统;7—分解炉;8—预热器排风机;
9—旋风分离器;10—分料器;11—含碱粉尘通旁路系统

表 5-3-2 旁路放风系统效果比较

项　　目	干法长窑	预热器窑	预分解窑
旁路放风 0% 热耗(kJ/kg 熟料) 熟料含碱量(%)(按 Na_2O 计) 粉尘损失(kg/kg 熟料)	4 730 0.55 0.30	3 140 1.03 0	3 140 1.03 0
旁路放风 15% 热耗(kJ/kg 熟料) 熟料含碱量(%)(按 Na_2O 计) 粉尘损失(kg/kg 熟料)		3 340 0.668 0.037 5	3 240 0.662 0.030
旁路放风 30% 热耗(kJ/kg 熟料) 熟料含碱量(%)(按 Na_2O 计) 粉尘损失(kg/kg 熟料)		3 600 0.556 0.075	3 350 0.546 0.060
旁路放风 60% 热耗(kJ/kg 熟料) 熟料含碱量(%)(按 Na_2O 计) 粉尘损失(kg/kg 熟料)			3 580 0.460 0.120
旁路放风 100% 热耗(kJ/kg 熟料) 熟料含碱量(%)(按 Na_2O 计) 粉尘损失(kg/kg 熟料)			3 420 0.423 0.230

第四节 机立窑内熟料的煅烧工艺

机立窑是采用机械加料卸料,连续运转的水泥窑炉设备。如图 5-4-1 所示,它由窑体、加料装置、卸料装置、卸料密封装置和烟囱等主要部分组成。

窑体外壳为厚钢板卷制而成,内部砌筑耐火材料及保温材料。窑体上部砌筑成一定锥角的扩大口。

窑的上部倒锥形罩内安装有撒料装置,料球通过进料皮带输送机落入锥形集料斗,经下料溜子均匀撒布在整个窑面上。对加料装置的要求是:结构简单,操作方便,布料均匀,仰俯变化灵活。

窑体下部有连续转动的卸料篦子,对卸料篦子的要求是:能在窑的整个横断面上均匀连续卸出物料,能破碎大块的烧结物料,空气能够自下而上均匀连续通过卸料篦子。卸料篦子形式有:摆辊式、转辊式、盘式、往复式、塔式和盘塔式等多种型式。目前使用比较普遍的是塔式和盘塔式卸料篦子。

机立窑的鼓风方式有底部鼓风、侧部鼓风和腰部鼓风。底部鼓风,俗称"底风",空气由卸料篦子向窑内鼓入。侧部鼓风,俗称"侧风",这种鼓风方式可减少料层对鼓风的阻力。在窑内卸料篦子上 1.5 m 处左右的地方,设置一道环形主风管,在主风管上根据窑径大小,沿圆周设置 4~8 个风管,风管正对窑断面中心。腰部鼓风,俗称"腰风"。腰部鼓风一般配合底部鼓风共同使用,即大部分由底部鼓入窑内,小部分风经由腰部鼓入。工业上使用最广泛的鼓风设备是罗茨鼓风机。对机立窑鼓风装置及鼓风方式的要求是:有足够风量和风压,风量稳定,能均匀稳定地将风分布于整个窑断面。

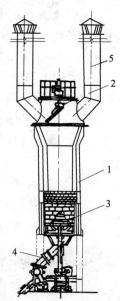

图 5-4-1 机立窑
1—窑体;2—加料装置;
3—卸料装置;
4—密封装置;5—烟囱

卸料密封装置是能把熟料由窑底部卸出窑外,同时能防止窑内空气随料逸出的装置。我国目前普遍使用料封卸料器,这种卸料装置的使用效果与料封自动控制联系密切,通常使用的自动控制方式有:差压自动控制、电容式自动控制、机组联动自动控制和 γ-射线自动控制。

烟囱的作用是排除立窑煅烧时所产生的废气,改善操作条件,并增加立窑内部压差,使立窑通风良好。

一、立窑内物料的煅烧过程及特点

立窑是一种竖式煅烧设备。含煤的生料球从窑顶喂入窑内,料球自上而下运动,空气则从下而上运动。在煅烧时所发生的物理化学变化与回转窑大致相同,但是由于料球、燃料和气体的运动条件与回转窑不同,因此,有其不同的特点。

在立窑中,燃料的燃烧和物料的化学反应是由料球外部向中心逐渐进行的。在窑内某一地段,料球表面已烧成,而料球中心可能还处于预热阶段,或小球已烧透,而大球可能还未烧到中心。燃料的燃烧反应与熟料的形成反应是紧密地结合在一起的,其煅烧过程大致如下:料球(包括燃料)由上至下运动逐渐被加热,首先,热气流向料球表面传热,使表面水蒸发并预热料球,随着热量渐渐由料球表面向料球内部进行传递,球水分也随之蒸发,并向表面扩散;其次料球表面的煤粒达到燃点,与气流中氧气反应燃烧,随着氧气自料球表面向内部扩散料球温度逐渐升高,燃料不断燃烧,煤粒的燃烧与生料的碳酸钙分解同时进行;第三,碳酸盐分解的二氧化碳与燃烧产生的一氧化碳等由料球中心向表面扩散,并由表面扩散到气流中;第四,随着碳酸盐分解与燃料的燃烧,温度逐渐升高,固相反应和烧成反应同样从料球表面向中心推进,逐渐完成熟料的烧成过程:第五,烧成的熟料遇到新鲜冷空气,熟料被冷却,空气被预热。

各个料球反应的各个阶段是交叉进行的,如:一个料球表面已达烧成阶段,料球中心可能还是预热阶段,所以不可能像回转窑那样较清楚地划分成六个反应带,而只能大致分为干燥预热、高温(俗称底火)和冷却三个带。

1. 立窑内的燃料燃烧

煤在立窑中的燃烧过程与一般燃料的燃烧过程基本相同,也是经过干燥、预热、挥发分的逸出和固定碳的燃烧等阶段。生料球入窑后,被上升气流加热到挥发分的分解温度时,燃料中挥发分逐渐逸出,因气流中缺氧,逸出的挥发分未能燃烧,随着废气排出窑外,造成化学不完全燃烧。

料球中煤的挥发分逸出后,当料球温度上升到 $600\sim800℃$ 时,气流中的 CO_2 与料球表面的碳进行包氏反应如下:

$$CO_2 + C \longrightarrow 2CO(吸热反应)$$

这一反应与煤粉特别容易进行,而且反应进行强烈。若煤粒较粗,反应进行较慢。

反应生成的 CO 由于在预热带缺氧,不能完全燃烧,随废气排出窑外,也造成化学不完全燃烧,使热耗增加。

料球表面温度提高,使热量很快地渗透到料球内部。对颗粒煤来说,即使料球温度达到 $1000℃$ 时,虽然达到或超过燃点,但由于氧扩散到料球内部仍不多,也难于进行燃烧反应。对于粉状煤来说,在温度达到 $1000℃$ 时,煤粉中的碳和碳酸钙发生如下反应:

$$CaCO_3 + C \longrightarrow 2CO + CaO(吸热反应)$$

此反应也称为郝氏反应,反应生成的 CO 很快从料球内部扩散到料球表面。

在氧气浓度较高的料球表层的煤,经郝氏反应与包氏反应生成 CO,将发生下列反应:

$$C + O_2 \longrightarrow CO_2(放热反应)$$
$$2CO + O_2 \longrightarrow 2CO_2(放热反应)$$

2. 立窑内传热

立窑内各带温度不同,传热情况也不完全相同。在预热带,热烟气以对流及辐射方式传给生料球,料球表面再以传导方式向料球中心传热。由于预热带的温度较低,气流速度较大,因此,以对流传热为主。在高温带,燃烧着的煤粒直接以传导方式传给物料,高温烟气以对流及辐射方式传热给物料。燃烧带的气体温度虽高,但由于气体层厚度很小,且烟气中 CO_2 及 H_2O 的含量也不多,故辐射传热仍不是主要的。燃烧带中料球表面温度取决于内部及外部热交换的情况。在冷却带中,热物料以对流方式传热给空气。

由以上分析可知,在立窑中,以对流传热为主,提高气流速度,可加快传热速率。

至于料球内部的传热,在预热带是由外部向中心传热,在冷却带是由颗粒中心向外表面传热。减小料球粒径,可减少物料内部导热阻力,还可增加料球与气流的接触面积。因此,适当减小料球,可提高产量。

3.立窑内的通风

立窑的空气自下部鼓入,烟气由上部排出,气体通过窑内物料层时阻力很大。为了克服立窑料层的阻力,空气必须以一定压力鼓入窑内。气体通过立窑的总阻力随窑的高度而增大,改进成球技术,使料球粒度均齐,可降低流体阻力,改善窑内通风。

窑内充满料球,料球之间的孔隙所产生的通风阻力较料球与内壁所产生的阻力大。特别是料球在煅烧过程中,熟料烧结会产生收缩,从而使料球与窑内壁间的空隙更大,而易造成边风过剩;同时,窑中心部分燃料在燃烧过程中易于产生还原气氛,因而当窑中心通风不良时,使物料中氧化铁会还原成 FeO,形成 $FeO \cdot SiO_2$ 与 $2FeO \cdot SiO_2$ 等低熔液相,易使料球结成大块,进一步使窑中心通风不良。若生料均匀性差或成球粒度不均齐时会加剧这一过程。因此,立窑在同一横截面上的通风阻力是不同的。通风不均,中部通风不良,边风过剩是立窑常出现的主要问题之一,也是影响立窑熟料质量的主要原因之一。

二、工艺条件对立窑煅烧的影响

1.窑体结构

立窑的规格以有效直径与有效高度来表示,如 $\Phi 2.5 \times 10m$、$\Phi 3.0 \times 10m$。

窑径大小决定了立窑断面积的大小,窑径大,产量高;但窑径越大,要保持窑内物料均匀下降越困难。由于卸料不均匀和通风不均匀而影响高温层的稳定,这样煅烧和热工制度就不容易稳定,因此,一般认为立窑的直径 $\Phi 2.5 \sim \Phi 3.5m$ 为宜。

窑体高度取决于物料在窑内干燥预热、烧成和冷却各带所需的停留时间,是为了满足水泥熟料的形成和熟料的充分冷却。若窑体过高,由于料层阻力增加,会增加鼓风机电耗和建筑投资。窑体过矮,则容易出现煅烧不稳定,窑内冷却带相对缩短,造成熟料冷却不良。我国大部分机立窑的高径比(H/D)为 3.5~4.0 之间,此类窑型有 $\Phi 2.2 \times 8m$、$\Phi 2.5 \times 10m$、$\Phi 3.0 \times 11m$ 等。

由于料球在立窑煅烧过程中,有生料水分蒸发、碳酸钙分解后 CO_2 逸出、燃料燃烧、物料的烧结,以及物料球体体积会发生收缩。为了解决料球在煅烧过程中,因物料体积收缩造成的窑壁与物料之间的空隙,减少边风过剩现象,使物料与空气分布得均匀合理,故立窑上部应扩大成喇叭口状,保持一定角度。应从保持正常煅烧制度这一原则出发,达到以下两个目的:

(1)可以真正解决因物料收缩而产生边部跑风问题,减少边风过剩现象。

(2)高温层的煅烧物料可随着物料的收缩逐步整体下移,不致因物料下移而使高温层脱节。

如果窑口放大角度过大,虽然对提高立窑台时产量有利,但高温层的位置如大部分在放大部分以上时,易造成炼边、毗风洞,严重时造成窑内低烧物料被卡住而不能下移,给操作带来困难。

窑口扩大角与物料煅烧后的收缩性能、操作技术水平、鼓风能力、燃料质量及煅烧方法等因素有关。应根据工厂具体条件,通过试验,确定窑口的放大角度及放大高度。

立窑筒体内壁砌筑一定厚度的耐火砖,以保证筒体不被高温烧损;为加强立窑保温减少散热损失:在耐火砖与钢板筒体之间设置有隔热保温材料。隔热保温材料的选用与立窑熟料产质量、消耗及安全运转关系重大。若隔热保温效果差,散热损失大,高温带煅烧温度低,容易形成熟料欠烧,熟料煤耗增加。

2.成球质量

生料成球质量是保证立窑煅烧极其重要的环节。成球质量好,粒度均匀,大小适宜,才能使窑内通风均匀,煅烧良好,从而保证熟料质量,并提高窑的产量,降低能耗。

(1)料球粒径均匀性对料层阻力的影响 由于料球粒径级配不同,空隙率也不同,一般料球级配中小颗粒占多数时,料层空隙率小,则阻力系数大,不利于气体通过。所以要求粒径要均匀,料球直径在 5~10mm 较为适宜。

(2)料球强度对煅烧过程的影响 料球强度低,入窑后料球易碎裂及磨碎,料层中粉末率高、透气性明显下降,料层阻力增加。

(3)球径大小对煅烧时传热的影响 在机立窑内,料球在预热带,以对流传热为主。对流传热系数的大小与料球直径存在一定关系。料球越大,对流传热系数越小,物料所得到的热量少,也就是说它的传热效率差。

(4)料球内部空隙率 当料球布到窑内时,由于急速加热,球内水分产生蒸汽,如果由于球内孔隙组织不均匀或者孔隙率小,则所产生的蒸汽无处可去,料球就开始炸裂,料球炸裂产生粉末,增加窑内阻力。因此,要求料球有一定空隙率,且必须在保证料球湿强度前提下,要有抗急热的性能及热稳定性。

(5)料球水分 生料粉被水湿润后才能成球,这是成球过程的先决条件。水分不足或水分太多同样影响造球效率和料球质量。用水量多,球径增大;水分过少,物料湿润不充分,球径小;水分过大,料球炸裂温度降低,是因为含水量大时生料球内部水分在高温下蒸发剧烈,引起炸裂。料球水分应在保证料球各项指标的前提下尽可能地减少。

目前在机立窑厂推广应用的自控预加水成球新技术,所成的球粒径均匀,Φ8~Φ14 mm 可达 90% 以上,湿球抗压强度可达 844g/ 个。干球抗压强度可达 4 435g/个,球内部孔隙率达 32.8%,料球水分 12.5%,料球质量符合立窑熟料煅烧的要求,为提高立窑产量与熟料质量创造了条件。

3.合理选择煅烧方法

立窑煅烧方法有以下几种,应根据具体条件,合理选用。

(1)普通白生料煅烧法 普通白生料煅烧法是在制备好的生料中,掺入一定比例的细粒无烟煤(一般要求 85% 小于 3mm,最好小于 1mm,然后成球入窑)。此种方法的优点是工艺过程简单,操作控制方便,配煤量调节灵活,可以根据颗粒燃烧特点选择合理的煤粒级配与组成来满足立窑煅烧的工艺要求。

如果煤粒控制过粗,对煅烧不利。因为含有粗粒煤的料球入窑后,粗粒煤着火速度慢,燃烧只能在下部料层的高温富氧区进行,而且高温带热力不集中,高温带拉长;煤粒过粗,煤料混合不均匀会造成料球内煅烧不均匀,大块煤灰周围富集 C_2S,引起熟料局部粉化,降低熟料成品率。煤粒过粗还会影响成球质量。因此,要运用好白生料煅烧方法,首先要控制煤的粒度使之符合要求,最好 70% 煤粒控制在 0.08~1.00m 之间,可降低煤粒过粗过细的热损失。其次要采用高精度的配煤设备,保证料煤配比的准确合理。

(2)全黑生料煅烧法 把煅烧所需要的燃料与各种原料一起配合入磨,粉磨后成球入窑。

由于煤与原料一起粉磨得很细,煤灰在熟料中分布均匀,因而全黑生料法可避免局部形成过多的熔剂矿物,产生局部粉化现象;同时,磨细的煤粉燃烧速度快,高温层集中,燃烧带短,窑内结大块现象少;此外,料球内部的煤粉在燃烧时产生的 CO 气体逸出到料球外部(也有碳酸钙分解的 CO_2),可使熟料疏松多孔。因此,黑生料煅烧时,空气较易均匀地分布到整个窑的断面,中部通风较好,给稳定煅烧创造了有利条件。

用球磨机粉磨全黑生料。煤比生料磨得细,过细的煤粉,燃烧过快,高温带易变薄;在低温缺氧条件下,易发生燃烧不完全,废气中 CO 含量较高,增加熟料热耗。如用立式辊磨粉磨全黑生料,则煤比生料粗,较适应在立窑内煅烧,有利于降低热耗。

(3)半黑生料煅烧法 在生料磨磨头加入部分燃料,还有部分燃料经细碎后在制备好的生料中加入。

半黑生料除具有全黑生料的优点外,由于有一部分煤在入窑前配入,所以配煤调节灵活,煅烧煤配煤控制快。不易造成配煤误差大和煤量过多过少,窑内结大块,结圈现象。另外,煤粒级配合理,在进入高温带前不会有过多的细煤粒遇低温缺氧气氛,而造成不完全燃烧。合理的煤粒级配,保证了高温带有一定的厚度,熟料形成过程充分。

由于半黑生料法有部分煤是在成球前配入的,因此与白生料法一样,要严格控制这部分煤的粒度,如这部分煤粒过粗,由于煤的粒度差别太大,易造成煅烧脱节,此外也要注意煤料配比准确性和煤料均匀性。

(4)差热煅烧法 立窑内煅烧熟料时,边部与中部物料所需热量是不同的。边料由于与窑壁接触,一部分热量会通过窑壁向外散热,同时,立窑的边风较大,也会使边料的热损失增大。对机械化立窑,中部物料的热耗仅约 $2\,500\sim2\,900kJ/kg$ 熟料,而边部物料的热耗一般高达 $3\,370\sim4\,200kJ/kg$ 熟料。差热煅烧方法就是根据中部和边部物料的热耗差别,而在边部和中部分别加入不同的煤量。这样,不仅可以降低煤耗,还可以避免中部物料因含煤量过多,燃烧时产生还原气氛,生成低熔点矿物,使熟料易结大块的现象,以免影响通风,降低熟料质量。

但是差热煅烧法操作,边、中料在窑面控制比较复杂,有时出现混烧,反而降低质量。

(5)包壳料球法 在黑生料的料球上再包上一层不掺煤的白生料外壳,以防止煤粉在预热带内与 CO_2 发生反应,避免因包氏反应生成 CO 逸出,造成热损失。当加热的包壳料球进入高温带时,由于有充分的氧气,能使料球内郝氏反应生成的 CO 进行燃烧,从而放出大量的燃烧热用于煅烧物料,这样就克服了黑生料法煤耗高的缺点。

但是由于包壳料球的制备是通过"二次成球"工艺完成的,工艺复杂,设备多,操作不便。因此限制了包壳料球法的广泛应用。

4. 立窑闭门操作与自动化

近年来,许多水泥厂已经实现了闭门操作,并取得了良好的效果。也有不少水泥厂已经实现了立窑自动化操作。立窑闭门操作和自动化操作是降低立窑熟料单位热耗,保证熟料质量,稳定和提高产量的重要途径,它的应用还减轻了操作人员的劳动强度,有利于机立窑实现安全文明生产。

实现闭门操作和自动化操作必须保证稳定的立窑煅烧热工制度。稳定的立窑热工制度包括从原料选用至立窑的生产工艺系统和立窑煅烧工艺系统两大部分都要稳定,具体内容如下:

(1)原料、燃料应预均化。

（2）选择最佳的配料率值　实现闭门操作必须达到底火稳定,杜绝出现炼边、结大块、垮边等不正常窑况,选择熟料率值应满足熟料质量指标,易烧性较好,熔融矿物适当。

（3）严格配料　生料磨头配料要采用计量精度高,控制调节准确、迅速的喂料设备和自动控制设备,如微机控制的电子皮带秤,使出磨生料碳酸钙合格率达到 60% 以上。

（4）加强生料均化　采用多库搭配、机械倒库和空气搅拌等措施,入窑生料碳酸钙合格率达 80% 以上。

（5）在熟料煅烧方法的选择上　应严格控制煤粉颗粒直径,选择较好的破煤机械或采用生料与煤分别粉磨的方法,使煤的颗粒级配比较合理,一般控制煤粉细度在 0.080mm 方孔筛筛余在 40% ±5%,绝大部分煤粒小于 1mm 为宜。

（6）提高生料配煤的均匀性与准确性　白生料煅烧法或半黑生料煅烧法都需要在制备好的生料中配入一定煤量。料煤配比准确均匀与否,是影响机立窑热工制度稳定的重要因素,因此必须严加控制,力求稳定煤质,严格把好料煤配比计量关。要求入窑生料及煤粉流量波动范围为 ±2% 以内。生料配煤量计量误差应小于 ±0.25kg 煤/100kg 生料。

（7）保证料球质量　料球水分应波动 ±1% 以下;并使料球的粒度大小、均匀性、强度、热稳定性等达到规定要求。

（8）缩小窑的扩大口角度　对于闭门操作的窑,要求物料在高温带内随着物料的收缩而自然下落,因此窑扩大口角度不宜过大。据国外资料。闭门操作的窑,扩大口角度为 9°~11°,山东诸城水泥厂闭门操作的窑的扩大口角度为 9°28′。

（9）加强窑壁保温　对立窑的保温,不仅可以减少窑壁散热损失问题,而且起到促进高温层稳定平衡的作用。

在立窑中,边缘部分的物料与中心部分的物料所需的热量是不同的,因为边缘部分物料尚需增加窑壁散失的热量。

如果按中料需热量配煤,则边缘部分的物料因窑壁散热影响,将低于中间物料的温度,就会形成高温层薄,通风量大,而窑中心部分通风量相应减少,中部高温层冷却变慢,比边部深而厚,整个窑面高温层厚度差加大,处于不均匀煅烧状态。在这种情况下熟料中欠烧碎粒多。

如按边料需热量配煤,则热量消耗增大,而且窑中部的熟料煅烧温度就会提高,液相量就会增大,熟料易结块;当空气不足时,CO 量增加,热损失加大,熟料质量低劣。

从以上分析说明窑壁保温的重要作用,特别是高温带窑壁保温,可以减少高温段窑壁散热损失,减少边缘物料与中心物料需热量的差别,对促进整个窑断面平衡稳定煅烧有重要意义。

（10）采用暗火煅烧操作是稳定实现闭门操作的重要措施　操作上保持湿料层厚度 400~600mm。这样,一则可以稳定煅烧,保证高温带有足够的温度和厚度,避免或减少料球骤热炸裂,有利于窑内通风的均匀性,改善了中部通风。正常操作中,窑内阻力较小;再则,稳定的湿料层,可以降低废气温度,减少散热损失,降低烟尘的排放浓度。

（11）用仪表测定和微机控制代替人工操作和判断窑情　在立窑的煅烧工艺稳定后,由于窑门关闭,必须用各类热工仪表测试窑的工艺参数,通过自动化仪表或微机分析控制,来代替人工分析、判断和处理窑情况。

在闭门操作和仪表监控的基础上,使监控的各种热工、工艺参数组成数条回路,并通过微机集中控制,从而达到自动化操作的目的。

可设置的各种回路是:

(1)生料粉磨系统,配料、计量控制系统;

(2)不同燃煤的计量、配合系统;

(3)煤粉与生料的计量、配煤系统;

(4)立窑废气成分、温度与入窑风量控制系统;

(5)立窑卸料速度与窑料面高度监控系统;

(6)立窑卸料速度与出窑熟料温度、入窑风量的控制系统;

(7)入窑鼓风量与烟气过剩空气系数、废气分析控制系统;

(8)立窑底火位置与腰部进风风量、加料、卸料速度的控制系统。

(9)生料成球预加水控制系统;

(10)其他可以设置的系统。

第六章　硅酸盐水泥制成

第一节　水泥制成的原料及粉磨要求

通用硅酸盐水泥一般由硅酸盐水泥熟料、混合材料和石膏按一定比例配合,粉磨至一定细度制成。

一、熟料的贮存处理

水泥熟料出窑后,不能直接运送到粉磨车间粉磨,而需要经过贮存处理。熟料贮存处理的目的如下:

1. 降低熟料温度,以保证磨机的正常操作

一般从窑的冷却机出来的熟料温度多在100~300℃之间。过热的熟料加入磨中会降低磨机产量;使磨机筒体因热膨胀而伸长,对轴承产生压力,过热还会影响磨机的润滑,对磨机的安全运转不利,磨内温度过高,使石膏脱水过多,引起水泥凝结时间不正常。

2. 改善熟料质量,提高易磨性

出窑熟料中含有一定数量的 f-CaO,贮存时能吸收空气中部分水汽,使部分 f-CaO 转变为 $Ca(OH)_2$,改善水泥安定性,并在熟料内部产生膨胀应力,因而提高了熟料的易磨性。

3. 保证窑磨生产的平衡,有利于控制水泥质量

出窑的熟料可根据质量的好坏,分堆存放,以便搭配使用,保持水泥质量的稳定。

熟料储存在大中型水泥厂常采用圆库和帐蓬库。圆库占地面积小,但建设投资较大,熟料冷却散热较难。帐蓬库内熟料散热较好,投资较少。

二、混合材与石膏的作用

(一)混合材料的作用及分类

为了增加水泥产量,降低成本,改善和调节水泥的某些性质,为了综合利用工业废渣,减少环境污染,在磨制水泥时,可以掺加数量不超过国家标准规定的混合材料。

混合材料按其性质可分为两大类:活性混合材料和非活性混合材料。

凡是天然的或人工制成的矿物质材料,磨成细粉,加水后其本身不硬化,但与石灰加水调和成胶泥状态,不仅能在空气中硬化,并能继续在水中硬化,符合国家有关质量标准的这类材料,称为活性混合材料或水硬性混合材料。

国家标准规定的活性混合材料有以下三大类:

1. 粒化高炉矿渣(GB/T 203)与粒化高炉矿渣粉(GB/T 18046)。

2. 粉煤灰(GB/T 1596)。

3. 火山灰质混合材料(GB/T 2847)。

非活性混合材料,又称填充性混合材料,是指质量的活性指标不符合标准要求的具有潜在

水硬性或火山灰性的水泥混合材料,以及砂岩和石灰石。

硅酸盐水泥、普通硅酸盐水泥和水起化学变化时,生成 $Ca(OH)_2$。当水泥建筑物长期与水接触,已经硬化了的水泥石中的氢氧化钙就溶解到水中或者和水里的一些化学成分,如硫酸盐、镁盐、氯化物等起化学作用,使水泥石中出现许多小溶洞,或者是在硬化的水泥石中,生成体积膨胀的新物质,使建筑物胀裂,或者变成质地疏松的状态,最后使得建筑物毁坏,这种现象叫做水泥的腐蚀。

粒状高炉矿渣、火山灰质等混合材料在水泥水化时,混合材料中活性组分能与氢氧化钙作用在水泥没有硬化以前就生成一些有益的新物质,它不仅不破坏水泥石的结构,反而能减小或者消除水泥被腐蚀。因此在水泥中掺入混合材料改善了水泥质量,并且改善了水泥的某些性质。

熟料中的 f-CaO 是影响水泥安定性的重要因素之一。但是在水泥水化时,混合材料中的活性组分与 f-CaO 作用,可改善水泥的安定性,而且强度有所提高。

(二)石膏的作用

石膏可以延缓凝结时间,一般只要掺加 3%～6% 的石膏,就能使水泥的凝结时间正常。对于 C_3A 含量高的熟料,应多加一些石膏。对于矿渣硅酸盐水泥来说,石膏又是促进水泥强度增长的激发剂。但石膏过多会影响水泥长期安定性,这是因为石膏中 SO_3 同水化铝酸钙作用而形成硫铝酸钙,会使体积显著增加,从而引起建设物的崩裂。

三、水泥粉磨产品的细度要求

水泥磨得越细,表面积增加得越多,水化作用也越快,只有磨细的水泥粉才能在混凝土中把砂、石子胶结在一起。粗颗粒水泥只能在颗粒表面水化,未水化部分只起填料作用。

一般试验条件下,水泥颗粒的大小与水化的关系是:

$0～10\mu m$,水化最快;

$3～30\mu m$,是水泥活性的主要部分;

$>60\mu m$,水化缓慢;

$>90\mu m$,表面水化,只起微集料作用。

水泥细度过细,比表面积过大,小于 $5\mu m$ 颗粒太多,虽然水化速度很快,水泥有效利用率很高,但是,因水泥比表面积大,水泥浆体要达到同样流动度,需水量就过多,将使水泥石中因水分过多引起孔隙率增加而降低强度。在通常试验条件下,水泥细度愈细,水泥强度愈高,特别是 1 天,3 天早期强度;但小于 $10\mu m$ 颗粒大于 $50\%～60\%$ 时,7 天、28 天强度开始下降,单位产品电耗成倍增加。因此,水泥粉磨细度应随所生产水泥品种与强度等级相配合,根据熟料的质量和粉磨设备等具体条件而定。在满足水泥品种和强度等级的前提下,水泥粉磨细度不要太细,以降低电耗。通常,硅酸盐水泥的粉磨比表面积约在 $300m^2/kg$ ～$360m^2/kg$ 左右。

随着可持续发展战略方针的贯彻,也为了进一步降低水泥生产成本,水泥行业正在重点研究怎样少用能耗大生产污染大的硅酸盐水泥熟料,尽量多利用工业废渣来生产少熟料水泥,在水泥生产中较大幅度地降低能耗,降低天然原料消耗,开发环保效益好、生态效益好的少熟料水泥。其中重要的一个方面,就是需要对水泥熟料和水泥混合材料进一步进行高细粉磨。对水泥熟料和水泥混合材料进行高细粉磨,增加产品中的高细粉含量,是开发利用水泥熟料和混合材料潜力的重要途径。

现代粉磨技术对普通粉磨、高细粉磨、超细粉磨的产品粒度界限目前尚无统一的分类方法,在水泥生产中,水泥颗粒普通粉磨时粒度 90% 小于 80μm,在非金属矿加工中,一般将 10μm 以下的粉体称为"超细"粉体。在水泥粉磨中如下分类较好。表中 D_{80} 为 80% 通过的粒度。

表 6-1-1　粉磨加工分类

普通粉磨	D_{80}粒度<80μm	比表面积	250~350m^2/kg
高细粉磨	D_{80}粒度<50μm	比表面积	350~600m^2/kg
超细粉磨	D_{80}粒度<10μm	比表面积	600~800m^2/kg

物料粉磨的越细,其粉磨加工难度越大,加工能耗也越大,相应地需要采用特殊的工艺及设备。物料粒度小于 1μm 以下时,称为超微粉,超微粉加工国内外尚没有合适的机械设备,目前主要用化学的方法来制得。

四、水泥熟料高细粉磨的意义及要求

(一)水泥熟料高细粉磨的意义

对水泥熟料进行高细粉磨是为了进一步开发利用水泥熟料的潜力。水泥熟料是水泥最主要的组分,其水化活性和水化程度直接决定了水泥的质量,调整水泥熟料矿物组成,可以提高熟料活性,但难度较大。降低水泥熟料粒度,可以开发利用水泥熟料的潜力。水泥熟料水化开始于熟料表面,然后逐步向内部进行,其速度缓慢。根据国外学者对熟料主要矿物的水化深度与水化时间的测定结果,以 C_3S 为主要矿物的硅酸盐水泥熟料水化很慢,水化 3 天时水化深度仅 3μm,水化 28 天时水化深度仅 8~10μm,粒度<6μm 的水泥熟料 3 天时可以完全水化。

假定硅酸盐水泥颗粒为球形,28 天水化深度为 10μm,则不同粒度水泥颗粒 28 天时的水化程度可见表 6-1-2。

表 6-1-2　硅酸盐水泥颗粒 28d 水化程度

粒　径　(μm)	总体积(cm^3/个)	28 天未水化体积(cm^3/个)	28 天水化程度(%)
100	1.66×10^{-7}	8.5×10^{-8}	48.80
80	8.5×10^{-8}	3.6×10^{-8}	57.65
65	4.57×10^{-8}	1.52×10^{-8}	66.73
45	1.52×10^{-8}	2.6×10^{-9}	82.89
30	4.0×10^{-9}	1.68×10^{-10}	95.85
20	1.0×10^{-9}	0	100

从表中数据可知,粒度为 80μm 的水泥熟料 28 天时仅能水化 58% 左右,而遗留下未水化的内核,未水化的内核就没有对水泥的 28 天强度作出贡献。粒度 45μm 的水泥熟料 28 天时能水化 83% 左右,粒度 30μm 的水泥熟料 28 天时能水化 96% 左右。显而易见,在水泥熟料的矿物组成相同的条件下,水泥的活性及强度随着水泥颗粒尺寸变小,比表面积增加而提高,其影响程度对早期强度更为显著。对水泥进行高细粉磨,增加水泥中的细粉含量,是开发利用水

泥熟料潜力的重要途径。

　　假定水泥细颗粒为正方体，硅酸盐水泥密度为 $3.1g/cm^3$，不同尺寸细颗粒的比表面积计算如表 6-1-3。假定细颗粒为球形时计算的比表面积结果与正方体很接近。

表 6-1-3　不同尺寸细颗粒的硅酸盐水泥比表面积

粒度尺寸 μm	单个颗粒比表面积 cm^2	单个颗粒体积 cm^3	每克水泥颗粒数量 个	比表面积 m^2/kg
20	2.4×10^{-5}	8×10^{-9}	4.033×10^{7}	96.8
10	6.0×10^{-6}	1×10^{-9}	3.225×10^{8}	197
5	1.5×10^{-6}	1.25×10^{-10}	2.58×10^{9}	387
3	5.4×10^{-7}	2.7×10^{-11}	1.194×10^{10}	645
2	2.4×10^{-7}	8.0×10^{-12}	4.031×10^{10}	967
1	6.0×10^{-8}	1.0×10^{-12}	3.225×10^{11}	1935

　　从表 6-1-3 可看到，小于 $5\mu m$ 的细颗粒随颗粒尺寸缩小，比表面积急剧大，将使需水量明显增大。

　　(二)水泥熟料高细粉磨的要求

　　水泥粉是由大小不同的颗粒组合的混合粉体，从颗粒级配方面，逐步趋向于窄粒径。对于硅酸盐水泥熟料颗粒来说，由于 $6\mu m$ 的颗粒在 3 天内可以全部水化，$30\mu m$ 的颗粒 28 天可以全部水化，所以 $6\sim30\mu m$ 的颗粒，是水泥熟料主要的活性部分，因此，水泥高细粉磨，粒径以 $6\sim30\mu m$ 为主。小于 $5\mu m$ 的细颗粒比表面积大，将使需水量增加明显，尽量少一些；大于 $45\mu m$ 的颗粒活性在 28 天的检验时限内难以完全水化，也尽量少一些。

　　还需要注意的是，水泥的颗粒形状影响水泥的比表面积，进而影响到水泥强度检验时的成型需水量和拌和水泥混凝土时的需水量，需水量过大则使强度下降。同样质量的颗粒，球形颗粒其表面积最小，因而，水泥颗粒形状尽量为球形最好。水泥颗粒球形化将对水泥性能的改善产生明显影响，也应引起我们的注意。

五、水泥混合材高细粉磨的意义及要求

　　(一)水泥混合材料高细粉磨的意义

　　对水泥混合材高细粉磨是为了进一步开发利用混合材的潜在水化活性。水泥中掺用的高炉矿渣、火山灰、粉煤灰等混合材料是具有一定潜在水化活性的材料，在水泥中掺用混合材料，可以改善水泥的某些性能，也可以大幅度节约天然原料和燃料，增产水泥。由于这些混合材料大多数是工业废渣，大量掺用工业废渣做水泥混合材，还有利于变废为宝，保护人类的生态环境，产生很好的环保效益。但这些混合材料水化速度比水泥慢的多，测试表明在比表面积为 $300m^2/kg$ 左右时，高炉矿渣水化 90 天左右才能产生与硅酸盐水泥熟料水化 28 天时相应的强度，粉煤灰则需 150 天左右才能达到相应的强度。对水泥混合材进行高细粉磨，扩大了水化反应时与水接触反应的表面积，相应地可以较大幅度地提高它们的水化速度，使它们能在较短时间内产生较高的强度。

　　日本学者在研究中，以磨细矿渣置换 50% 的水泥为胶结料，用胶结料配置砂浆的强度与硅酸盐水泥砂浆的强度比的百分率表示矿渣粉的活性，其试验结果如表 6-1-4，从中可见，随着

矿渣粉比表面积的提高,其活性系数(强度比)相应明显提高,当矿渣粉比表面积达到400m²/kg时,28天活性系数达98%,与水泥相当,当矿渣粉磨细600m²/kg和800m²/kg时,其28天活性系数相应分别达到114%与127%,高于普通细度水泥熟料的活性。

表6-1-4 矿渣粉的细度与活性系数

矿渣粉比表面积(m²/kg)	活 性 系 数 (%)			
	3d	7d	28d	91d
400	60	64	98	119
600	72	83	114	129
800	99	110	127	128

用济南钢铁厂的水淬矿渣,磨细至比表面积360m²/kg的细度,进行了测试,见表6-1-5。在用高细矿渣粉取代50%水泥后,测得其28天抗压强度比为120%,胶砂28天抗压强度达到64.9MPa。从试验结果看,济南钢铁厂的矿渣比日本学者所用的矿渣活性更高。

表6-1-5 大掺量高标号矿渣水泥胶砂强度

编号	配比(%)			W/C	抗压强度(MPa)				抗折强度(MPa)			
	水泥	矿渣	标准砂		7d	28d	90d	180d	7d	28d	90d	180d
21	100	0	250	0.44	42.5	54.0	66.7	71.8	8.6	9.7	10.7	10.3
22	50	50	250		39.6	64.9	80	81.7	7.3	10.5	10.2	10.0

我国研究人员对粉煤灰的活性激发问题,也进行了专题研究,采用高细粉磨与化学活性激发剂相结合的方式,研究开发出了少熟料早强粉煤灰矿渣复合水泥,该水泥中粉煤灰用量达35%左右,熟料用量仅30%左右,水泥标号能达到425R型。用首钢矿渣、河北沧州粉煤灰、沧州立窑熟料测定的结果见表6-1-6。

表6-1-6 少熟料早强粉煤灰矿渣复合水泥胶砂强度

编号	配 比(%)				凝结时间(h:m)		抗压强度(MPa)			抗折强度(MPa)		
	粉煤灰	熟料	矿渣	复合活化剂	初	终	3d	7d	28d	3d	7d	28d
K13	35	30	28	7.0	5:00	7:20	27.4	39.8	57.4	4.2	7.5	10.0
K14	35	30	27.5	7.5			21.9	39.5	58.6	4.1	6.8	10.2
K15	35	30	27	8.0	4:40	8:25	23.1	40.7	60.2	4.6	8.0	10.7

(二)水泥混合材高细粉磨的要求

从提高混合材料的水化活性来讲,混合材料粉磨的越细越好,但是混合材料的种类不同,其化学成分、物理形貌、易磨性各不相同。

高炉矿渣以玻璃体为主,活性较高,能磨细到比表面积600~800m²/kg将产生很高活性,但矿渣较难磨细,在实际水泥生产中磨细到350~400m²/kg已算比较好了。

粉煤灰活性比较低,但比较细,也比较易磨细。磨细可以提高粉煤灰的活性,但是笔者认为,从形貌来分析,对粉煤灰要进行分类对待。对空心球状玻璃体为主的粉煤灰,不宜过于磨细,否则将大量空心球状玻璃体打碎后,比表面积大幅度增高,会使拌合需水量较大幅度升高,对提高水泥和混凝土的早期强度不利。对以海绵体为主的粉煤灰,就应磨的较细,将海绵体打碎,反而有助于降低需水量。判断粉煤灰的形貌需用扫描电子显微镜观测,水泥厂无此条件的,GB/T 1596—2005 中对拌制混凝土和砂浆用粉煤灰的指标规定,Ⅰ、Ⅱ、Ⅲ级粉煤灰用 0.004 5mm 方孔筛筛余分别不大于 12%、25% 和 45%,需水量比分别不大于 95%、105% 和 115%。需水量比间接反映出形貌等的差别。一般Ⅰ级粉煤灰可以直接掺用,Ⅱ级粉煤灰应再磨细,Ⅲ级粉煤灰烧失量过高,在进行预处理前不能作为水泥混合材掺用。

火山灰类混合材,由于其内部孔隙多,较容易磨细,实际生产中磨细到比表面积 $350\sim400m^2/kg$ 是可以做到的。

实际生产掺加大量混合材料的硅酸盐水泥时有两种粉磨工艺,一种为混合材料和硅酸盐水泥熟料等物料按易磨性和粒度不同分类分别粉磨,这种工艺从粉磨原理上更合理,对不同物料可以分别对待分别控制,但是生产工艺较复杂。另一种就是混合粉磨,这种工艺简单,为大多数水泥厂所采用,但是易磨性较差的矿渣等物料较难粉磨得很细。

在闭路水泥粉磨工艺中,将粉煤灰在磨机出口至选粉机进料口之间加入,经过选粉机分选后,粉煤灰球形细颗粒直接掺入成品水泥中,粉煤灰粗颗粒回磨机磨细,是一种更合理的掺加方法。

第二节　水泥粉磨工艺

一、传统的水泥粉磨工艺

传统的水泥粉磨系统有管磨机开路和管磨机闭路两种,在粉磨过程中,当物料一次通过磨机后即为产品时,称为开路系统;当物料出磨后经过分级设备选出产品,粗料返回磨机再粉磨,称为闭路系统。

开路系统的优点是:流程简单,设备少,投资省,操作维护方便,但物料必须全部达到产品细度后才能出磨。因此,当要求产品细度较细时,已被磨细的物料将会产生过粉碎现象,并在磨内形成缓冲层,妨碍粗料进一步磨细,从而降低粉磨效率,产量低,电耗高。小型水泥生产线一般采用开路系统。

闭路系统可以减少过粉碎现象;同时出磨物料经过输送和分级可以散失一部热量(对水泥粉磨而言),粗粉回磨再磨时,可降低磨内温度,有利于提高磨机产量和降低粉磨电耗。一般闭路系统比开路系统(同规格磨机)可提高产量 15%～25%,产品细度可通过调节分级设备的方法来控制,比较方便。但是闭路系统流程较复杂,设备多,系统设备利用率较低,投资较大,操作、维护管理较复杂。大中型生产线一般采用闭路系统。

开路系统产品的颗粒分布较宽;而闭路系统产品颗粒组成较均匀,粗粒少,微粉也少。

目前常规的闭路粉磨系统中常用的离心式或旋风式选粉机的选粉效率均不高,粗细颗粒分级效果不理想,产品粒度也难以达到高细粉磨对选粉设备的要求。20 世纪 80 年代以来,逐步出现了多种新型高性能选粉机,较好地解决了高细粉磨对选粉设备的要求。这方面,国外较好的有日本的 O-sepa 高性能选粉机与丹麦的 Sepax 选粉机等。O-sepa 型新型高性能选粉机由日本小野田公司研制,1979 年通过工业试验后应用于工业生产。这种选粉机只需方便调节立轴转速即可生产比面积为 $260\sim700m^2/kg$ 的水泥。

开发了可以用于高细粉磨的高性能的选粉机,可以使用普通球磨机系统生产高细度水泥,但普通球磨机粉磨出高细度的水泥物料时,其粉磨效率较低,仍存在着产量低、电耗较大的问题。

二、新型高细磨——康比丹磨

一般开路粉磨将水泥磨至 330cm²/kg 的比表面积时会出现聚结、糊球、糊衬板和卸料篦的现象,而且产量大幅度下降,单位电耗显著增大。改用闭路粉磨流程后情况有所好转,但成品比表面积提高到 450cm²/kg 时,也出现了类似的情况。在 20 世纪 70 年代初,丹麦史密斯公司经过研究,开发出康比丹磨(小钢段磨),解决了这类问题。康比丹磨粗磨仓与细磨仓之间设计了专门的筛分双层隔仓板,只允许 2mm 以下的细粉料进入细磨仓,粗粒料返回粗磨仓,细磨仓采用小研磨体,同时在细磨仓出口,又设计一种特殊的篦板,能将卸入出口篦板的小钢段经导料板送回细磨仓,从而防止小研磨体随水泥卸至磨外。这种磨粉磨 400m²/kg 左右的水泥时,相比普通球磨机单位电耗降低 6% 左右。康比丹磨可用于水泥物料的高细粉磨,但其生产电耗仍很高。

我国在引进消化康比丹磨的基础上,开发了高细管磨和普通球磨机改高细磨技术。采用高细磨对水泥物料进行高细粉磨,这是较成熟的技术,近年来新建的粉磨站大多采用高细长磨。

高细磨是用耐磨微型研磨体来解决水泥高细粉磨时会产生的水泥集聚、粘糊介质、内衬和篦板的矛盾;改变了磨内结构,在一、二仓之间设有小仓,仓内装有小钢球并安装球料分离装置。分离仓内先将料球分离,然后物料进入分离器内,通过八块篦板进行筛分,将粗料返回小仓,细料流入二仓。如此完成分离的目的。在二、三仓间用双层隔仓板,在三仓出口使用特殊篦板,在满足通风的前提下,将料段分离,并不使微型钢球漏出磨外。

三、预细碎 + 球磨机 + 高效选粉机

水泥生产的总电耗的 70% ~ 80% 都消耗在物料的粉碎过程中,因此水泥行业节能降耗的一个重要课题,就是对传统粉磨系统进行技术改造。球磨机干法粉磨时的能量利用率仅为 2% ~ 3%,而破碎机对物料破碎时的能量利用率可以高达 32% 左右。因此国内外工程技术人员经过多年的科研和生产实践,提出了多破少磨的预细碎新工艺。国内的生产实践表明,如入磨物料粒度从 25mm 分别降至 5mm 和 2mm 时,吨水泥电耗可降低 15% 和 20% 左右。

国内 20 世纪 80 年代末开发出了立轴式、卧式等熟料细碎破碎机,成功地用于生料粉磨系统中,在提高产量、降低粉磨电耗方面取得了成功。近十年来,随着耐磨材料技术的发展,新型熟料细碎破碎机已用于水泥的粉磨工艺中,其耐磨材料使用寿命已可达 2 ~ 3 个月,这使水泥细破碎 + 高效选粉机工艺进入实用阶段,但缺点是耐磨材料寿命仍不够长。

四、预粉磨技术和预粉磨工艺

近十年来,随着辊压机、辊式磨、环辊磨等的研制开发,这些新型粉磨设备也用于水泥生产中,这些设备电能有效利用率可高达 20% ~ 30%,远高于球磨机,但用于水泥的终粉磨设备时,所生产的水泥产品颗粒圆形度低,对水泥的质量产生不好的影响,所以在水泥生产中,通常用作预粉磨设备,与球磨机系统结合,形成了新的预粉磨工艺技术。预粉磨系统是在现有的粉磨系统中,在球磨机前安装预粉磨设备,物料喂入预粉磨设备进行粗粉磨,然后再进入球磨机系统进行最终细粉磨。这种系统可以在出磨物料细度不变时大幅度提高产量,降低电耗;更有

利于以较低的电耗对水泥进行高细粉磨。这种流程与传统的球磨机相比,可节省水泥的单位电耗近15%～30%。近十年来,水泥预粉磨技术进入实用阶段,越来越多地用于大中型新建厂和老厂改造中。预粉磨技术是水泥粉磨技术发展的方向。

水泥物料预粉磨系统由预粉磨系统和高细球磨机系统组成。高细球磨机系统可有开路与闭路两种,以闭路系统为好。预粉磨系统可有下述三种。

1. 开路预粉磨

开路预粉磨系统可见图6-2-1,物料经预粉磨设备进行预粉磨后,直接进入球磨机进行细粉磨。优点是系统简单,投资较少,但缺点是经预粉磨设备初磨后进球磨机的物料粒度较大,一般其中的粗颗粒尺寸可达5毫米以上,系统的技术指标较低。

2. 机械筛预粉磨系统

在这种系统中,物料经预粉磨设备后,进入一个机械筛选设备(振动筛或回转筛),粗颗粒返回预粉磨设备二次粗磨,细颗粒进入球磨机细粉磨,见图6-2-2。这种系统进入细粉磨机物料的粒度可控制在2mm以下。

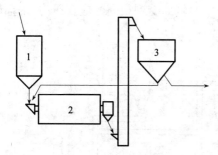

图 6-2-1　开路预粉磨系统

1—预磨机　2—管磨机　3—高细选粉机

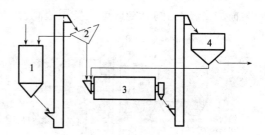

图 6-2-2　机械筛预粉磨系统

1—预磨机　2—振动筛　3—管磨机　4—高细选粉机

3. 气流选粉机预粉磨系统

这种系统物料出预粉磨设备后,进入气流式选粉机进行分级(例如离心式选粉机),分级后的粗粉返回预磨机二次粗粉磨,细粉进入球磨机进行细粉磨,这种系统进入球磨机的物料比表面积可达 $100 \sim 150 \text{cm}^2/\text{g}$,对在球磨机中进行高细粉磨很有利,系统技术指标最先进(见图6-2-3)。

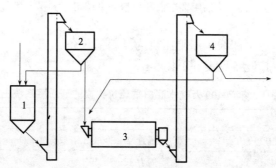

图 6-2-3　气流选粉机预粉磨系统

1—预磨机　2—选粉机　3—管磨机　4—高细选粉机

113

第三节　水泥粉磨设备技术进展

一、辊压机

辊压机又称高压辊压机,挤压磨或双辊磨,该磨由德国科劳斯特尔大学的逊纳特教授所发明(1977年申报了专利),随后克虏伯、伯力鸠斯公司与K.逊纳特教授合作进行了研制。

辊压机的结构与传统的双辊破碎机相似,它由两个速度相同,辊面平整,作相对转动的辊子所组成,物料由上部喂入辊间的缝隙内,在双辊间受到挤压,但是辊间的压力却比双辊破碎机大得多(可达300MPa)。因而在辊压机两辊间的物料受到高压挤压研磨,变成为充满裂纹的扁平料饼。这些料饼中含有大量的细粉,其中小于90微米的可占30%,有约80%的物料小于2毫米。

20世纪90年代辊压机被广泛用于水泥的预粉磨,其中Polysiun公司和KHD公司每年在世界范围内要卖出30台左右,国内也有多个厂家在生产辊压机。但在实际应用中,也暴露出辊压机用于水泥预粉磨设备的不足之处,其主要是由于两辊面受到很高的应变压力,因而辊面的磨损严重,辊面的修复或更换费用很高。

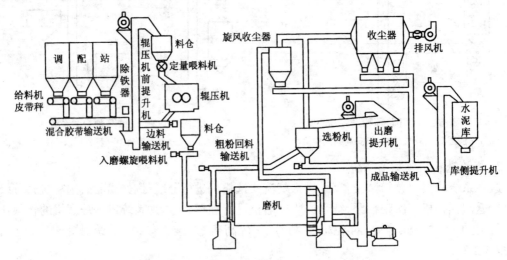

图 6-3-1　采用辊压机的预粉磨系统工艺流程示意图

我国部分大中型水泥生产线采用辊压机为预粉磨设备。某年产100万吨水泥粉磨生产车间主要流程见图6-3-1,其设备见表6-3-1。

表 6-3-1　年产100万吨水泥由辊压机构成的预粉磨系统主要设备

设 备 名 称	规　　　格	主 要 性 能	电机功率(kW)
辊压机	RP120-80	辊直径1 200mm,有效宽度899mm	500×2
管磨机	φ4.2×11.5	能力120t/h	2 800
高效选粉机	XWS40	处理能力150t/h	220
袋式收尘器	LPM2X70	处理风量157 000m³/h	
风机	R6-2X40No15.57	风量160 000m³/h,风压7 300Pa	450

114

二、辊式磨(立磨)

20世纪70年代,日本小野田和神户制钢公司在常规辊式磨的基础上,去掉辊式磨的分级部分,开发出了用于水泥预粉磨的辊式磨,产品称为OK磨,后来日本的其他公司相继开发了类似的CKP磨(小野田和川崎)、UVP磨(宇部公司)、PG磨(IHI公司)、VR磨(三菱公司)。这类预粉磨机对物料的压力只有辊压机的1/4~1/10,所以机械方面的问题较少。目前,世界范围内已有60多台各种型号的辊式磨被用于粉磨熟料和高炉矿渣。

越南清风海防水泥有限公司1993年建成4000 t/d生产线,由日本宇部公司提供UVP辊式磨等设备,代表了国际上水泥粉磨的新水平,水泥磨生产工艺如下图:

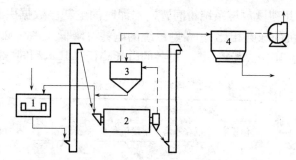

图6-3-2 越南清风海防水泥有限公司由辊式磨构成的预粉磨工艺

1—UVP辊式磨,120t/h;2—4.2×12.9M管磨机,120t/h;

3—N-2500高性能选粉机;4— 袋式收尘器

三、环辊磨

为了解决辊压机存在的机械方面的问题,FCB公司和F.L.S公司分别开发了名为Horomill和CEMAX的环辊磨,其结构见图6-3-3。Horomill磨是在1992年在德国召开的VDZ国际会议上第一次被公布的,F.L.S公司和Fuller公司共同开发的第一台CEMAX磨(100t/h)于1997年秋在西班牙正式投入运行。

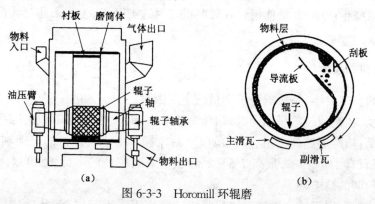

图6-3-3 Horomill环辊磨

这两种磨机加于辊上的压力只有辊压机的几分之一,辊面辊环材质要求比辊压机低,物料在磨内的停留时间也较长,可用于水泥物料的预粉磨和一些物料的终粉磨。由环辊磨组成的水泥预粉磨系统和终粉磨系统都已经进入工业运行。我国也已开发了这种设备,我国牡丹江

115

水泥厂引进的 Horomill 终粉磨系统也已正式进入运行。在初期使用中出现的辊子表面损坏、轴承漏油、振动和轴承温度较高等问题已基本解决。

四、振动磨(冲击磨)

振动磨(冲击磨)是近年来正在研究开发中的一种新型粉磨设备,它可以用于水泥等物料的预粉磨,也可以一次进行物料的高细粉磨。目前国内已有容积为 3 000 升的冲击磨,但对于水泥生产来讲,它的生产能力仍过小。

五、几种设备的比较

表 6-3-2 为国外的几种设备与系统粉磨普通水泥时的电耗。数据引自有关的文献。综合分析,与装有高效选粉机的球磨相比,预粉磨系统的电耗可降低 15%～25%,其中电耗降低率与系统的组合方式有关,用于终粉磨时,各设备的电耗降低率基本相同,约为 30%。

表 6-3-2　各粉磨系统的电耗比较　　　　　　　　　　kWh/t

	球磨	辊压机粉磨系统				辊式磨	环辊磨	
		预粉磨	混合粉磨	半终粉磨	终粉磨		Horomill	CEMAX
Fuller 评价	36.4	37.7	31.7	28.4	27.1	27.4	25.3	24.7
Laforge 评价	40.0	35.4	35.4	—	26.9	27.4	27.4	—
川崎重工评价	36.6	32.1	32.1	29.4	26.2	28.9	—	—
合综评价	40.0	34.6	32.0	30.0	27.8	29.6	27.7	27.1
比较(%)	100	86.5	80	75	70	74	69	68

从设备运转率高、故障率低、磨耗少的目标来比较,目前立式辊式磨技术性能最好。用于水泥粉磨的立式辊式磨(OK 型立式辊式磨)在我国还是空白,应该尽快研制,特别是能与小水泥厂球磨机配套的立式辊式磨更应该尽快研制。

第四节　工艺条件对粉磨效率的影响

在水泥的粉磨生产中,大量使用管式球磨机。对这类磨机,工艺条件对其粉磨效率影响很明显。

一、入磨物料的粒度

入磨物料的粒度大小,是影响磨机产量的主要因素之一。入磨粒度小,管磨机第一仓可减小钢球平均直径,在钢球装球量相同时,钢球个数增多,钢球总表面积增加,因而增强了钢球对物料的粉磨效果,从而可提高产量、降低单位产品电耗。由于破碎机的电能利用率约为 30% 左右,而球磨机只有 1%～3%,最高 7%～8%,因而入磨粒度的降低,还可以降低粉磨电耗和单位产品破碎粉磨的总电耗。

一般中型水泥厂以颚式和锤式破碎机组成二级破碎系统与钢球磨机粉磨系统,经试验统计,入磨物料粒度以小于 10mm 为宜。大型水泥厂大型磨机粗碎能力增强,同时可以采用一级反击式破碎机或一级锤式破碎机,因此,入磨粒度一般提高到 25～30mm 左右。小型水泥厂现大多采用熟料细碎破碎机,入磨物料粒度降低到 10mm 以下。

二、入磨物料的易磨性

物料的易磨性(或易碎性)表示物料本身被粉碎的难易程度。一般用易磨系数 K_m 表示。物料易磨系数越大,物料越容易粉磨,磨机产量越高。

不同组成的熟料易磨性差别较大,熟料中 C_3S 含量增加时,则熟料易磨性好,易于粉磨。当熟料中 C_2S 含量增加时,易磨性就差。水泥熟料的易磨性还与煅烧情况有关,如过烧料或黄心熟料,易磨性较差;快冷熟料易磨性好。C_3S、KH 与熟料易磨性关系见图 6-4-1,C_2S 含量与熟料易磨性关系见图 6-4-2。

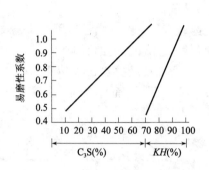

图 6-4-1　C_3S、KH 与熟料易磨性关系

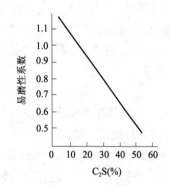

图 6-4-2　C_3S 含量与熟料易磨性关系

三、入磨物料温度

熟料温度对磨机产量与水泥质量都有影响。入磨物料温度高,物料带入磨内大量热量,加之磨机在研磨时,大部分机械能转变为热能,致使磨内温度较高。而物料的易磨性是随温度升高而降低。磨内温度高,易使水泥因静电引力而聚结,严重时会黏附研磨体和衬板,从而降低粉磨效率。试验证明,如入磨物料温度超过 50℃,磨机产量将会受到影响,如超过 80℃,水泥磨产量约降低 10%～15%。

四、入磨物料水分

入磨物料水分对于干法生产的磨机操作影响很大。如入磨物料平均水分达 4%,会使磨机产量降低 20% 以上。严重时甚至会粘堵隔仓板的篦缝,从而使粉磨过程难以顺利进行。但物料过于干燥也无必要,不但会增加烘干煤耗,而且保持入磨物料中少量水分,还可以降低磨温,并有利于减少静电效应,提高粉磨效率。因此,入磨物料平均水分一般应控制在 1%～1.5% 为宜。

五、产品细度与喂料均匀性

所粉磨的物料要求细度越细,物料在磨内停留时间就越长。为使磨内物料充分粉磨,达到要求细度,就必须减少物料喂入量,以降低物料在磨内流速;另一方面,要求细度越细,磨内产生细粉越多,缓冲作用越大,黏附现象也较严重。这些都会使磨机的产量降低。因此,在满足水泥品种、强度等级、原料的性质和要求的前提下,确定经济合理的粉磨细度指标。

掌握磨机均匀喂料,是看磨工主要任务之一。如果喂料太少,产量降低。这是因为钢球降落时,并不是全部在粉碎物料,而是相互撞击,结果没有作有效功,只将能量变为热传给磨机。反之,喂料量过多,研磨体的冲击力量不能充分发挥,磨机产量也不能提高。欲获得磨机最高产量,均匀喂料是重要一环。

六、助磨剂

助磨剂又称为工艺外加剂,它是为了改善水泥粉磨工艺,提高生产效率而掺入的工艺外加剂。水泥助磨剂是一种提高水泥粉磨效率的外加剂。它能消除研磨体和衬板表面上的细粉物料的黏附和颗粒聚集成块的现象,强化研磨作用,减少过粉碎现象,从而可提高磨机粉磨效率。尤其是粉磨很细的高强度等级水泥,助磨剂的效果更为显著。

助磨剂的种类很多,其中以表面活性物质如:三乙醇胺、乙二醇、多缩乙二醇等助磨效果较好。此外,还有烟煤、焦炭等炭素物质也可用于干法生料磨或水泥磨的助磨剂。

多缩乙二醇和三乙醇胺等助磨剂的加入量一般为磨机喂料量的 0.03% 以下。经试验证明,在水泥比面积相同的情况下,对水泥的物理性能没有不利影响,而且有利于提高混凝土早期强度和改善流动性。

国家标准对工艺外加剂的要求主要如下:

评价工艺外加剂应由含这种工艺外加剂的水泥与不含工艺外加剂的同种水泥进行比较,以其差值或相对值表示其对相应水泥性能的影响程度。

外加剂对水泥及混凝土性能的影响应符合表 6-4-1 要求。

表 6-4-1　水泥工艺外加剂技术要求

试　验　项　目	性能比对指标(与基准水泥、基准混凝土相比)
标准稠度需水量(%)	绝对值之差不大于 1.0
水泥胶砂水灰比	绝对值之差不大于 0.02
凝结时间	差值不大于 1h 和相对值不大于 50%
雷氏法沸煮安定性(%)	结论不变
水泥抗折、抗压强度(%)	所有龄期相对值不低于 95
胶砂 28 天干缩率(%)	绝对值之差不大于 0.025
混凝土抗压强度(%)	所有龄期相对值不低于 95

液体工艺外加剂密度值应在提供值的 ±0.05 范围之内。

七、磨机通风

加强磨机通风是提高磨机产量,降低电耗的措施之一。因为加强磨机通风可将磨内微粉及时排出,减少过粉碎现象和缓冲作用,从而可提高粉磨效率;其次加强通风,能及时排出磨内的水蒸气,减少黏附现象,防止糊球和篦孔堵塞,以保证磨机的正常操作;加强通风还可以降低磨机温度和物料温度,有利于磨机操作和提高水泥质量;此外还能消除磨头冒灰,改善环境,减少设备磨损。

衡量磨机通风强弱程度是以磨内风速来表示。在一般开流磨的磨内风速以 0.7~1.0m/s 较为合适;圈流磨可适当降低,以 0.3~0.7m/s 较好。

磨机通风是借排风机将磨内含尘气体抽出,经收尘器分离,气体排入大气。应该注意,加强磨机通风,必须防止磨尾卸料端的漏风,卸料口的漏风不仅会减少磨内有效通风量,还会大大增加磨尾气体含尘量。因此,采用密封卸料装置十分重要。根据气体的含尘浓度,选用一级或两级收尘装置,以保证排放气体符合环保标准要求。

八、选粉效率与循环负荷

闭路磨机选粉效率的高低对于磨机产量影响很大。因为选粉机能将进入选粉机的物料中的合格细粉分离出来,改善磨机粉磨条件,提高粉磨效率。然而,选粉效率高,磨机产量不一定高,因为选粉机本身不能起粉磨作用。也不能增加物料的比表面积。所以选粉机的作用一定要同磨机的粉磨作用相配合,才能提高磨机产量并降低电耗。

循环负荷决定于入磨和入选粉机的物料量,能反映磨机和选粉机的配合情况。为提高磨机粉磨效率,减少磨内过粉碎现象,就应适当提高循环负荷。循环负荷应根据设备条件及操作情况,控制在一个合适的范围。各种粉磨系统的循环负荷率的范围大致如下:

一级闭路水泥磨 $K = 150\% \sim 300\%$;

二级闭路水泥磨 $K = 300\% \sim 600\%$;

一级闭路干法生料磨 $K = 200\% \sim 450\%$。

选粉效率:
管磨一级闭路约 $50\% \sim 80\%$;
球磨二级闭路约 $40\% \sim 60\%$。

九、料球比及磨内物料流速

料球比就是磨内研磨体质量与物料质量之比。它说明在一定研磨体装载量下粉磨过程中磨内存料量的多少。如球料比太大,会增加研磨体之间及研磨体和衬板之间的冲击摩擦的无用功损失,使电耗增加。如球料比太小,说明磨内存料过多,就会产生缓冲作用,从而降低粉磨效率。

球料比可以在磨机正常生产突然停磨后,分别称量各仓球、料质量进行测定。一般开路管磨(中小型)的球料比以 6.0 左右,粉磨效率较高。也可以通过突然停磨,观察磨内料面高度来进行判断,如中小型二仓开路磨,第一仓钢球应露出料面半个球左右,二仓物料应刚盖过钢球面。

磨内物料流速是保证产品细度,影响产质量、能耗的重要因素。若磨内物料流速太快,容易跑粗料,难以保证产品细度;若流速太慢,易产生过粉碎现象,增加粉磨阻力,降低粉磨效率。所以,在生产中必须把物料的流速控制适当,特别是磨机头仓物料的流速不应太快,否则,粗粒子进入细磨仓,就难以磨细。

球料比明显影响着磨内物料流速,磨内物料流速还可以通过隔仓板形式,箅缝大小,研磨体级配,研磨体装载量等来调节控制,以充分发挥磨机的粉磨效果。

第五节　水泥的包装与储运

一、水泥贮存及均化

水泥出磨后,不能直接出厂,而是要经过贮存及均化,其作用有:

1. 可解决水泥分层及不均问题,有利于提高水泥质量。

2. 出磨水泥有一定贮存量,以便根据出磨水泥的 3 天强度和其他质量指标来确定出厂水泥的质量,同时,也可根据出磨水泥的质量情况在库内进行必要的均化和合理的调配。

3. 改善水泥质量,在存放过程中水泥吸收空气中的水分,使水泥中游离氧化钙消解,同时在存放时也可以使过热的水泥得到冷却。

4. 多个水泥库可以分别贮存不同强度等级、品种的水泥。

5. 水泥库在生产过程中,可以起调节作用,调节水泥粉磨车间的不间断操作和水泥及时出厂。

水泥贮存及均化是在圆库内进行,水泥库可采用平底充气的混合内室结构,其特点是圆库的利用系数大,卸空率高,水泥呈流态化卸料,库内无起拱或压实靴点。在卸料过程有重力和空气双重混合作用,可以使水泥的强度等级波动及局部成分不稳定得到明显改善。产量较小的立窑水泥厂也有用机械倒库进行水泥均化。部分水泥库的规格和贮存量见表 6-5-1。

表 6-5-1　水泥库规格及储存量

库直径(m)	5.5	6.0	7.0	8.0	10.0	12.0	15.0
库高度(m)	14.0	16.0	18.0	20.0	24.0	26.0	30.0
几何容积(m³)	270	370	650	930	1 740	2 690	4 720
水泥储量(t)	350	480	870	1 240	2 300	3 580	6 340
每增 1m 储存量增加(t)	35	40	56	73	114	164	256

二、水泥发运

水泥发运有"包装"和"散装"两种方式。

20 世纪 20 年代以前,曾采用木桶或铁筒来包装水泥,每桶 170kg,它既笨重,又消耗大量的木材和钢材,所以后来袋装水泥都改用纸袋、塑料编织袋或复合包装袋。

袋装水泥有下列优点:

1. 运输、贮存及使用时不需专用的设施,并且便于清点和计量;

2. 部分纸袋可作旧袋回收,加工后继续使用。

但是,纸袋装水泥也存在着严重缺点,主要有:

1. 装卸、运输及使用时不便于实行机械化;

2. 贮运过程中,纸袋容易破损,水泥消耗较大,一般为 3%～5%;长期贮运时,水泥质量还会显著下降,例如,水泥贮存半年后,水泥强度可降低 20%。

3. 消耗大量纸袋,既耗费大量优质木材,又增加水泥成本。在水泥生产成本中,纸袋、包装费用约占 20%～30%。

随着装卸、运输、施工等部门的机械化程度的提高,为水泥的散装发运提供了有利条件。工厂生产出来的水泥可以不用袋装,而以机械或气动的卸料方式,将水泥直接从水泥库内装入专用火车、汽车、船舶或集装箱中运送出厂。这种方法基本上克服了袋装水泥的上述缺点。散装水泥的优点很多,是需要大力提倡的。

当前,袋装仍然是各水泥厂生产中必不可少的一道工序。将来在全面推广散装水泥以后,对于一些零星分散的用户,也还需供应部分袋装水泥。

水泥包装设备是包装机,有固定式和回转式两种型式。

回转式包装机现有 6 嘴、10 嘴、14 嘴等规格。部分回转式包装机的规格见表 6-5-2。

表 6-5-2　回转式包装机的规格

项　目	6 嘴	10 嘴	14 嘴
生产能力(t/h)	40～53	85	96
包装准确性	±1%	±1%	±1%
回转方向	顺时针	顺时针	顺时针
回转转数(r/min)	2.985	1.14～3.42	1.14～3.42
设备质量(kg)	6 500	8 090	12 100
外形尺寸(m)	4.5×2.4×5	5.0×3.6×5.4	5.2×3.6×6.0

固定式包装机又分叶轮式和螺旋式两种。固定叶轮式分单嘴、2 嘴、4 嘴三种规格。单嘴螺旋式用于小型水泥厂,现有 Φ150mm 和 Φ175 mm 两种规格。固定式包装机的规格见表 6-5-3。

表 6-5-3　固定式包装机的规格

项　目	单嘴螺旋式		固定叶轮式		
	Φ150×450mm	Φ175×450mm	D430　单咀	G4201-2　2 咀	G4201-4　4 咀
生产能力(t/h)	6	6	15～20	30	60
转速(r/min)	582	585	960	970	980
电动机功率(kW)	2.8	2.8	4.5	10	20
电动机转速(r/min)	1 430	1 430	970	970	980
设备质量(kg)	158	189	550	2 000	3 210

散装水泥的运输工具有火车、汽车及船舶。

目前我国常见的散装火车车厢有两种,一种是 1960 年开始试用的重力卸料散装水泥车厢,后来经改进定型为 K15 型载重 65t 车厢;另一种是在 20 世纪 70 年代开始制造使用的三罐式气力卸料水泥罐车,定型为 UXY 型载重 60t 罐车。

散装汽车的种类繁多,但大致上可分为三类:

1. 自卸装载汽车改装的倾卸式散装汽车。

2. 用汽车自身废气作气源的气力卸料式散装水泥汽车。

3. 外供气源的气力卸料散装水泥汽车。

三、水泥包的贮存

水泥包装结束后在厂内存放,水泥出厂后使用单位自己存放。对包装水泥存放时间应加强控制,水泥存放地点亦须慎重考虑。一般袋装水泥存放期以不超过三个月为宜。但还须根据包装袋的质量及层数而定,同时也随着存放地点和季节的不同,其存放期有长有短。如果以国家规定技术条件的水泥包装纸袋(一般为四层纸),同时存放在干燥密闭的建筑物内。不是雨季,则水泥存放三个月左右,不影响水泥质量。若存放在通风处,又是雨季,一般不宜存放太长,尤其是高强度等级水泥更须注意,因为高强度等级水泥强度高、细度细,因此,更容易受湿空气侵入,使水泥水化,影响强度;又因高强度等级水泥的强度较高,所以强度下降数值也多,因此,正常包装水泥以存放二个月为好。散装水泥存放在散装水泥库内,若存量多,密封较好,存放期在三个月以内,对强度影响不会太大,若存放于散装水泥简易仓,则不宜超过一个月。

第七章　硅酸盐水泥生产控制和物化性能

第一节　生产控制

生产控制是保证水泥厂正常生产,稳定和提高水泥质量的关键。由于水泥生产是流水线式的多工序连续生产过程,各工序之间关系密切,而在生产中,原料燃料的成分与生产状况是不断变动的,如果前一工序控制不严,就会给后一工序的生产带来影响。为此,在水泥的生产中,就是要根据工艺流程,经常地、系统地、及时地对生产全部工序,包括从原料、燃料、混合材料、生料、熟料直至成品水泥进行全过程质量控制。

制备成分比例符合要求,均匀的生料是生产优质熟料、稳定煅烧热工制度的保证。原料和生料质量控制是水泥厂质量控制工作中的重点。而熟料的质量、混合材的质量、水泥的细度、水泥的均匀性都直接影响到出厂水泥的质量,也都是质量控制中的重要环节。

一、石灰石、黏土矿山的控制

为了保证生料成分的合格与稳定,石灰石在开采前,应进行生产勘探,系统地采样作化学分析,以掌握石灰石矿山的化学成分分布规律,从而根据开采区各层品位与厚度,进行计划开采,做到高低品位合理搭配,以合理利用矿山资源,并保证进厂石灰石质量。为了摸清石灰石的质量变化状况,在开采掌子面上,应定期、全面、系统地按一定间距,纵向、横向编制矿山测定网。按开采的不同台段和掌子面分成若干个区,定期全面取样分析化学成分,以便全面掌握石灰石品位的变化,并为确定具体开采方案、矿石搭配提供依据。

黏土矿在生产前也应系统采样进行分析,视矿山成分搭配进厂,以确保黏土进厂成分符合要求。

二、原燃料的质量控制

(一)进厂石灰石的质量控制

在矿山控制石灰石品位,是为了确定开采制度,控制搭配的比例;而进厂石灰石控制碳酸钙、氧化镁的含量及石灰石粒度是为了保证符合配料要求。石灰石进厂后每批都要测定碳酸钙、氧化镁含量或化学全分析,对于综合搭配后的石灰石,一般质量控制要求如下:

$$CaO \geqslant 48\%;$$
$$MgO \leqslant 3.0\%;$$
$$K_2O + Na_2O \leqslant 0.6\%;$$
$$SO_3 \leqslant 1\%;$$
$$f\text{-}SiO_2 \leqslant 4\%。$$

石灰石破碎设在矿山时,其粒度应控制在如下范围:

大中型企业控制最大粒度不能大于 25mm,合格率在 90% 以上。

立窑企业控制石灰石粒度应控制在 20mm 以下,入磨粒度最好控制在 10mm 以下。

石灰石进厂后应保持合理贮存量,最低贮存量为 5 天(外购石灰石为 10 天)。

(二)黏土质原料的质量控制

黏土质(硅铝质)原料进厂后主要控制化学成分,以便掌握能否符合配料要求。主要控制硅酸率和铝氧率,有时也控制硅铝比,同时要求:

$MgO \leqslant 3\%$;

$K_2O + Na_2O \leqslant 4\%$;

$SO_3 \leqslant 2\%$ 。

非烘干磨入磨黏土水分<2%,入磨粒度小于 30mm。为了保证生产连续进行和有利于质量管理,黏土质原料的贮存期应不小于 10 天。

(三)铁质原料的质量控制

铁质原料进厂后应分堆存放,每批都要取样化验。一般铁质原料要求 $Fe_2O_3 > 40\%$,非烘干磨入磨铁粉水分干法或半干法生产要求<5%。铁质原料贮存期:大中型企业应不小于 20 天。

(四)燃料的质量控制

生产所用的燃料最好能定点供应,并随时掌握煤矿的质量变化精况。进厂后的燃料,主要控制燃料的工业分析,同时化验煤灰的化学成分。燃料进厂应按不同产地和煤种分批分堆存放,按批进行煤的工业分析和灰分的化学分析,掌握煤的发热量、灰分和挥发分的波动情况,以便合理搭配使用。如燃煤的来源比较复杂,质量不一,且每批数量较少,可采用简易均化方法进行均化。

(五)混合材料的质量控制

混合材料进厂后应实行分批分堆存放,每批应作化学全分析,以供计算质量系数,为确定有效掺加量提供依据,并严格控制杂质掺入混合材料中。常用的活性混合材料有:矿渣、火山灰、粉煤灰等。

1. 矿渣的质量控制

矿渣的活性主要决定于它的化学成分和成粒质量。矿渣的质量系数不得小于 1.2。有害成分控制如下:

$MnO \leqslant 4\%$;

$TiO_2 \leqslant 10\%$;

氟化物(以 F 计) $\leqslant 2\%$ 。

冶炼锰铁时,矿渣中锰化合物(以 MnO 计) $\leqslant 15\%$,硫化物(以 S 计) $\leqslant 2\%$ 。

矿渣的成粒质量,是通过容积密度进行控制的。一般矿渣结构疏松多孔,容积密度小,成粒质量好。反之,容积密度大,成粒质量就差。

粒化高炉矿渣在未烘干前,贮存期限以淬冷成粒时算起,不宜超过三个月,因为 $\beta\text{-}C_2S$ 在带水情况下会逐渐水化,降低矿渣的活性。湿矿渣在烘干时温度不应超过一定范围,矿渣温度控制在 600~650℃为宜,即相当于气体温度不高于 800~850℃,以防止具有活性的玻璃体在烘干时出现反玻璃化作用,降低矿渣的活性。

2. 火山灰的质量控制

我国火山灰质混合材料的活性一般不高,而且种类多,来源广,即使是同一种材料由于产地不同,或同一产地但所产部位不同,质量也会有差异。因此,应当加强火山灰质混合材料的质量控制。根据国家标准 GB/T 2847—2005 的规定如下：

烧失量不得大于 10%；三氧化硫含量不得大于 3.5%；火山灰活性试验必须合格；抗压强度比不小于 65%。每月必须对烧失量、SO_3、火山灰活性试验进行一次检验，每季度至少对抗压强度比进行一次检验。

3. 粉煤灰的质量控制

粉煤灰是火力发电厂煤粉锅炉收尘器所捕集的微细粉尘。粉煤灰的玻璃体含量越高，活性也越高。从化学成分上看，主要来自活性的 CaO、SiO_2 和 Al_2O_3，因此，活性组分越多。粉煤灰活性也越高。根据国家标准 GB/T 1596—2005 规定，粉煤灰的质量指标为：烧失量不大于 8%；含水量不大于 1%；SO_3 含量不大于 3.5%；抗压强度比不小于 70%。F 类粉煤灰游离 CaO 不大于 1%，C 类粉煤灰游离 CaO 不大于 4.0%；安定性用雷氏来测定不大于 5%。

(六)石膏的质量控制

石膏每进厂一批，取样化验一次。

当采用硬石膏和工业副产石膏时，石膏进厂前必须进行下列试验：

1. 小磨试验

通过试验确定在 SO_3 不超过 3.5%(矿渣硅酸盐水泥不超过 4.0%)的情况下，是否有调节凝结时间的作用。

2. 强度试验

与掺二水石膏对比，对强度是否有明显影响。

3. 化学分析

测定其有害成分含量(如磷、氟等)。

凡准备采用硬石膏或工业副产石膏，均应请地方建筑材料科研单位进行试验，提出书面意见，报省、市、自治区建材主管部门批准，方可使用。

三、生料的质量控制

生料的质量控制，是水泥生产全过程中的一个十分重要的控制环节。生料质量好坏，直接影响熟料的质量和影响锻烧操作。

生料的质量控制主要是通过控制生料的碳酸钙滴定值(或氧化钙含量)、三氧化二铁的含量、生料细度以及立窑黑生料中的含煤量等来达到对生料质量的控制目的。

(一)控制项目

1. 控制出磨生料碳酸钙滴定值

测定出磨生料的碳酸钙滴定值可以基本上判断出生料中的石灰石与其他原材料的比例。石灰石除含有大量碳酸钙外，往往还含有少量碳酸镁，而用生料碳酸钙滴定值控制生料质量时，所测定的结果实际上是碳酸钙和碳酸镁的合量。当使用碳酸镁含量较少或碳酸镁含量较稳定的石灰石时，控制生料碳酸钙滴定值基本上可以达到稳定生料中氧化钙的目的。但是，当使用石灰石的碳酸镁含量波动较大时，虽然测定的生料碳酸钙滴定值符合要求，但由于碳酸镁的波动，生料成分不稳定，生料碳酸钙滴定值与饱和系数之间的对应关系就很差，在这种情况下，最好改用测定生料中氧化钙和氧化镁的方法进行控制，才能达到控制的目的。

生料碳酸钙滴定值指标的确定可根据配料计算和按生料配料计算配制小样，进行生料碳酸钙滴定。

碳酸钙滴定值的控制范围,湿法生产一般要求波动范围控制在±0.15%以内。干法生产一般要求控制在±0.5%以内。出磨生料的碳酸钙滴定值每小时必须测定一次,出磨生料的碳酸钙滴定值合格率要求达到60%以上。

2. 控制入窑生料碳酸钙滴定值合格率

入窑碳酸钙滴定值合格率的提高,主要靠生料的调配和均化措施。入窑碳酸钙滴定值合格率要求达到80%以上。

干法空气搅拌库生产控制:

(1)控制适宜装料量

搅拌库的生料粉经充气后,体积膨胀,在装料时要注意留下一定的膨胀空间。如果装得太满,既影响均化效果,又恶化库顶操作环境。搅拌时物料膨胀系数一般为15%左右,所以装料高度一般为库净高的70%~80%。

(2)控制入库生料成分总平均合格

在生料搅拌以前,必须控制进库生料平均碳酸钙和三氧化二铁在指标范围内。

(3)每小时测定出磨碳酸钙和三氧化二铁。当入库生料装至搅拌料量70%左右时进行计算,并对照控制指标下达校正指标。待库内生料平均达到指标范围时,即将出磨生料进行换库。通知搅拌,一定时间后停风,取库内料面不同点三个样,测定其$CaCO_3$、Fe_2O_3,合格后即可倒库。

3. 控制生料细度

回转窑生产生料细度用0.080mm方孔筛筛余一般控制在8%~12%,细度合格率要求在87.5%以上;0.2mm方孔筛筛余不大于1.5%。立窑生产的生料细度用0.080mm方孔筛筛余10%以下。生料细度每小时必须测定一次。

4. 控制立窑生料中的加煤量

采用半黑生料或全黑生料的立窑生产工艺,生料中配煤量的准确与否,不仅对熟料的煅烧和熟料热耗有直接影响,而且还直接影响生料化学成分。碳酸钙符合要求的生料,如果黏土和煤的比例不恰当,也会引起生料饱和系数的波动。当煤灰掺入量有较大变化时,将导致生料中二氧化硅含量发生大幅度波动,从而引起生料饱和系数也产生较大波动。因此,生产中不仅要控制生料碳酸钙滴定值,而且要对生料中含煤量严格控制。

5. 控制入磨物料的水分和粒度

降低入磨物料的水分和减小物料的粒度,不仅可以提高配料准确性,还能充分发挥磨机的粉磨能力,提高磨机产量,降低粉磨电耗。如果入磨物料水分高,由于磨内温度较高,形成的水蒸气又不能及时排出时,必然会造成糊磨、包球和堵塞隔仓板等现象,不但降低了粉磨效率,而且还破坏了物料在磨内的平衡状态。因而使出磨生料成分产生较大波动。另外,当水分波动较大时,还会造成喂料量的误差,同样会使生料成分产生波动。所以应严格控制入磨物料的水分含量和波动。

入磨物料粒度过大或粒度严重不均匀,也会影响出磨生料质量。物料粒度过大,易使喂料量产生较大波动,各种物料的配合比不能按照要求的数量较准确地喂料。另外,粒度不均齐的物料,在料仓中易发生颗粒分级,进入生料磨后,磨内平衡遭到破坏,也会使生料成分、细度不易控制,而影响生料质量。

(二)生料成分的控制方法

生产中引起生料化学成分波动的原因很多,但主要是原燃料成分发生变化和各种物料配比的变化等两个方面。对于生料成分的波动,应根据具体情况进行研究分析,根据不同的情况,采取不同的控制措施和改进方法。

1.对原燃料采取预均化措施

对进厂的原燃料,在条件允许的情况下,应尽可能采取预均化措施,条件差的,可采取简易的预均化措施;条件好的,可采用效果较好的预均化设施,使原燃料的化学成分尽可能均匀稳定,以保证生料成分的稳定。

2.加强原燃料配合比的控制

要保证生料的化学成分达到均匀稳定的目的,重要的是要根据配料要求,准确地控制各种原燃料配合比,尽量减少由于操作误差或设备本身的计量误差所造成的配料不准确。具体可采取以下几方面措施:

(1)选用先进而又运行可靠、计量准确的配料设备,如电子皮带秤、微机配料系统等;

(2)采用几何形状合理、储存量尽量大的配料仓,保持仓内物料压力的稳定;

(3)严格控制入磨物料水分及粒度;

(4)提高操作水平,加强责任心,做到勤检查、勤观察、勤调整;

(5)定时测定出磨生料瞬时样和平均样,充分掌握生料成分的变化情况,及时调整误差。

(三)料球质量的控制

当采用立窑或立波尔窑生产水泥熟料时,还应控制好料球的质量。因为生料成球对立窑或立波尔窑生产有重要影响,直接影响熟料的产量、质量和窑的煅烧操作。

料球的大小对立窑的通风阻力有很大影响。料球过大有利于通风,但不易烧透;料球太小,会使窑内孔隙减少,料层阻力增大,不利于通风。为了使煅烧熟料有足够的空气,根据生产实践经验,一般生料料球直径控制在 $5\sim12mm$ 范围内,其质量百分含量应在 90% 以上。如果把料球直径控制在 $3\sim10mm$ 范围内,对熟料的煅烧则更为有利。

生料成球后,一般要经过皮带输送机,通过一定高度布入窑内,在立窑预热带料球还要承受物料的压力,因此,料球应具有一定强度,使其在煅烧时不致碎裂。同时,湿料球入窑后很快接触高温,所以,料球还应具有较高的热稳定性。一般要求 950℃ 高温下湿球炸裂应小于 10% 或炸裂温度大于 350℃。料球强度一般要求在 1m 高度自由落下不会破碎,湿料的耐压力应控制在 500g/个以上。

影响料球质量的主要因素是水分的多少。加水太多,料球易黏附成大块,强度较低。加水太少,料球太小,而且料球太致密。因此,料球水分一般控制在 12%~15% 为宜。水分波动范围为 ±0.5%。当生料塑性较好时,可适当少加些水,当生料细度较细时,应适当多加水。

料球致密结实,虽然强度高,但其孔隙率太低,对煅烧也是不利的。因此,料球孔隙率也是一个重要参数。当料球入窑受热后,表面水分迅速蒸发,内部水分由于料球内部致密结实,蒸发较慢,当料球表面收缩成硬壳,内部水分受热变成水蒸气,当水蒸气膨胀到具有一定压力时,就会冲破硬壳,使料球炸裂。所以料球需要有一定的孔隙率。料球孔隙率不应低于 27%,一般情况下,孔隙率控制在 31%~35% 为宜。目前采用较多的是"预加水"成球技术,可以使料球湿而柔软,孔隙率增大,热稳定性好,粒度较均匀,成球质量较好。

四、熟料的质量控制

熟料质量是水泥质量的基础;熟料质量的控制也是水泥工厂质量管理中极为重要的控制环节。水泥熟料的生产由于生产工艺、煅烧设备等条件的不同,生产控制的内容也有所不同。

如回转窑生产,除了进行常规化学分析、物理检验及控制游离氧化钙外,还控制烧成带温度、窑尾废气温度及各点的负压,同时还控制熟料容积密度,用以判断熟料质量和煅烧情况,有条件的工厂还进行岩相结构的检验和控制,以便直观地掌握熟料的矿物组成、各种矿物的数量及结晶形态等。立窑水泥工厂,一般熟料在出窑后均经破碎处理。破碎后的熟料取样进行化学分析、物理检验及容积密度测定等。

(一)熟料化学成分的测定及控制

熟料应每天分窑进行化学全分析,以便检查熟料化学成分与性能是否符合控制指标要求,有无异常情况。熟料的化学成分和熟料强度之间有一定规律性。因此,要保证熟料具有较高的强度,必须使熟料化学成分合理、稳定,减小波动。根据水泥质量管理规程规定,各率值控制范围如下:

KH 值控制范围为目标值±0.02;

  合格率:湿法厂在80%以上;干法厂在68%以上;立窑厂在70%以上。

  标准偏差值:湿法厂≤0.016;干法厂≤0.020;

硅酸率控制范围为目标值±0.1

  合格率在85%以上;

  标准偏差值不大于0.07。

铝氧率控制范围为目标值±0.1

  合格率在85%上。

率值合格率和石灰饱和系数标准偏差分窑以日为单位(分班作分析的,先以算术平均法求出率值日平均)按月统计,然后按各窑月产量加权计算总平均值。

(二)游离氧化钙含量的控制

控制熟料中游离氧化钙在一定指标范围内,对熟料强度及水泥安定性都十分重要,f-CaO含量增加,熟料强度会明显下降,水泥安定性也难以保证。为了保证熟料 f-CaO 在指标范围内,必须严格控制熟料化学成分和稳定窑的热工制度。立窑厂必须抓住底火这个中心环节,确定风、料、煤的合理技术参数,提高操作技术。

回转窑厂熟料 f-CaO 应小于 1.5%。生产矿渣水泥的企业可放宽到 2%。合格率大于80%。

机械化立窑熟料游离氧化钙含量应小于 3.0%,烧失量应小于 1.0%。

普通立窑熟料游离氧化钙含量应小于 3.2%,烧失量应小于 1.5%。

(三)熟料容积密度的控制

为了掌握出窑熟料质量,可通过测定熟料容积密度的方法进行质量控制。

回转窑熟料容积密度检验。用粒度 5～7mm 的熟料(半干法窑 5～10mm)试样,容量不小于 0.5L。容积密度每小时分窑检验 1 次,波动范围±75g,合格率要求大于 85%。

(四)熟料外观特征的控制

回转窑常见熟料外观特征:优质熟料结粒均齐(0.5～10mm),呈圆球状,色泽为灰黑或绿黑色。欠烧熟料内部疏松多孔,极易破碎,色泽为棕黄色或淡黑绿色的黄心料。

立窑的优质熟料为:黑密块状或葡萄串状的熟料质量好,强度高,f-CaO 较低,属于正常熟料。棕色团块料较差,黄料和黄粉料其质量是最差的。

(五)熟料矿物组成及结晶形态的控制

优质熟料其矿物组成均在如下范围内：C_3S 约占 50%～60%；C_2S 约占 10%～20%；中间体约占 20%～30%；f-CaO 很少，一般在 1% 以下。矿物的结晶形态一般为：C_3S 呈矩形或多边形，发育良好，晶形完整，边棱清晰，大小均齐，尺寸为 30～60μm，小于 10μm 者甚少，包裹体很少，孔洞少而小，且分布均匀。C_2S 呈圆形，具有细而密的交叉双晶纹，大小均齐。

当生料成分不均匀或煤粉细度粗，以及回转窑煤灰沉落不均，熟料煅烧时形成短焰急烧或低温长带煅烧时，将会有不同的矿物组成及结晶形态，熟料质量也将产生差异。因此有条件的工厂应经常进行熟料的岩相分析，指导生产，控制熟料质量。

(六)熟料强度的控制

提高熟料质量是确保水泥质量的关键。熟料强度的检验，是对配料及烧成效果最主要的考核与控制，同时也是为熟料粉磨时提供可靠数据，如确定混合材、石膏掺加量等。

熟料强度每天分窑检验(窑型规格相同，产量接近时可合并)，检验使用统一规格的小磨，比表面积控制在 (360±10) cm²/kg 以内，0.080mm 方孔筛筛余大于 4%。一般情况下熟料抗压强度湿法厂应达到 62.5MPa 以上，干法厂应达到 52.5MPa 以上，机械化立窑熟料应达到 42.5MPa 以上。

五、出磨水泥的质量控制

对出磨水泥质量的控制，首先应控制好入磨物料的配合比，以及水泥的细度和 SO_3 含量。同时每天或每班应进行水泥的物理检验。

(一)入磨物料配合比控制

硅酸盐水泥是由水泥熟料、石膏和混合材料组成。入磨熟料温度控制在 60℃ 以下，出磨水泥温度控制在 100℃ 以下，超过此温度应停磨，或采取其他降温措施，防止因石膏脱水等影响水泥性能。改变石膏产地或品种时，应进行试验，以了解对水泥性能的影响，并确定最佳石膏掺加量。混合材料的掺加量与熟料质量和混合材料的品质性能有关。熟料质量好可以多掺些混合材料，混合材料活性高也可适当多掺些混合材料。工厂应通过试验，根据混合材掺加量对水泥强度的影响进行综合分析，确定出某一时期、某一水泥品种适宜的混合材掺加量。

磨头喂料设备应能满足工艺要求，发生断料或不能保证物料配比时，应迅速采取措施。同时使用两种混合材时，应分别下达混合材指标，熟料和各种混合材的配比要有计量测试手段。加强入磨物料配合比的控制，是保证水泥质量均匀稳定，按计划生产各种强度等级水泥的重要环节之一，也是水泥制成的首要控制环节。

(二)出磨水泥细度的控制

国标规定出磨水泥细度的最大极限不得超过 0.080mm 方孔筛筛余 10%。

提高水泥细度对提高水泥的早期强度有很大好处，对后期强度也有一定的影响。因为水泥粉磨得细，比表面积增加，水泥水化时与水接触的反应表面也增加，因而也就加速了水泥的水化、凝结和硬化过程。水泥比表面积从 300m²/kg 提高到 360m²/kg，28 天抗压强度一般可提高 5～6MPa，3 天抗压强度可提高 2MPa 左右。但是，水泥磨得过细会降低磨机产量，增加电耗和产品成本。而且当水泥比表面积超过 500m²/kg，或粒径为 0.01mm 的颗粒占 50% 时，除 1 天以内的强度有增长外，其他龄期的强度增长较少，而且水泥的后期强度将产生下降趋势。这是因为水泥磨得过细，表面积显著增大，将吸附较多水分，当水泥浆体凝结硬化后，仍有大量的游离水残留于其中，当这些游离水蒸发以后，留有很多孔隙，因而降低水泥石的致密性，造成水泥后期强度下降。

如上所述,在生产上必须确定一个经济合理的细度内部指标及控制范围,尽量减少水泥细度的波动,使水泥产品质量稳定,经济合理地生产。国外名牌企业水泥的比表面积一般控制在360～370m^2/kg。一般水泥的比表面积控制到$(350\pm10)m^2$/kg 为好,技术经济较合理;

高细粉磨后的水泥用 0.08mm 方孔筛测定细度已不能正确控制生产,在掺加助磨剂粉磨水泥时用透气法测定的比表面积也不能正确反映水泥的实际细度,所以建议改用 0.045mm 方孔筛测定细度并控制筛余量<10%。

出磨水泥细度波动范围为±1% ,合格率不低于 85%;比表面积控制在±15m^2/kg,合格率大于 85%。

(三)出磨水泥中 SO_3 含量的控制

水泥中 SO_3 含量的高低,反映了磨制水泥时石膏掺入量的高低。石膏在硅酸盐水泥中主要起调节凝结时间的作用,石膏掺入可以抑制熟料中 C_3A 所造成的快凝现象。当水泥中 SO_3 不足时,不能抵消水化铝酸钙所引起的快凝现象,但是,当水泥中 SO_3 含量过高时,由于硫酸钙水化速度较快,会产生二次结晶,反而会使水泥的凝结变快。而且,在石膏掺量较多的情况下,多余的石膏,会继续和水化铝酸钙反应,生成硫铝酸钙晶体(即钙矾石晶体),这时将产生因结晶所引起的膨胀,因为水化铝酸三钙和石膏生成钙矾石时,固相体积将增大 2.22 倍,同时由于硫酸钙水化后产生二次结晶,大量的二次石膏同样会产生体积膨胀,对硬化水泥石结构产生破坏作用,故水泥中 SO_3 含量应适当,而且应严格控制。

石膏的最佳掺入量应根据熟料中 C_3A 含量、水泥细度及混合材品种及掺入量等因素通过试验确定。石膏的最大掺加量,应以水泥中 SO_3 含量不超过国家标准为限。国家标准中规定,硅酸盐水泥和普通硅酸盐水泥中 SO_3 含量不得超过 3.5%,矿渣硅酸盐水泥中 SO_3 含量不得超过 4.0%。生产控制中,SO_3 的波动范围为±0.3%,合格率不低于 70%。立窑企业质量管理规程规定,SO_3 波动范围为±0.2%,合格率不低于 60%。

(四)凝结时间的控制

凝结时间直接影响施工,是国家标准中规定的必须达到的重要质量指标。根据国家标准规定:水泥的初凝时间不得早于 45min,水泥品种:P·O、P·S、P·P、P·F 的终凝时间不得迟于10h,P·I、P·II型水泥的终凝不得迟于 6.5h。一般实际凝结时间控制在初凝 1～3h,终凝 3～5h。

(五)水泥安定性的控制

水泥安定性是反映水泥硬化后体积变化均匀性的物理性指标,它也是国家标准中规定的必须达到的重要质量指标之一。

水泥加水后,在硬化过程中,一般都会发生体积变化。如果这种变化是在水化过程中发生的均匀体积变化,或是在伴随着产水泥石凝结硬化过程中进行,对建筑物的质量将不会产生什么影响。如果水泥硬化后,在水泥石内部产生较强烈的、不均匀的体积变化,就会在建筑物内部产生很大的破坏应力,导致建筑物强度下降,严重时将会引起建筑物开裂、崩塌等严重的质量事故。

引起水泥体积安定性不良的主要原因是熟料中 f-CaO 的含量、f-MgO 的含量以及水泥中SO_3 含量过高。实际生产中,最主要的是由于 f-CaO 含量过高而引起安定性不良。因此,要防止水泥安定性不良,必须在生产中的各个环节加以严格控制。例如,配制生料时石灰饱和系数不宜太高,计量要准确,原料要磨细,混合要均匀,窑的热工制度和烧成温度要正常,熟料在烧成带要有足够停留时间等。

（六）出磨水泥各龄期强度增长率的控制

出磨水泥除应及时检验水泥的细度、安定性、凝结时间和强度以外，还应经常统计和掌握水泥强度变化规律，这对于组织正常生产和为用户服务都是十分必要的。在一般情况下，水泥往往等不到28天强度测定结果就已出厂，如果不能正确地掌握各龄期的强度增长规律，不能正确地预测水泥强度等级，将会给生产带来被动，给用户带来麻烦。

水泥强度增长规律，受熟料矿物组成、混合材料种类及掺入量和水泥粉磨细度等因素影响。实际生产中应根据具体情况，认真分析各种影响因素，在水泥生产中摸索和掌握水泥强度各龄期的增长规律，以便正确地确定出厂水泥强度等级，保证出厂水泥百分之百合格。

实际生产中，有的厂家是根据3天强度推算28天强度。也可用快速强度检验法，根据快速强度值，推算3天、28天强度。

出磨水泥除了按各项控制指标进行严格控制外，还应加强出磨水泥的管理，确保出厂水泥质量的稳定。出磨水泥管理应做好以下几方面工作：

1. 严格水泥出入库工作，做好水泥入库及出库记录；

2. 出磨水泥取样要有代表性。对于生产稳定性较差的工厂，应缩短出磨水泥的取样间隔时间和减少检验吨位，增加检验次数，掌握质量波动情况，以便水泥出库时进行合理调配；

3. 出磨水泥要有一定贮存量，最低要保持5天的储存量，可根据出磨水泥的质量情况进行必要的均化和搭配。

六、出厂水泥的质量控制

出厂水泥的质量控制是水泥生产质量控制中的最后一关，因此，应严格把关。水泥出厂前必须按国家标准规定的编号、吨位取样，进行全套物理检验和化学性能的检验，确认全面符合国家标准时，方可由化验室通知出厂。出厂水泥的要求是：确保出厂水泥合格率达到100%；确保出厂水泥富裕强度合格率达到100%；尽量减少超强度等级水泥。

1. 出厂水泥强度等级控制

水泥企业质量管理规程规定，出厂水泥28天抗压强度目标值必须符合以下要求：

目标值＞水泥国家标准规定值＋富裕强度值＋3S

常用水泥的高裕强度值为：通用硅酸盐水泥28天抗压强度不低于2.0MPa，白水泥、中低热水泥不低于1.0MPa，道路水泥不低于2.5MPa。

S为上月月均28天抗压强度标准偏差，其计算公式如下。

$$S = \sqrt{\frac{1}{n-1}\sum(R_i - \overline{R})^2}$$

式中　R_i——试样28天强度值（MPa）；

　　　$\overline{R}$——全月样品28天强度平均值（MPa）；

　　　n——样品个数。

分析上述公式可以看出，28天抗压强度目标值的大小与标准偏差S的大小密切相关。S值越大，目标值越高，而且是以三倍标准偏差值向上增加。因此，稳定水泥质量，减少标准偏差是水泥厂实现优质高产的努力方向。为了减少标准偏差太大所造成的损失，水泥企业质量管理规程还规定了标准偏差S应小于或等于1.62MPa。为了缩小标准偏差，必须注意水泥的均化,严格禁止单库包装和上入下出,要严格按规定的库号及比例放库。

2. 袋装水泥的质量控制

水泥包装标志必须齐全,水泥包装标志中水泥品种、强度等级、工厂名称和出厂编号不全也属于不合格品。并规定包装袋侧面印字,不同水泥用不同颜色印刷:硅酸盐水泥、普通硅酸盐水泥用红色;矿渣水泥用绿色;火山灰水泥、粉煤灰水泥用黑色。

袋装质量,是按(50 ± 1)kg为标准进行包装的。标准包装袋重的考核按20袋总质量不少于1 000kg来进行。

出厂水泥在企业成品仓内存放一个月以上,须重新在成品库取样检验,确认合格后方可出厂。受潮结硬者不可出厂。

3. 散装水泥的质量控制

散装水泥应设有散装库,各道工序质量的控制更应严格些,才能有效地保证散装水泥质量。

散装水泥取样应在散装容器或输送设备中进行,不准以出磨水泥检验数据代替出厂水泥检验数据。

4. 水泥编号及出厂水泥检验项目的控制

水泥出厂前应按同品种、同强度等级的编号和取样,视生产规模不同,以100~1 200t为一编号。水泥编号的要求见表7-1-1。当散装水泥运输工具的容量超过该厂规定出厂编号吨数时,允许该编号的数量超过取样规定的吨数。每一编号要进行细度、凝结时间、安定性、强度等全套物理检验和SO_3含量的测定,各项指标应全部合乎国家标准。水泥出厂后32d内要及时向用户寄发水泥成品检验报告单。散装水泥应提供与袋装标志相同的卡片。上述的物理性能检验及化学分析,均应留有规定的试样,封存后供作仲裁检验时使用。

表 7-1-1　水泥编号要求

水泥年产量(万吨)	编 号 要 求	水泥年产量(万吨)	编 号 要 求
2 以下	≤50t 或 3d 产量为一编号	30~60	≤600t 为一编号
2~4	≤100t 为一编号	60~120	≤1 000t 为一编号
4~10	≤200t 为一编号	120 以上	≤1 200t 为一编号
10~30	≤400t 为一编号		

出厂水泥应设专人管理和控制。当企业自检发现不合格水泥出厂,应立即电告用户停止使用,并立即向国家、省、市建材管理部门和 CQS 报告(CQS——中国水泥质量监督检验中心),同时将该封存样交国家指定的省级以上水泥质量监督检验机构进行仲裁检验。水泥经仲裁检验证明为不合格时,应及时采取退、换、补等措施。并尽快查明事故原因,研究解决的方法,杜绝事故的再次发生。如果用户对水泥质量提出异议时,也应参照上述办法进行处理。

七、生产控制图表

工厂化验室应根据工厂生产流程和原材料供应情况,编制详细的生产控制图表,表中应详细规定取样地点、取样方法、分析检验次数、测定项目以及控制指标等。在编制生产控制表时应考虑以下几方面问题:

(一)质量控制点的确定与控制项目

水泥生产是连续生产工艺过程,每道工序的质量都与最终产品质量有关。把从矿山到水泥成品出厂过程的某些影响质量的主要环节加以控制的点,称为生产质量控制点。质量控制点的确定,要能及时、准确地反映生产中真实的质量状况,并能体现"事先控制,把关堵口"的原则。

由于水泥生产有共同特点,各工厂质量控制点也大体相同,但各工厂工艺流程也各有特色,所以各厂质量控制点又有所不同。确定质量控制点时,可根据工艺流程图,在图上标出要设置的控制点,然后根据每一控制点确定控制项目。生产质量控制表应包括控制点、控制项目、取样地点、取样次数、取样方法、检验项目、控制指标及合格率等。表 7-1-2 是一个中小型干法水泥厂的质量控制表。实际应用中,可参照此表再结合工厂的实际进行控制表的设计。

表 7-1-2　中小水泥厂生产控制表

控制项目	取样地点	取样方法	取样次数	检测项目	控制指标	合格率
石灰石	矿山,堆场	平均样	每放大炮一次 进厂一批一次	全分析 或 $CaCO_3$,CaO	CaO>48% MgO<3%	
	破碎设备出口	瞬时样	检修前后各一次	粒度	<10mm	
黏土	矿山,堆场	平均样	一批一次	全分析 水分 含砂量	<3%	
	烘干机出口	瞬时样	每 1h 一次	水分	<1.5%	
铁质原料	堆场	平均样	一批一次	Fe_2O_3 或全分析	Fe_2O_3>40%	
生料	生料磨出口	平均样	每 1h 一次	细度、 $CaCO_3$, CaO + MgO	<10% ±0.50% ±0.3%	>87.5% >60%
			每 2h 一次	Fe_2O_3 含煤量 水分	±0.15% ±0.5% <0.5%	>60% >80%
	入窑	平均样	每 1h 一次	$CaCO_3$	±0.40%	>95%
生料球	成球盘	瞬时样	4~8h 一次	水分 粒度	±0.5% 5~10mm	>90%
煤	堆场	平均样	一批一次	工业分析、灰分全分析		
萤石		平均样	一批一次	CaF_2 全分析		
熟料	出窑口或输送机	平均样	每 1h 一次	f-CaO	<2.8%(立窑) <1.5%(回转窑)	
			每天一次	全分析	KH±0.02 SM±0.10 IM±0.10	>70% >90%
			每天一次	物理检验	符合标准	
	破碎机出口	瞬时样	检修前后各一次	粒度	<10mm	
混合材	堆场	平均样	一批一次	全分析		
	烘干机出口	瞬时样	1~2h 一次	水分	<2%	
石膏	堆场	平均样	一批一次	SO_3,全分析	SO_3>30%	
水泥	水泥磨出口	平均样	每 1h 一次	比表面积 0.045mm 筛筛余	>350 <10%	>87.5% >87.5%
			2~4h 一次	SO_3 混合材掺量	0.2 0.5%	>60%
			每天一次	物理试验	符合标准	
	包装机	平均样	每个编号 1 次	全套物理试验,强度快速测定,	符合标准	100%
			每班随机抽查	包装质量,标志	(50±1)kg 符合标准	>90%

132

（二）取样方法的选择

为了能够及时准确控制生产、指导生产，正确取样具有重要意义。如果取的样没有代表性，不仅不能正确反映生产实际情况，还会造成人力、物力的浪费，给生产带来损失。目前取样方法有两种，一种是平均样，另一种是瞬时样。一般对生料、水泥等粉状物料，可在一段时间内取平均样。有的工序只能取瞬时样，如熟料容积密度、f-CaO 等样品。

（三）取样次数和检验次数的确定

取样和检验次数应根据技术要求和实际生产中的质量波动情况来确定。为了控制主机（如窑、磨等）设备生产的产品质量，检验次数应多一些。如 $CaCO_3$ 滴定值对煅烧和熟料质量影响较大，一般每 1h 检验 1 次，也有的工厂每 0.5h 检验 1 次。又如原料成分变化较大时，取样和检验次数应多些，反之则可少些。

（四）检验方法的选择

检验方法要求简单、快速和准确。但在实际生产中，常规检验方法很难全部满足要求，如生料全分析虽然准确，但检验时间较长。采用自动分析仪器可以很好地解决上述问题。

（五）内部质量控制指标的确定

水泥质量控制指标的确定，要根据国家标准和质量管理规程等规定。在水泥厂，应该根据本厂实际，制定高于国家标准规范的内控指标。主要有以下方面建议采用：

1．小型水泥厂石灰石出细碎破碎机粒度＜10mm

降低石灰石破碎粒度，既可以大幅度提高生料磨机产量，又可以明显提高石灰石储存库的预均化效果，现代小型水泥厂应控制石灰石出细碎破碎机粒度＜10mm，争取 80% 的石灰石粒度＜5mm。

2．生料出磨碳酸钙标准偏差 ±1.0%

相当于碳酸钙波动幅度 0.50%，合格率 60%。

3．采用空气均化库的企业，生料出磨水分＜0.5%

生料水分＜0.5%，这是用于干法生料粉输送及在空气均化库进行均化处理的要求。水分过大，充气箱的充气层会堵塞，明显影响生料均化效果，应加以控制。

4．入窑生料碳酸钙标准偏差 ±0.20%

相当于碳酸钙波动幅度 0.40%，合格率 95%。

5．熟料出细碎破碎机粒度＜10mm

降低熟料破碎粒度，可以大幅度提高水泥磨机产量，降低粉磨电耗。现代水泥企业应该控制熟料出细碎破碎机粒度＜10mm，最好控制 80% 粒度＜5mm。

6．出磨水泥比表面积(350±15)m^2/kg

水泥细度细，与水接触面积大，水化速度快，水泥的强度也高。但过细时水泥粉磨电耗将大幅度提高，水泥需水量也将提高，因此水泥的比表面积控制在(350±15)m^2/kg，技术经济较合理。

高细粉磨后的水泥用 0.080mm 方孔筛测定细度已不能正确控制生产，在掺加助磨剂粉磨水泥时用透气法测定的比表面积也不能正确反映水泥的实际细度，所以建议改用 0.045mm 方孔筛测定细度并控制筛余量＜10%。

在生产中还应该根据生产的品种、强度等级不断地调整和制定相应的质量控制指标，使产品质量更加稳定。

第二节　水泥的物理性能

一、密度与容积密度

测定水泥的容积密度主要是供工程上当用容积法配制砂浆或混凝土时,以及当设计水泥库的容量或估算水泥库中贮存量时使用。

硅酸盐水泥疏松状态的容积密度为 $900\sim1\,300kg/m^3$,紧密状态的容积密度为 $1\,400\sim1\,700kg/m^3$。

水泥在绝对紧密(没有空隙)的状态下,单位容积所具有的质量称为水泥密度,以 kg/m^3 或 g/cm^3 表示。水泥品种不同,它的密度也不同,其一般的变动范围如下:

硅酸盐水泥、普通硅酸盐水泥密度 $3.1\sim3.2g/cm^3$;

矿渣硅酸盐水泥密度 $3.0\sim3.1g/cm^3$;

火山灰硅酸盐水泥、粉煤灰硅酸盐水泥密度 $2.7\sim3.1g/cm^3$

可以看出,掺入混合材料的水泥(火山灰水泥和矿渣水泥等)密度都只有 $3.0g/cm^3$ 左右,因此可以根据水泥的密度间接地识别是硅酸盐水泥或是火山灰、粉煤灰或矿渣水泥。

水泥的密度,对于某些特殊工程如防护原子能辐射、油井堵塞工程等,是重要的建筑性质之一。因为这些工程希望水泥生成致密的水泥石,故要求水泥的密度大一些。例如,贝利特油井水泥的密度为 $3.27g/cm^3$。在测定水泥比表面积时,水泥的密度是计算中必备的数据。

影响水泥密度的因素主要有熟料矿物组成,熟料的煅烧程度,水泥的贮存时间和条件,以及混合材料掺加量和种类等。熟料中 C_4AF 含量增加,水泥的密度可以提高。生烧熟料密度小,过烧熟料密度大。影响水泥密度的因素也同样是影响水泥的容积密度的因素,水泥密度还与粉磨细度有很大关系,细度愈细,容积密度愈小。此外,经过长期存放的水泥密度会有所下降。

二、细度

水泥一般由几微米到几十微米的大小不同的颗粒组成,它的粗细程度(颗粒大小)即称为水泥细度。

水泥颗粒的粗细对水泥性质有很大影响。颗粒愈细,水泥与水起反应的比表面积就愈大,因而水化较快,所以水泥的早期强度比较高。但粉磨能量消耗大,成本也较高,如水泥颗粒较粗,则不利于水泥活性的发挥。因此,在保证水泥质量的前提下,水泥细度应控制在适当范围内。

水泥细度有筛余百分数、比表面积、颗粒平均直径和颗粒级配等不同表示方法。目前,我国水泥企业普遍采用的是筛析法和比表面积测定方法。筛析法包括水筛法和干筛法。

国家标准规定:Ⅰ型硅酸盐水泥和Ⅱ型硅酸盐水泥、普通硅酸盐水泥的比表面积应大于 $300m^2/kg$;矿渣硅酸盐水泥、火山灰质硅酸盐水泥及粉煤灰硅酸盐水泥的细度为 $0.08mm$ 方孔筛筛余量不得超过 10%。生产工厂根据熟料的质量,混合材料种类和掺加量及水泥强度等级的不同而具体控制在适当范围内。

影响水泥细度的因素很多,主要有熟料和掺加混合材料的易磨性、粉磨条件等。

三、需水性(稠度、流动度)

在用水泥制得净浆、砂浆或者拌制混凝土时,都需加入必需量的水分,这些水分一方面与水泥粉起水化反应,使其凝结硬化;另一方面使净浆、砂浆和混凝土具有一定的流动性以便于施工时浇灌模型。因此,需水性也是水泥重要建筑性质之一。其他条件相同的情况下,需水量愈低,水泥石的质量会愈高。稠度和流动度是表示水泥需水性大小的参数,前者用于水泥净浆,后者用于水泥砂浆和混凝土。

为了使水泥凝结时间、体积安定性的测定具有准确的可比性,规定水泥净浆处于一种特定的可塑状态,称标准稠度。而标准稠度用水量是指使水泥净浆达到标准稠度时所需要拌和的水量,以占水泥质量的百分数表示。

同样,流动度是规定水泥砂浆和混凝土处于一种特定的和易状态。砂浆流动度是用跳桌仪器来测定的,常用 mm 来表示其大小。混凝土是以坍落度或干硬度表示。

国家标准规定,水泥的标准稠度用水量采用锥体稠度仪测定,测定时有固定水量和调整水量两种方法。

一般来说,水泥标准稠度用水量的变化范围如下:

硅酸盐水泥	$21\% \sim 28\%$;
普通水泥	$23\% \sim 28\%$;
矿渣水泥	$24\% \sim 30\%$;
火山灰水泥、粉煤灰水泥	$26\% \sim 32\%$。

影响水泥需水量的因素很多,其中最主要的是粉磨细度、矿物组成以及混合材料的种类和掺加量等。

四、凝结时间

水泥从加水开始到失去流动性,即从流体状态发展到较致密的固体状态,这个过程所需要的时间称凝结时间。

水泥的凝结时间又分为初凝时间和终凝时间。初凝为从水泥加水开始到水泥浆开始失去可塑性的时间。终凝为水泥从加水开始到水泥浆完全失去可塑性并开始产生强度的时间。

为使混凝土和砂浆有充分时间进行搅拌、运输、浇捣或砌筑,水泥的初凝时间不能过快;当施工完毕,则要求尽快硬化,所以终凝时间不能太长。

国家标准规定:六大通用水泥的初凝时间不得早于 45min,Ⅰ型硅酸盐水泥、Ⅱ型硅酸盐水泥的终凝时间不得迟于 6.5h;普通硅酸盐水泥、矿渣硅酸盐水泥、火山灰质硅酸盐水泥、粉煤灰硅酸盐水泥及复合硅酸盐的终凝时间不得迟于 10h。

影响水泥凝结时间的因素是多方面的,凡是影响水泥水化速度的因素,一般都能影响水泥凝结时间。如:熟料中 f-CaO 含量,K_2O、Na_2O 含量,熟料矿物组成,混合材料掺加量,粉磨细度,水泥用水量及水泥的贮存时间等。

五、水泥体积安定性

水泥体积安定性,简称安定性。它直接反应水泥质量的好坏,是水泥质量的重要指标之一。它标志水泥在凝结硬化后是否会因内部体积膨胀、开裂或弯曲而造成结构的破坏,简单的说就是指水泥加水后,体积变化的均匀性。事实上,水泥在凝结硬化过程中,体积必有一定程度的变化,但关键在于变化是否均匀,或者变化程度是否显著,或者变化是否在水泥石硬化以前已经完成。如果在水泥硬化以后产生了剧烈的不均匀的体积变化,也就是所谓的安定性不良,会使混凝土构件、建筑物等产生变形、裂纹,甚至崩溃,造成严重的质量事故。因此,世界上各国在控制水泥质量指标时,十分的重视水泥体积安定性指标。我国标准中明确规定了水泥的安定性不合格应严禁出厂。

体积安定性不良的原因,一般是由于熟料中所含的游离氧化钙、游离氧化镁或石膏掺入量过多造成。游离氧化钙是影响安定性的主要因素。

六、水泥强度

水泥强度是水泥重要的物理力学性能之一。它是硬化的水泥石能够承受外力破坏的能力。根据受力的形式不同,水泥强度通常分抗压、抗折两种。

1. 抗压强度

水泥胶砂硬化试体承受压缩破坏时的应力,称为水泥的抗压强度,以 MPa 表示。

2. 抗折强度

水泥胶砂硬化试体承受弯曲破坏时的最大应力称为水泥的抗折强度,以 MPa 表示。

表示水泥强度等级的指标即为水泥强度。检验水泥强度一方面可以确定水泥的强度等级,对比水泥质量的好坏;另一方面可以根据水泥实际强度设计混凝土,合理地使用水泥,保证工程质量。这是检验水泥强度的重要意义。

应当指出,水泥强度是一个相对值,同样的水泥用不同的检验方法,就会有不同的强度值。一个国家,为使水泥强度有一个统一的可比性,并正确反映水泥的强度,都制定国家标准的强度试验方法,对每一品种的水泥也都制定了强度品质指标。我国的国家新标准规定,水泥胶砂强度试验方法采用国际 ISO 法。

影响水泥强度的因素很多,如熟料的矿物组成、煅烧程度、冷却速度、水泥细度、用水量、环境温度、湿度、外加剂以及贮存的时间和条件等。

七、保水性和泌水性

不论在实验室做实验时,或是在工地上配制砂浆或混凝土时,常会发现不同品种的水泥有不同现象,有的水泥在凝结过程中会析出一部分拌和水。这种析出的水往往会覆盖在试体或构筑物表面上,或从模板底部渗出来,新拌水泥浆在静止时析出水分的性能称为泌水性或析水性;水泥浆保留水分的性能,称作保水性。

泌水性是与保水性相反的现象,对制造均质混凝土是有害的,因为从混凝土中泌出的水常会聚集在浇灌面层,这样就使这一层混凝土和下一次浇灌的一层混凝土之间产生出一层含水较高的间层。这无疑将妨碍混凝土层与层间的结合,因而破坏了混凝土的均质性。分层现象不仅会在混凝土各浇灌面的表面上发生,而且也会在混凝土内部发生。因为从水泥砂浆中析出来的水分,还常会聚集在粗集料和钢筋下面。这样不仅会使混凝土和钢筋握裹力大为减弱,而且还会因这些水分的蒸发而遗留下许多微小的孔隙,因而降低混凝土强度和抗水性。

八、抗渗性

水泥混凝土抵抗水的渗透作用的性能称为抗渗性。由于水工混凝土往往要承受较高的水压,因此,抗渗性是水工用水泥的一个重要性能。混凝土的抗渗性与耐久性有着密切的关系。如果混凝土的抗渗性很差,透过混凝土的水就可以把石灰浸析出来,而有时还会把有害的浸蚀物质带入混凝土内部,使混凝土强度降低,甚至遭到破坏。因此,为了保证水泥砂浆或混凝土能用在经常受水压的建筑物中,水泥的抗渗试验有很大现实意义。

混凝土的抗渗性主要与它的密实性有关,影响混凝土密实性的因素很多,如所用集料的致密程度、集料的级配、水泥中掺入混合材料的性能、水泥用量以及混凝土浇灌时的捣实方法等。

九、干缩性

水泥混凝土在硬化过程中必然会同时发生体积变化。在干燥环境中,混凝土的体积一般是略微收缩的。由于收缩过大而引起混凝土体积的较大变形是一种不良现象,因为它能使混凝土内部产生应力,使结构产生裂缝而破坏,所以干缩是影响混凝土耐久性的重要因素之一。

影响混凝土干缩性的因素很多,如:单位体积混凝土的水泥用量、水灰比、集料的性质和级配、混凝土硬化时周围温度、混凝土硬化时间和水泥质量等。但主要因素是水泥的质量,水泥质量包括水泥熟料的矿物组成和岩相结构、混合材料的种类和掺加量以及粉磨细度等。

十、耐热性

水泥石受热后,在一定温度下其内部的水化物和碳酸盐等就会发生脱水作用。这些水化物受热后分解成游离氧化钙,在空气中遇到水,又发生二次水化作用,生成氢氧化钙产生膨胀,从而破坏了水泥石的结构。水泥石中各成分脱水和分解温度如下:

水化硅酸钙开始脱水的温度为 $160\sim300℃$;

水化铝酸钙开始脱水的温度为 $275\sim370℃$;

氢氧化钙开始脱水的温度为 $400\sim590℃$;

碳酸钙开始分解的温度为 $810\sim870℃$。

硬化水泥石当加热到 $100\sim250℃$ 时,由于凝胶体的脱水与部分氢氧化钙产生的加速结晶,对水泥石有增进密度的作用,因此,这时水泥石的强度不但不会降低,反而会有所提高。但当加热到 $250\sim300℃$ 时,则由于水化硅酸盐和水化铝酸盐开始脱水,此时,水泥石的强度就降低。当加热到 $400\sim1000℃$ 时碳酸钙分解,剩余的水分全部失去,使水泥试体的强度降低得更快,甚至完全破坏。

硬化的水泥石在受热后,如经两次水化作用,对水泥试体内的强度影响很大。用普通水泥做的试体经 $500℃$ 温度作用,并在空气中冷却后,就会呈现裂缝,并使其强度降低。经 $900\sim1000℃$ 温度处理的试体,在空气中放 $3\sim4$ 星期后就会破坏;放置在潮湿空气中则试体破坏更为迅速。

十一、水化热

水泥水化时,会有放热现象。水化过程中所放出的热量,称为水泥的水化热。从水化热对混凝土的危害性来看,既需考虑放热的数量,也需考虑放热的速度。如果非常迅速放出大量的热,那么对大体积混凝土就会造成不良后果。

当建筑物结构断面较小时,水泥水化时所放出的热量通常会很迅速地散失到周围的空间,不致引起混凝土温度的显著升高。然而在断面大的结构物中,由于混凝土的热传导率低,热量就长时间地存在于混凝土的内部,致使混凝土内部的温度升高。由于结构物内部和外部之间存在着明显的温度差,于是产生了有害的内应力,严重地损害了混凝土的结构,影响了混凝土的寿命。因此降低混凝土内部的发热量,是保证大体积混凝土质量的重要因素。水化热是大坝水泥主要技术要求之一。

十二、抗冻性

在严寒地区使用水泥时,抗冻性是水泥石的重要性能之一。而且水泥石的耐久性很大程度上也取决于它抵抗冻融循环的能力。据研究,我国北方各港口混凝土破坏的主要原因之一,就是由于冻融交替和海浪、冰凌的冲击。

水在结冰过程中体积增加9%,而且硬化水泥石的线膨胀系数是冰的 $1/10 \sim 1/20$。水在水泥石的毛细孔隙中结冰时,由于冰的体积膨胀将使孔隙中多余的水从孔中压出,如果此水能顺利流入附近孔的孔隙,则水压就此消除。但事实上由于孔径很小,如果再有冰晶堵塞了通路,水的运动就很困难。加之水泥石附近如果又没有空的孔隙容纳多余的水,则水的压力必然要增大。当压力大到超过水泥的抗拉强度,就会在水泥石中产生微细裂缝。当冰融化裂缝被水充满,再次冰冻时,裂缝又扩大。如此经过反复冻融循环,裂缝越来越大,以致水泥石破坏。

在水泥混凝土的一般使用条件下,只有毛细孔内的水与自由水才能结冰,毛细孔中的水是含有氢氧化钙和碱类的盐溶液,其冰点约为 $-1℃$,同时毛细孔中水还受表面张力的作用而使冰点更低。毛细孔直径越小,其冰点就越低。实践证明,在被水饱和的硬化水泥石中,在 $-4℃$时约有 60%的毛细孔水变成冰,在 $-12℃$时有 80%上变成冰,而到 $-30℃$毛细孔水就完全结成冰。

一般认为硅酸盐水泥比掺混合材的水泥的抗冻性要好些。增加熟料矿物中 C_3S 含量,水泥的抗冻性要好些。

水灰比对抗冻性影响很大。水灰比控制 0.4 以下的水泥石,是高度抗冻的,但水灰比大于 0.55 时,抗冻性将显著降低。

第八章 硅酸盐水泥的水化、硬化与侵蚀

水泥加一定量水调和制成的净浆(或砂浆)具有黏结性和可塑性,能黏结与它们拌和在一起的砂石,凝结、硬化成为具有相当强度的石状物体。与此同时,还伴随着水泥浆的放热、水泥石的体积变化及机械强度的增长等。水泥拌水后产生复杂的物理、化学与物理化学的变化,这些变化决定了水泥的建筑性能。为了更好地应用水泥,就应对这些过程的化学反应、水化产物的性质和水泥石的性能加以了解,以进一步控制和改善水泥的使用性能,并制造出一些在特定条件下应用的水泥。因此,正确地了解水泥的水化、硬化过程,在理论上和实践上均有非常重要的意义。

第一节 熟料矿物和水泥的水化

一、水泥的水化作用

某种物质从无水状态变成含水状态叫做水化作用。某种物质加水分解的作用叫做水解作用。一般水泥的水化作用包括水解作用在内,有以下几种情况:

1. 原物质不含水,与水作用后,变成含水的化合物,如:

$$3CaO \cdot Al_2O_3 + 6H_2O \Longrightarrow 3CaO \cdot Al_2O_3 \cdot 6H_2O$$

2. 原物质本身含有一定量的水,与水化合后变成含水多的物质,如:

$$CaSO_4 \cdot 1/2H_2O + 1.5H_2O \Longrightarrow CaSO_4 \cdot 2H_2O$$

3. 水解反应

$$3CaO \cdot SiO_2 + aq \Longrightarrow xCaO \cdot SiO_2 \cdot aq + yCa(OH)_2$$

式中 aq 表示水量。

水泥加上一定量水后,其中的各个组分就会和水发生类似上述的水化反应。

水泥熟料矿物为什么能与水发生反应?主要原因是:

1. 硅酸盐水泥熟料矿物结构具有不稳定性,可以通过与水反应,形成水化产物而达到稳定性。造成熟料矿物结构不稳定的原因是:(1)熟料烧成后的快速冷却,使其保留了介稳状态的高温型晶体结构;(2)工业熟料中的矿物不是纯的 C_3S、C_2S 等,而是 Alite 和 Belite 等有限固溶体;(3)微量元素的掺杂使晶格排列的规律性受到某种程度的影响。

2. 熟料矿物中钙离子的氧离子配位不规则,晶体结构有"空洞",因而易于起水化反应。例如,C_3S 的结构中钙离子的配位数为6,但配位不规则,有5个氧离子集中在一侧而另一侧只有1个氧离子,在氧离子少的一侧形成"空洞",使水容易进入与它反应。$\beta\text{-}C_2S$ 中钙离子的配位数有一半是6,一半是8,其中每个氧离子与钙离子的距离不等,配位不规则,因而也不稳定,

可以水化,但速度较慢。C_3A 的晶体结构中,铝的配位数为 4 与 6,而钙离子的配位数为 6 与 9,配位数为 9 的钙离子周围的氧离子排列极不规则,距离不等,结构有巨大的"空洞",故水化很快。C_4AF 中钙的配位数为 10 与 6,结构也有"空洞",故也易水化。

有些矿物如 γ-C_2S 和 C_2AS 几乎是惰性的,主要是钙离子的配位有规则的缘故。例如:γ-C_2S 中钙离子的氧配位为 6,6 个氧离子等距离地排列在钙离子的周围,形成八面体,结构没有"空洞",因此不易与水反应。

这里要特别指出,水化作用快的矿物,其最终强度不一定高。例如,C_3A 水化快,但强度绝对值并不高,而 β-C_2S 虽然水化慢,但最终强度却很高,因为水化速度只与矿物水化快慢有关,而强度则与水泥石结构形成有关。

二、熟料单矿物的水化

(一)硅酸三钙的水化

硅酸三钙在水泥熟料中的含量约占 50%～60%,因此它的水化作用、产物及其所形成的结构对硬化水泥石的性能有很重要的影响。

硅酸三钙在常温下的水化反应,大体上可用下面的方程式表示:

$$3CaO \cdot SiO_2 + nH_2O \Longrightarrow xCaO \cdot SiO_2 \cdot yH_2O + (3-x)Ca(OH)_2$$

简写为:
$$C_3S + nH \Longrightarrow C\text{-}S\text{-}H + (3-x)CH$$

上式表明,其水化产物为 C-S-H 凝胶和氢氧化钙。C-S-H 有时也被笼统地称之为水化硅酸钙,它的组成不定(其字母之间的横线就表示组成不定),其 CaO/SiO_2 分子比(简写成 C/S)和 H_2O/SiO_2 分子比(简写为 H/S)都在较大范围内变动。C-S-H 凝胶的组成与它所处的液相的 $Ca(OH)_2$ 浓度有关,如图 8-1-1 所示。当溶液的 CaO 浓度小于 1mmol/L(0.056g/L)时,生成氢氧化钙和硅酸凝胶;当溶液的 CaO 浓度为 1～2mmol/L(0.056～0.112g/L)时,生成水化硅酸钙和硅酸凝胶;当溶液的 CaO 浓度为 2～20mmol/L(0.112～1.12g/L)时,生成 C/S 比为 0.8～1.5 的水化硅酸钙,其组成可用 $(0.8～1.5)CaO \cdot SiO_2 \cdot (0.5～2.5)H_2O$ 表示,称为 C-S-H(Ⅰ);当溶液中 CaO 浓度饱和(即 CaO＞1.12g/L)时,生成碱度更高(C/S=1.5～2.0)的水化硅酸钙,一般可用 $(1.5～2.0)CaO \cdot SiO_2 \cdot (1～4)H_2O$ 表示,称为 C-S-H(Ⅱ);C-S-H(Ⅰ)和 C-S-H(Ⅱ)的尺寸都非常小,接近于胶体范畴,在电子显微镜下,C-S-H(Ⅰ)为薄片状结构;而 C-S-H(Ⅱ)为纤维状结构,像一束棒状或板状晶体,它的末端有典型的扫帚状结构。氢氧化钙是一种具有固定组成的晶体。

硅酸三钙的水化速率很快,其水化过程根据水化放热速率-时间曲线(图 8-1-2),可分为五个阶段:

1. 初始水解期

加水后立即发生急剧反应迅速放热,Ca^{2+} 和 OH^- 迅速从 C_3S 粒子表面释放,几分钟内 pH 值上升超过 12,溶液具有强碱性,此阶段约在 15min 内结束。

2. 诱导期

此阶段水解反应很慢,又称为静止期、冬眠期或潜伏期,一般维持 2～4h,是硅酸盐水泥能在几小时内保持塑性的原因。

3. 加速期

反应重新加快,反应速率随时间增长而加快,出现第二个放热峰,在峰顶达最大反应速度,相应为最大放热速率。加速期为4~8h,然后开始早期硬化。

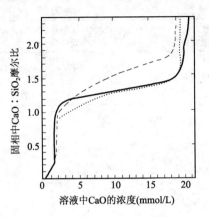

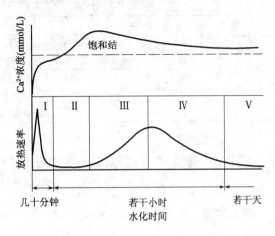

图 8-1-1 水化硅酸钙与溶液间的平衡　　　图 8-1-2 C₃S 水化放热速率和 Ca²⁺ 浓度变化曲线

4. 衰减期

反应速率随时间增长而下降,又称减速期,处于 12~24h,由于水化产物 CH 和 C-S-H 从溶液中结晶出来而在 C₃S 表面形成包裹层,故水化作用受水通过产物层的扩散控制而变慢。

5. 稳定期

反应速率很低、基本稳定的阶段,水化完全受扩散速率控制。

由此可见,在加水初期,水化反应非常迅速,但反应速率很快就变得相当缓慢,这就是进入了诱导期,在诱导期末水化反应重新加速,生成较多的水化产物,而后逐渐下降。影响诱导期长短的因素较多,主要是水固比、C₃S 的细度、水化温度以及外加剂等。诱导期的终止时间与初凝时间有一定的关系,而终凝时间则大致发生在加速期的中间阶段。有关诱导期的开始及其终止的原因,即诱导期的本质,存在着不少看法。

大部分学说都认为,在 C₃S 颗粒上形成了表面层后,硅酸根离子就难以进入溶液,从而使反应延缓。在过饱和条件下所形成的产物,往往靠近颗粒表面析出,同时又呈无定形,难以精确检测。因此有关表面层的组成和结构,各方面的结论不尽相同。在诱导期间,表面层虽有增厚,但表面层的去除又是使快速反应重新开始的重要条件。而水化产物晶核的形成和生长,却是与诱导期结束的时间相一致的。图 8-1-3 为表明 C₃S 各水化阶段的一种示意图。

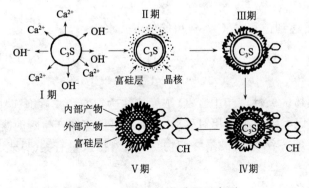

图 8-1-3 C₃S 各水化阶段示意图。

C_3S 水化各阶段的化学过程和动力学行为如表 8-1-1 所示。

表 8-1-1 C_3S 水化各阶段的化学过程和动力学行为

时　期	反 应 阶 段	化 学 过 程	动 力 学 行 为
早期	初始水解期 诱导期	初始水解，离子进入溶液 继续溶解，早期 C-S-H 形成	反应很快 反应慢
中期	加速期 衰减期	稳定水化产物开始生长 水化产物继续生长，微结构发展	反应快 反应变慢
后期	稳定期	微结构逐渐密实	反应很慢

（二）硅酸二钙

β-C_2S 的水化和 C_3S 相似，只是水化速度很慢而已。

$$2CaO \cdot SiO_2 + mH_2O \Longrightarrow xCaO \cdot SiO \cdot yH_2O + (2-x)Ca(OH)_2$$

简写成
$$C_2S + mH \Longrightarrow \text{C-S-H} + (2-x)CH$$

所形成的水化硅酸钙在 C/S 和形貌方面与 C_3S 水化生成的都无大区别，故也称 C-S-H 凝胶。但 CH 生成量比 C_3S 少，结晶也比 C_3S 的粗大些。

（三）铝酸三钙

铝酸三钙与水反应迅速，放热快，其水化产物组成和结构受液相 CaO 浓度和温度的影响很大。在常温下，其水化反应依下式进行：

$$2(3CaO \cdot Al_2O_3) + 27H_2O \Longrightarrow 4CaO \cdot Al_2O_3 \cdot 19H_2O + 2CaO \cdot Al_2O_3 \cdot 8H_2O$$

简写为
$$2C_3A + 27H \Longrightarrow C_4AH_{19} + C_2AH_8$$

C_4AH_{19} 在低于 85% 的相对湿度下会失去 6 个摩尔的结晶水而成为 C_4AH_{13}。C_4AH_{19}、C_4AH_{13} 和 C_2AH_8 都是片状晶体，常温下处于介稳状态，有向 C_3AH_6 等轴晶体转化的趋势。

$$C_4AH_{13} + C_2AH_8 \Longrightarrow 2C_3AH_6 + 9H$$

上述反应随温度升高而加速。在温度高于 35℃ 时，C_3A 会直接生成 C_3AH_6：

$$3CaO \cdot Al_2O_3 + 6H_2O \Longrightarrow 3CaO \cdot Al_2O_3 \cdot 6H_2O$$

即
$$C_3A + 6H \Longrightarrow C_3AH_6$$

由于 C_3A 本身水化热很大，使 C_3A 颗粒表面温度高于 35℃，因此 C_3A 水化时往往直接生成 C_3AH_6。

在液相 CaO 浓度达到饱和时，C_3A 还可能依下式水化：

$$3CaO \cdot Al_2O_3 + Ca(OH)_2 + 12H_2O \Longrightarrow 4CaO \cdot Al_2O_3 \cdot 13H_2O$$

即
$$C_3A + CH + 12H \Longrightarrow C_4AH_{13}$$

在硅酸盐水泥浆体的碱性液相中，CaO 浓度往往达到饱和或过饱和，因此可能产生较多的六方片状 C_4AH_{13}，足以阻碍粒子的相对移动，据认为是使浆体产生瞬时凝结的一个主要原因。

在有石膏的情况下，C_3A 水化的最终产物与其石膏掺入量有关（见表 8-1-2）。其最初的基本反应是：

$$3CaO \cdot Al_2O_3 + 3(CaSO_4 \cdot 2H_2O) + 26H_2O \Longrightarrow 3CaO \cdot Al_2O_3 \cdot 3CaSO_4 \cdot 32H_2O$$

即 $$C_3A + 3C\overline{S}'H_2 + 26H \Longrightarrow C3A \cdot 3C\overline{S}' \cdot H_{32}$$

表 8-1-2　C_3A 的水化产物

实际参加反应的 $C\overline{S}H_2/C_3A$ 摩尔比	水　化　产　物
3.0	钙矾石(AFt)
3.0~1.0	钙矾石 + 单硫型水化硫铝酸钙(AFm)
1.0	单硫型水化硫铝酸钙(AFm)
<1.0	单硫型固溶体[$C_3A(C\overline{S},CH)H_{12}$]
0	水石榴子石(C_3AH_6)

所形成的三硫型水化硫铝酸钙,称为钙矾石,其中的铝可被铁置换而成为含铝、铁的三硫型水化硫铝酸盐相。故常用 AFt 表示。

若 $CaSO_4 \cdot 2H_2O$ 在 C_3A 完全水化前耗尽,则钙矾石与 C_3A 作用转化为单硫型水化硫铝酸钙(AFm):

$$C_3A \cdot 3C\overline{S}' \cdot H_{32} + 2C_3A + 4H \longrightarrow 3C_3A - C\overline{S}' \cdot H_{12}$$

若石膏掺量极少,在所有钙矾石转变成单硫型水化硫铝酸钙后,还有 C_3A,那么形成 $C_3A \cdot C\overline{S}' \cdot H_{12}$ 和 C_4AH_{13} 的固溶体。

(四)铁相固溶体

水泥熟料中铁相固溶体可用 C_4AF 作为代表,也可用 Fss 表示。它的水化速率比 C_3A 略慢,水化热较低,即使单独水化也不会引起快凝。

铁相固溶体的水化反应及其产物与 C_3A 很相似。氧化铁基本上起着与氧化铝相同的作用,相当于 C_3A 中一部分氧化铝被氧化铁所置换,生成水化铝酸钙和水化铁酸钙的固溶体。

$$C_4AF + 4CH + 22H \longrightarrow 2C_4(A,F)H_{13}$$

在 20℃ 以上,六方片状的 $C_4(A,F)H_{13}$ 要转变成 $C_3(A,F)H_6$。当温度高于 50℃ 时,C_4AF 直接水化生成 $C_3(A,F)H_6$。

掺有石膏时的反应也与 C_3A 大致相同。当石膏充分时,形成铁置换过的钙矾石固溶体 $C_3(A,F)3C\overline{S}' \cdot H_{32}$,而石膏不足时则形成单硫型固溶体。并且同样有两种晶型的转化过程。在石灰饱和溶液中,石膏使放热速度变得缓慢。

三、硅酸盐水泥的水化

硅酸盐水泥由于是多种熟料矿物和石膏共同组成,因此当水泥加水后,石膏要溶解于水,C_3A 和 C_3S 很快与水反应,C_3S 水化时析出 $Ca(OH)_2$,故填充在颗粒之间的液相实际上不是纯水,而是充满 Ca^{2+} 和 OH^- 离子的溶液。水泥熟料中的碱也迅速溶于水。因此水泥的水化在开始之后,基本上是在含碱的氢氧化钙和硫酸钙溶液中进行。其钙离子浓度取决于 OH^- 离子浓度,OH^- 浓度越高,Ca^{2+} 离子浓度越低,液相组成的这种变化会反过来影响熟料的水化速度。据认为,石膏的存在,可略加速 C_3S 和 C_2S 的水化,并有一部分硫酸盐进入 C-S-H 凝胶。更重要的是,石膏的存在,改变了 C_3A 的反应过程,使之形成钙矾石。当溶液中石膏耗尽而还有多余 C_3A 时,C_3A 与钙矾石作用生成单硫型水化硫铝酸钙:

$$2C_3A + C_3A \cdot 3CS' \cdot H_{32} + 4H \longrightarrow 3C_3A \cdot CS'H_{12}$$

碱的存在使 C_3S 的水化加快,水化硅酸钙中的 C/S 增大。

石膏也可与 C_4AF 作用生成三硫型水化硫铝(铁)酸钙固溶体。在石膏不足的情况下,亦可生成单硫型水化硫铝(铁)酸钙固溶体。

因此,水泥的主要水化产物是氢氧化钙、C-S-H 凝胶、水化硫铝酸钙和水化硫铝(铁)酸钙以及水化铝酸钙、水化铁酸钙等。

图 8-1-4 为硅酸盐水泥在水化过程中的放热曲线,其形式与 C_3S 的放热曲线基本相同,据此可将水泥的水化过程简单地划分为三个阶段,即:

1. 钙矾石形成期

C_3A 率先水化,在石膏存在的条件下,迅速形成钙矾石,这是导致第一放热峰的主要因素。

2. C_3S 水化期

C_3S 开始迅速水化,大量放热,形成第二个放热峰。有时会有第三放热峰或在第二放热峰上出现一个"峰肩",一般认为是由于钙矾石转化成单硫型水化硫铝(铁)酸钙而引起的。当然,C_2S 和铁相亦以不同程度参与了这两个阶段的反应,生成相应的水化产物。

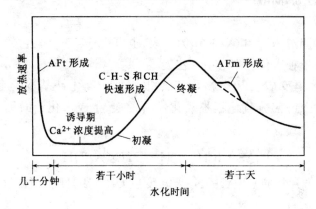

图 8-1-4 硅酸盐水泥的水化放热曲线

3. 结构形成和发展期

放热速率很低并趋于稳定,随着各种水化产物的增多,填入原先由水所占据的空间,再逐渐连接并相互交织,发展成硬化的浆体结构。

第二节 水泥的水化速度

硅酸盐水泥的水化速度,主要取决于各熟料矿物的水化速度,还有一些水化条件,如水泥细度、水灰比、水化温度及外加剂等对水泥的水化速度也都会产生一定的影响。水化速度常以单位时间内的水化程度或水化深度来表示。水化程度是指在一定时间内水泥发生水化作用的量和完全水化量的比值,以百分率表示。而水化深度是指水泥颗粒已水化层的尺寸,以微米(μm)表示。对于各熟料单矿物或水泥水化速度必须在水泥细度、水灰比、外加剂等条件基本一致的情况下才能加以比较。

144

一、单矿物与水泥熟料矿物的水化速度

表 8-2-l 为用结合水法和水化热法测定的各单矿物单独水化时,不同龄期的水化程度,表 8-2-2 表示单矿物的水化深度。

表 8-2-1　单矿物的水化程度　　　　　　　　　　　　　　　　　　%

矿　物	水　化　时　间				
	3d	7d	28d	90d	180d
C_3S	33.2	42.3	65.5	92.2	93.1
C_2S	6.7	9.6	10.3	27.0	27.4
C_3A	78.1	76.4	79.4	88.3	90.8
C_4AF	64.3	66.0	68.8	86.5	89.4

表 8-2-2　单矿物的水化深度$(\mu m, dm=50\mu m)$

矿　物	3d	7d	28d	90d	180d
C_3S	3.1	4.2	7.5	14.3	14.7
C_2S	0.6	0.8	0.9	2.5	2.8
C_3A	9.9	9.6	10.3	12.8	13.7
C_4AF	7.3	7.6	8.0	12.2	13.2

由表 8-2-1、表 8-2-2 可以看出,C_3S 在 3 天时的水化深度仅为 $3\mu m$,28 天时也只为 $7.5\mu m$,C_3A、C_4AF 水化比 C_3S 快,C_2S 水化最慢。直径为 $50\mu m$ 的 C_3S、C_3A、C_4AF 颗粒经过 6 个月,水化深度都已达到半径的一半以上,而 C_2S 水化深度还未到半径的五分之一;经 28 天水化后,C_3S 水化深度为其半径的十分之三,C_3A 约为五分之二,C_4AF 比 C_3S 水化深度略大,而 C_2S 还不到半径的二十五分之一。因此,四种单矿物 28 天以前的水化速度是:

$$C_3A > C_4AF > C_3S > C_2S$$

硅酸盐水泥熟料矿物在水化时会受到矿物本身所含的杂质以及相互之间作用等因素影响,使有的矿物水化加快或相对减慢。但就总的水化趋势,却是相似的。一般硅酸盐水泥熟料矿物中,总是铝酸三钙水化最快,铁铝酸四钙和硅酸三钙次之,硅酸二钙最慢,而且越到后期水化程度越接近。

二、影响水化速度的因素

1. 矿物组成与晶体结构

硅酸盐水泥的水化速度主要决定于各单矿物的水化速度,因此,水泥中熟料的矿物组成不同,水泥的水化速度就不同。

水泥熟料矿物水化速度不同的原因,根据近代结晶化学的研究,认为与矿物的晶体结构的缺陷有关。而这些晶体结构的缺陷是因为配位数不规则造成的空隙引起的。例如 C_3A 的晶体结构中,铝的配位数是 4 与 6,而钙的配位数为 6 与 9。一方面由于配位数为 9 的 Ca^{2+} 周围的 O^{2-} 排列极不规则,距离不等,在晶格中造成很大的空隙,使水分子能很快进入晶体内部。另一方面,由于配位数为 4 的铝价键未饱和,极易接受两个 H_2O,以变成更为稳定的配位。这也是 C_3A 会水化,且水化较快的原因。

除了熟料矿物的结构外,水化产物的结构也影响水化速度。例如,C-S-H 一般成凝胶状沉

淀析出,这种凝胶状沉淀覆盖于正在水化的水泥颗粒表面,成为一层薄膜,将未水化部分包住,使水分难以进入颗粒内部,阻碍水化作用的继续进行。

2. 细度与水灰比的影响

水泥粉磨得越细,其表面积就越大,与水接触的机会就越多,水化也就越快。另外,细磨还能使水泥晶格扭曲,产生缺陷,使水化反应易于进行。但是,提高水泥细度,只能使早期水化速度加快,而迅速产生的水化物反过来阻碍水化作用的进行。所以提高细度只表现在早期水化速度和早期强度上,而对后期强度没有太大的作用。较粗的水泥颗粒,各阶段的反应都较慢。

适当增大水灰比,可使水泥的水化速度有所增加,图 8-2-1 表示无论是阿利特或贝利特,水化速度都是随水灰比的增加而加快。对同一种水泥用不同水灰比测定水化热时发现,水灰比大的水化放热快。如果水灰比过小,由于水化所需的水分不足,会使后期的水化反应延缓。因此,适当增大水灰比,可以增大水和未水化颗粒的接触,使整体的水化速度加快。但是水灰比又不能过分增大,如果不适当地增大水灰比,对水泥早期水化速度影响并不大,更主要的是由于水分太多会使水泥石结构中产生较多空隙,而降低水泥强度。

3. 温度对水化速度的影响

水泥的水化反应也遵循一般的化学反应规律,即温度升高,水化反应加快。表 8-2-3 是不同温度对 C_3S 水化速度的影响。从表 8-2-3 可以看出,随着温度升高,水化程度有较大幅度的增加,整个水化过程相应提前结束。

硅酸盐水泥在 $-5℃$ 时仍能水化,但在 $-10℃$ 时水化反应就基本停止了。图 8-2-2 表示温度对硅酸盐水泥水化速度的影响。温度越高,结合水量越多,表示水化速度越快。表 8-2-3 和图 8-2-2 均说明了温度对硅酸盐水泥早期水化影响最大,越到后期影响越小。

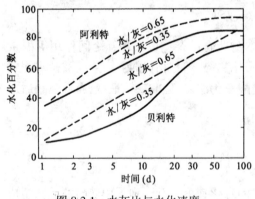

图 8-2-1 水灰比与水化速度

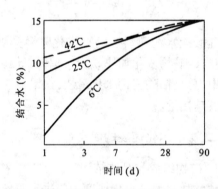

图 8-2-2 温度对水泥水化速度的影响

表 8-2-3 温度对 C_3S 水化速度的影响

温　度(℃)	水 化 程 度(%)					
	1d	3d	7d	28d	90d	120d
20	31	45	56	78	86	92
35	42	48	58	78	87	92
50	47	53	61	80	89	—
65	57	64	71	85	88	—
90	90	—	—	—	—	—

4. 外加剂的作用

外加剂是为了改进水泥净浆、砂浆和混凝土的某些性能而掺入的少量物质(除石膏外)。不同外加剂均会对水泥的水化速度和水化过程产生不同的影响。调节水化速度的常见的水泥混凝土外加剂有三类,即促凝剂、早强剂及缓凝剂。

(1)促凝剂 一般无机电解质都有促进水泥水化的作用。加入可溶性钙盐,能使液相提早达到必要的 $Ca(OH)_2$ 过饱和度,加快 $Ca(OH)_2$ 结晶析出。还有水玻璃、铝酸钠、碳酸钠和三乙醇胺等也常用作促凝剂。

(2)早强剂 也称快硬剂。主要是为了加速水泥的水化和硬化,对硅酸三钙和硅酸二钙的水化产生促进作用,提高水泥的早期强度。例如,三乙醇胺复合早强剂,可使混凝土两天强度提高 40% 以上。

(3)缓凝剂 大多数的有机外加剂,对水泥的水化均有延缓作用。常见的有木质素磺酸钙、酒石酸、柠檬酸、葡萄糖酸钠、硼酸盐等。

采用不同外加剂,能改变水泥浆的物理化学性质,因而也能获得不同的水化速度,满足工程的实际需要。而且,采用适当的外加剂还能使水泥在低温下水化。例如,掺入适当的 $NaNO_3$、$CaCl_2$ 可阻止冰的形成,改善 0℃ 以下的水化及抗压强度的增长情况。

第三节　水泥的凝结

水泥的凝结时间,直接影响建筑工程的施工。凝结表示了水泥加水后从流体到固体状态的一种变化。凝结标志着水泥浆失去流动性而具有一定塑性强度。凝结时间可分为"初凝"和"终凝"。如果初凝时间太短,会使砂浆和混凝土的制备发生困难,往往来不及施工浆体就已结硬。终凝时间太长,则降低了施工速度和模板周转期。因此,应保持一定时间使水泥浆体具有流动性和可塑性,以便完成砂浆和混凝土的搅拌、运输、浇注、成型等操作。同时还应尽可能加快脱模,保证施工进度。所以,水泥的凝结时间,对于建筑工程的施工具有重要意义。

一、凝结过程的变化

有关水泥凝结硬化过程的看法,则历来是有争论的。鲍格和勒奇在 1933 年研究凝结过程中水泥浆发生的温度变化时,认为硅酸盐水泥初凝的发生,可能是由于形成水化 C_3A 或水化 C_3S。初凝所需时间,是受某种水化物出现所需的时间所控制。当没有缓凝剂时,或当 C_3A 含量很高时,C_3A 非常迅速地进入溶液,其水化物的形成非常迅速,这种水化物的形成,能使水泥浆迅速凝固,发生这种现象,叫做瞬凝,这时温度是显著上升的。如果水泥中 C_3A 的含量较低,或有缓凝剂存在促使 C_3A 的溶解度降低时,反应较 C_3A 慢的 C_3S 进入溶液而沉淀出硅酸钙水化物来,这时 C_3S 的水化物就决定了凝结时间,并且决定了水泥浆的结构,凝结时间就成为正常。

巴依柯夫根据电子显微镜的研究结果,提出了凝结、硬化的三阶段学说。

1. 溶解阶段

当水泥与水接触后,颗粒表面即开始水化作用,生成少量水化物,并立即溶解于水中。此时,又暴露出未水化的新表面,使水化作用继续进行,直至生成水化物的饱和溶液为止。

2．胶化阶段

由于此时溶液已经饱和,继续水化的产物不能再溶解,而直接以胶体颗粒析出。随着水化物的增多,水化物逐渐凝聚,水泥浆逐渐失去可塑性,产生凝结现象。

3．结晶阶段

由微观晶体组成的胶体并不稳定,能逐渐再结晶,生成宏观晶体,使水泥浆硬化体的机械强度不断提高,最终成为具有一定机械强度的水泥石。

上述的三个阶段,实际上并无严格的次序,而是相互交错地进行。

二、影响凝结速度的因素

根据水泥浆体的凝结过程可知,水泥与水拌和后,首先各熟料矿物进行水化,产生不同的水化产物,随着水化作用的继续进行,水化产物增多,并逐渐长大,水化产物逐渐凝聚,初步联接成网,逐渐失去可塑性,才能使水泥浆体产生凝结现象。所以,凡是影响水化速度的各种因素,基本上也影响水泥的凝结速度。但是,凝结过程和水化过程也存在本质上的差异。例如,水灰比越大,水化越快,但对凝结速度反而变慢。这是因为水分过多,水泥浆体结构就不易紧密,使颗粒间距增大,网状结构较难形成。

1．矿物组成对凝结速度的影响

硅酸盐水泥熟料中铝酸三钙水化最快,硅酸三钙水化也较快,数量也最多,这两种矿物与凝结速度的关系最为密切。尤其是初凝速度,主要受 C_3A 和 C_3S 的含量所控制。

2．熟料矿物以及水化产物的结构对凝结速度的影响

由于煅烧时的冷却速度不同,可使熟料结构有所不同,凝结时间也将发生相应的变化。例如,急冷的熟料凝结正常,而慢冷的熟料常出现快凝现象。这是因为熟料中的 C_3A 在慢冷的条件下,能充分析晶,C_3A 晶体含量相对增多,使水化速度加快。而熟料急冷时,铝酸三钙呈微晶存在于玻璃体中,由于玻璃体的物理结构比较紧密,水化较慢,所以,慢冷的熟料常常发生快凝现象。

水泥的水化产物如果是 C-S-H 凝胶,则会凝成薄膜,包裹在未水化的水泥颗粒周围,阻碍水和无水矿物的接触,因而也能延缓水泥的凝结时间。

3．温度对凝结时间的影响

温度的高、低也会影响水泥的凝结时间。温度高,水化作用快,凝结时间会缩短;反之,温度低,水化作用慢,凝结时间则会延长,如图 8-3-1 所示。所以,在炎热的夏季及高温条件下施工,须注意初凝时间的变化,而在冬季及寒冷的条件下施工,应采取保温措施,以保证正常的凝结时间。

影响水泥凝结的因素是多方面的,但主要的还是 C_3A 含量的影响,因此,在生产中通常掺入石膏来控制水泥的凝结时间。

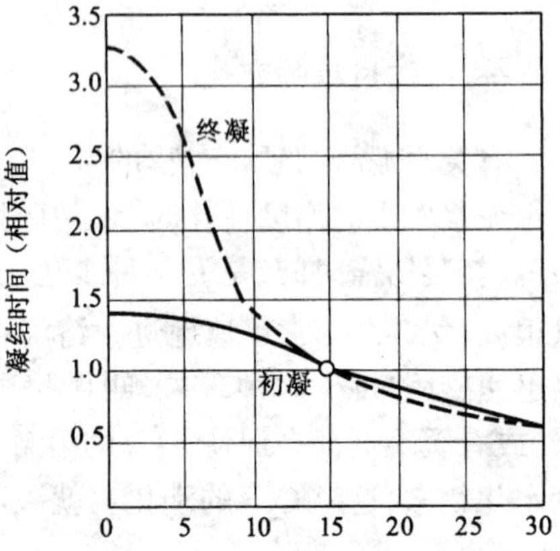

图 8-3-1　温度对凝结时间的影响

三、凝结时间的调节

(一)石膏的缓凝作用

当水泥熟料单独粉磨与水混合,很快就会凝结,即快凝现象,使施工无法进行。掺加适量

石膏就可使水泥的凝结时间得到调节,达到控制凝结时间的目的。

水泥加水以后,水泥中铝酸盐矿物开始迅速溶解,在无石膏存在时,水化铝酸钙迅速结晶会造成瞬凝。当石灰和石膏进入溶液后,数分钟内,溶液中 CaO 及 $CaSO_4$ 的浓度就足以使铝酸盐矿物的溶解度突然降低。

溶液被石灰饱和以后,铝酸盐在溶液中溶解缓慢而与石膏反应形成硫铝酸钙,硅酸钙则水化成水化硅酸钙,构成了延缓状态下的水化反应,直至正常的初凝时间。这一阶段以后,水化产物围绕着未水化颗粒沉积,出现水化减慢现象。当石膏消耗完了,溶液中 SO_3 浓度降低时,铝酸盐的溶解度又上升,如果这时仍存在足够未水化铝酸盐,则会发生迅速反应。

当水泥中 C_3A 和碱类化合物都低时,并不会出现瞬凝现象,而掺加石膏反而加速了凝结,产生这种情况是由于 C_4AF 水化形成非晶体水化铁酸钙,然而在有石膏存在下,C_4AF 与石膏反应形成硫铁酸钙晶体,代替了浓厚的非晶体物质,使水化反应加快。

水泥中含有碱时,会加快凝结时间,为达到缓凝的目的,需要掺加较多石膏。比表面积高的水泥,水泥中铝酸盐与水立即反应的有效数量会增加,对于 C_3A 含量高的水泥,要达到适当缓凝,掺加石膏量需增加。

(二)石膏的最佳掺入量

石膏对水泥凝结时间的影响不是与掺入量成正比,而是有突变点。图 8-3-2 表示石膏掺入量对某一水泥熟料磨制水泥的凝结时间的影响。从图中可看出,当 SO_3 掺量小于约 1.3% 时,石膏还不能阻止这种水泥的快凝,只有当 SO_3 含量继续增加,才有明显缓凝作用,但当水泥中 SO_3 超过 2.5% 后,对凝结时间的影响又不显著了。

影响石膏最佳掺入量的因素有:

1. 熟料中 C_3A 含量

熟料中 C_3A 含量是影响最佳石膏掺入量的最主要因素之一。一般 C_3A 含量高,石膏的掺入量应适当增加,反之则减少。

2. 熟料中 SO_3 含量

由于原料及燃料的带入,熟料中常含有少量 SO_3,当熟料中 SO_3 含量较高时,则要相应减少石膏掺量。

3. 水泥细度

在相同 C_3A 含量情况下,当水泥粉磨得较细时,应适当增掺些石膏。因为比表面积增大会使 C_3A 水化更快、更完全。

4. 混合材料

混合材料的种类和掺加量也是影响最佳石膏掺入量的因素。如混合材料是矿渣,而且掺加量较多时,也应适当多加些石膏,这是因为石膏在矿渣硅酸盐水泥中不仅起缓凝剂作用,而且还起硫酸盐激发作用,可提高矿渣硅酸盐水泥的强度。

在实际生产中,石膏最佳掺入量通常是用同一熟料掺加数种百分含量的石膏,分别磨到同一细度,然后进行全套物理试验,根据所得数据和 SO_3 含量作出有关参数关系图,选择凝结时间正常、强度最高的 SO_3 掺入量,作为石膏最佳掺入量。图 8-3-3 是某水泥厂熟料进行试验的一例。从关系图中可以看出,SO_3 含量有个最佳点。

天然无水石膏也可作缓凝剂,但常温下,天然无水石膏溶解速度比二水石膏要小,因此,要达到缓凝的目的,其加入量要比二水石膏大,由于掺加量增大,易使水泥中 SO_3 含量超过国家标准,所以,一般将适量的天然无水石膏与二水石膏混合使用,缓凝效果较好。

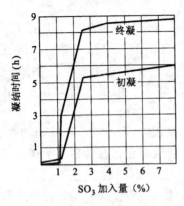

图 8-3-2 石膏对凝结时间的影响

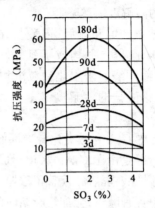

图 8-3-3 水泥强度和 SO_3 掺量的关系

(三)假凝现象

假凝现象是指水泥的一种不正常的早期固化,发生在水泥用水拌和的头几分钟内。假凝和快凝是不同的,前者不发生大量的热量,而且经剧烈搅拌,水泥浆又可以恢复塑性,并达到正常凝结,对强度亦无不利影响,但会给施工带来许多困难。

假凝现象与很多因素有关,一般认为假凝的主要原因是由于水泥在粉磨时受到高温(有时超过 150℃),使二水石膏脱水生成半水石膏〔CaSO·(1/2)H₂O〕或可溶性无水石膏〔CaSO₄〕,当水泥调水后,它们又重新水化为二水石膏并析出晶体,在水泥浆中形成二水石膏的结构网,从而引起水泥浆的固化。但由于不是水泥矿物的水化,所以不象快凝那样放出大量的热量。这种假凝水泥浆经剧烈搅拌破坏石膏结构网后,水泥浆又能恢复原来的塑性状态。

在水泥粉磨时,为防止石膏脱水,常采用降温措施。将水泥存放一段时间,以及在制备混凝土时,延长搅拌时间等也可消除假凝现象的产生。

第四节 水泥的硬化

一、水泥的硬化过程

水泥的水化与凝结硬化是一个连续过程。水化是水泥凝结硬化的前提,而凝结硬化是水泥水化的结果。用适量水拌和的水泥,是一种具有可塑性与流动性的浆体,但随着水化反应的不断进行,浆体逐渐失去流动性,转变为具有一定强度的固体,这就是水泥的凝结与硬化。凝结与硬化是同一过程的不同阶段,凝结标志着水泥浆失去流动性而具有一定的塑性强度,硬化则表示水泥浆体固化后所建立的网状结构具有一定的机械强度。

F.W. 勒赫尔等人采用扫描电子显微镜、x 射线分析、化学相分析等多种测试手段进行研究,提出了水泥水化过程中水化生成物的形成图,有助于形象地了解水泥水化产物的生成过程。由图8-4-1可见,整个硬化过程可分为三个阶段。

第一阶段,大约在水泥用水拌和起到初凝时为止,C_3S和水迅速反应生成氢氧化钙饱和溶液,并从中析出六方片状氢氧化钙晶体,同时,石膏也很快进入溶液和C_3A反应生成细小的钙矾石($C_6AS_3H_{32}$)棱柱状晶体,覆盖在颗粒表面上,从而阻滞了水泥的水化。在这一阶段,由于晶体太小,不足以在颗粒间架桥,使之连结成网状结构,水泥浆成塑性状态。

第二阶段,大约在初凝时起到24h止,水泥水化开始加速,生成大量的氢氧化钙与钙矾石晶体

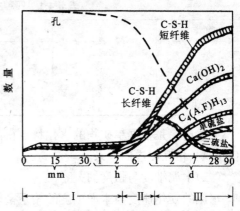

图 8-4-1　水泥水化过程中水化生成物的形成图

同时在水泥颗粒上有长纤维状的C-S-H晶体,由于水化初期水泥颗粒有较大的空隙,所以此时的C-S-H晶体呈长纤维状,颗粒之间由于钙矾石晶体的长大,将各颗粒之间连接起来而使水泥凝结。在这个阶段中,由于大量形成C-S-H长纤维状晶体,与长针状钙矾石晶体一起,使水泥石网状结构不断致密,强度不断增长。

第三阶段,是指24h以后一直到水化结束。在一般情况下,石膏已经耗尽,所以开始形成$C_4(A,F)H_{12}$,并由钙矾石转化为单硫型水化硫铝酸盐(C_4ASH_{12}),随着水化的进行,C-S-H、$Ca(OH)_2$、$C_4(A,F)H_{12}$、单硫型硫铝酸盐等水化产物数量不断增加,而孔隙不断减小,所以C-S-H晶体主要成长为短纤维状,它们填充在空隙之间,不断使结构致密,渗透率降低,强度增加。

水泥的凝结与硬化,目前还在不断探索之中,上述过程亦只是给我们提供了一个初步的图象,随着现代测试技术的发展,将愈来愈清晰地揭示出水泥凝结硬化的过程与实质。

二、水泥的硬化速度

硬化是表示水泥浆体固化后产生一定的强度。强度是衡量水泥质量最重要的指标。为了衡量水泥硬化的快慢,水泥强度分1天、3天、7天、28天强度。28天以后的强度称为长期强度。水泥强度与很多因素有关,如熟料的矿物组成、水泥细度、水泥石结构、石膏掺入量、温度、微量成分及外加剂等。

(一)矿物组成与强度的关系

矿物组成是决定水泥硬化速度的主要因素。其中C_3S的早期强度最高,28天强度基本也依赖于C_3S含量。C_2S的早期强度虽不高,但长期强度增长的幅度较大,一年后其强度可赶上C_3S。C_3A的早期强度增长很快,有实验表明,C_3A对早期强度的影响最大,如果超过最佳含量,则将对后期强度产生明显不利影响。与C_3A相比,C_4AF的早期强度较高,而后期强度还能有所增长,表8-4-1的数据表明,一年的强度甚至还超过了C_3S,因此,C_4AF不仅对水泥的早期强度有利,而且也有利于后期强度的发展。近年来我国的研究者指出,如V^{5+}、Ti^{4+}、Mn^{4+}等金属离子进入铁相晶格,与铁离子通过不等价置换,形成置换型固溶体,有可能进一步提高C_4AF的水硬活性。

表 8-4-1　四种主要矿物组成的抗压强度　　　　　　　　　　　　　　MPa

矿物名称	7d	28d	180d	365d
C_3S	31.60	45.70	50.20	57.30
$\beta\text{-}C_2S$	2.35	4.12	18.90	31.90
C_3A	11.60	12.20	—	—
C_4AF	29.40	37.70	48.30	58.30

上述讨论是根据单矿物的水化特点得出的,水泥在水化时,矿物与矿物之间还存在复杂的相互影响、相互促进的关系。

(二)水泥细度与强度的关系

水泥的硬化速度与水泥细度的关系密切。提高水泥细度,对提高水泥早期强度非常明显。一般认为,如果水泥中含有小于 $30\mu m$ 的颗粒,可提高水泥的水化硬化速度,提高水泥的强度。水泥磨得越细,表面积就越大,水化反应也越快。根据大量的实验表明,各种颗粒级配的水化活性大致排成下列顺序:

大于 $100\mu m$ ——活性小;

$60\sim40\mu m$ ——中等活性;

$30\mu m$ 以下——活性大。

水泥细度也不是越细越好,特别是水泥浆体的后期强度,不一定是最高值,因为水泥越细,需水量越大,所产生孔洞的机会也越多,因此,水泥细度必须合适,颗粒级配应有合理要求。

(三)水泥石结构与强度关系

水泥的水化程度越高,单位体积内水化产物就越多,彼此间接触点也越多,水泥浆体内毛细孔被硅酸凝胶填充程度越高,水泥石的密实程度也就越高,可使强度相应提高。

水灰比越大,水泥石内毛细孔越多,强度会下降。当水泥石内总孔隙率及大毛细孔减少时,就能大幅度提高水泥石强度。所以,要想提高水泥石强度,必须提高水泥的水化程度,增加水化产物的数量,降低孔隙率和水灰比。

(四)石膏掺量对强度影响

石膏主要用于调节凝结时间,而且当加入适量石膏,有利于提高水泥强度,特别可提高早期强度,但石膏加入量过多时,则会使水泥产生体积膨胀而使强度降低。

(五)温度对强度的影响

提高养护温度,在早期可增加水化速度,提高早期强度,但在后期,由于各种原因会使强度降低,抗折强度降低尤甚。有人指出,水化温度高达 $100^\circ C$ 时会改变孔结构以及相组成。

(六)微量成分与强度的关系

在实际生产的熟料中,会有微量成分与熟料矿物形成固溶体。熟料中如含有适量的 P_2O_5、$Cr_2O_3(0.2\%\sim0.5\%)$ 或者 BaO、TiO_2、$Mn_2O_3(0.5\%\sim2.0\%)$ 等氧化物,并以固溶体的形态存在时,都能促进水泥的水化,提高早期强度。

熟料中所含的 Na_2SO_4、K_2SO_4 等含碱矿物,当水泥加水拌和时,能迅速以 K^+、Na^+、OH^- 等离子的形式进入溶液,使溶液 pH 值升高,Ca^{2+} 离子浓度减少,使 C_3S 等熟料矿物的水化速度加快,水泥的早期强度提高,但28天以后的强度有所下降。

三、硬化过程的系统体积变化和结构

(一)体积变化

硬化过程的体积变化是水泥十分重要的使用性能。水泥浆体在硬化过程产生剧烈而不均匀的体积变化,将会严重影响水泥石的结构,不同程度地影响硬化水泥石的抗冻、耐火等性能。硬化过程的体积变化是由于物理和化学的原因造成的。体积变化可分为几种类型,如化学减缩、干缩湿胀和碳化收缩等。

1.化学减缩

硬化过程中产生体积变化的重要原因之一,就是由于水泥在水化过程中,无水的熟料矿物转变为水化物,固相的体积大大增加,而水泥-水系统的总体积却在不断缩小,由于这种体积减缩是因为水泥和水发生化学反应所致,故称化学减缩。下面以 C_3S 的水化反应为例:

$$2(3CaO \cdot SiO_2) + 6H_2O \Longrightarrow 3CaO \cdot 2SiO_2 \cdot 3H_2O + 3Ca(OH)_2$$

密度	3.14	1.00	2.44	2.23
摩尔质量	228.23	18.02	342.48	74.10
摩尔体积	72.71	18.02	140.40	33.23
系统中所占体积	145.42	108.12	140.40	99.69

由上例可见,反应前系统总体积为:

$$145.42 + 108.12 = 253.54(cm^3)$$

而反应后系统总体积为:

$$140.40 + 99.69 = 240.09(cm^3)$$

反应前、后化学缩减为:

$$253.54 - 240.09 = 13.45(cm^3)$$

化学减缩占原有绝对体积的 5.31%,而固相体积却增加了 65.11%。水泥其他矿物水化时,也都有不同程度的类似现象。根据试验结果,各单矿物的减缩作用无论就绝对数值或相对速度来说,水泥熟料中各单矿物的减缩作用其大小顺序为:

$$C_3A > C_4AF > C_3S > C_2S$$

根据一般硅酸盐水泥的矿物组成进行研究表明,每 $100g$ 水泥的减缩量为 $7 \sim 9cm^3$,如果每 $1m^3$ 混凝土用水泥 $300kg$,则减缩量为: $(21 \sim 27) \times 10^3 cm^3$。如果水泥浆体在水中养护时,由减缩所出现的毛细孔就将从外界吸入水分来补充。因此,由于水泥的减缩作用,将使混凝土的致密度下降、孔隙率上升。对水泥混凝土的耐蚀性、抗渗性都是不利的。

2.干缩湿胀

硬化水泥浆体的体积随含水量而变。干燥时体积收缩,潮湿时则会发生膨胀。干缩和湿胀大部分是可逆的,在第一次干燥收缩后,再行受湿即能部分恢复;所以干湿循环可导致反复缩胀,但还遗留一部分不可逆收缩。见图8-4-2。

在水泥熟料矿物组成中 C_3A 对胀缩的影响最大,C_3S 和 C_2S 对胀缩的影响基本相同,都比铁酸盐相略大。在 C_3A 含量相同的条件下,石膏掺加量又成为决定胀缩值的关键问题。

水灰比对早期干缩影响不大,28天以后,干缩才随水灰比的减小而明显降低。

干缩与失水有关,但两者没有线性关系,在失水过程中,较大孔隙中自由水失去,所引起的干缩不大,而毛细水和凝胶水失去时则会引起较大的干燥收缩。

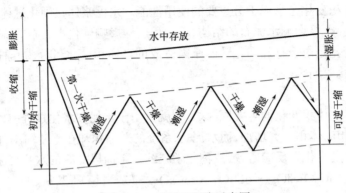

图 8-4-2　干缩和湿胀示意图

在生产和使用水泥时,应注意水泥不应磨得过细,还应合理选择石膏掺加量,适当控制水灰比,并加强养护,有利于减少干缩。

3. 碳化收缩

通常在一定相对湿度的情况下,空气中的二氧化碳会和硬化水泥浆体内的水化产物如 $Ca(OH)_2$、水化硅酸钙、水化铝酸钙和水化硫铝酸钙作用,生成 $CaCO_3$ 并释放出水。例如水化硅酸钙与 CO_2 反应,其反应式如下:

$$3CaO \cdot 2SiO_2 \cdot 3H_2O + CO_2 = CaCO_3 + 2(CaO \cdot SiO_2 \cdot H_2O) + H_2O$$

碳化形成的产物是碳酸钙和低钙 C-S-H 凝胶,由于上述反应的作用使得硬化浆体的体积减小,出现不可逆的碳化收缩。但是通常在空气中,实际的碳化速度很慢,主要出现在水泥混凝土的表面部位,而且对硬化水泥浆体的强度没有不利的影响,相反还会使表面硬度和强度有所增长。

4. 体积膨胀与安定性

在水泥凝结硬化过程中,有些成分或多或少会发生一些膨胀性体积变化。如果这些变化发生在水泥硬化之前,或者即使发生在水泥硬化以后但很不显著,则对建筑物质量不会有什么影响。如果在硬化后产生剧烈而不均匀的体积变化(即安定性不良),则建筑物质量降低,甚至发生崩溃。引起安定性不良的原因有高温过烧的游离氧化钙含量过高、氧化镁含量过高以及石膏掺加量过多。这些成分水化较慢,水化时都产生膨胀性产物,都会在已硬化的水泥石中产生不均匀膨胀,含量过多时会引起水泥安定性不良问题。熟料中游离氧化钙含量由工厂自行控制,但国家标准规定了水泥试饼用沸煮法检验时必须合格。氧化镁在烧成温度下形成的方镁石晶体其水化速度很慢,其危害程度要用压蒸法才能检验出来。因此标准规定熟料中氧化镁的含量不得超过 5%,只有经压蒸安定性试验合格才允许含量放宽到 6%。石膏掺加量通过水泥中三氧化硫的含量来控制。

(二)硬化水泥石的结构

硬化水泥浆体是一非均质的多相系统,由各种水化产物和未水化的熟料所构成的固相以及存在于孔隙中的水和空气所组成,所以是固-液-气三相多孔体。它具有一定的机械强度和孔隙率,而外观和其他性能又与天然石材相似,因此通常又称为水泥石。

154

硬化水泥石的性能,在很大程度上决定于水化产物本身的化学成分、结构和相对含量。但也与浆体结构的强弱密切相关,适当改变水化产物的形成条件和发展情况,也可使同一品种水泥硬化过程中的孔结构与孔分布产生一定差异,从而获得不同浆体结构,使水泥石的性能有所变化。

在充分水化硬化的水泥石中,各种组成的质量百分比约为:C-S-H凝胶占70%左右,$Ca(OH)_2$占20%左右,钙矾石和单硫型水化硫铝酸钙等约占7%,未水化的熟料和其他微量组分约占3%。

1. 水化产物的基本特征

在水泥石中,许多水化产物可以用它们的形态来鉴别。各水化产物的基本特征见表8-4-2。

表8-4-2 水泥石中主要水化物的基本特征

名　　　称	密度(g/cm^3)	结晶程度	形　　貌	尺　　寸	鉴别手段
C-S-H	2.3~2.6	极差	纤维状、网络状、皱箔状、等大粒状,水化后期不易辨别	$1×0.1\mu m$ 厚度 $<0.01\mu m$	扫描电镜
氢氧化钙	2.24	良好	条带状,六方板状	0.01~0.1mm	光学显微镜 扫描电镜
钙矾石	1.75	好	带棱针状	$10×0.5\mu m$	光学显微镜 扫描电镜
单硫型水化硫铝酸钙	1.95	尚好	六方薄板状,不规则花瓣状		

2. 孔结构和内表面积

各种尺寸的孔也是硬化水泥石结构中的一个重要组成部分,总孔隙率、孔径大小的分布以及孔的形态等,都是水泥石的重要结构特征。

在水化过程中,水化产物的体积要大于熟料矿物的体积。据计算每$1cm^3$的水泥水化后约占据$2.2cm^3$的空间。也就是说约45%(即$1/2.2×100%$)的水化产物处于原先水泥占据的空间。随着水化过程的进行,原先充水的空间减少,而没有被水化产物填充的空间,则逐渐被分割成形状极不规则的毛细孔。另外,在C-S-H凝胶所占据的空间内还存在着凝胶孔,尺寸极为细小。孔的尺寸在极为宽广的范围内变动,孔径可从$10\mu m$一直小到$0.000\,5\mu m$,大小相差5个数量级。对于普通水泥浆体,总孔隙率经常超过30%,因而,它也就成为最重要的强度决定因素。尤其当孔半径$r\geqslant0.1\mu m$时,这种孔是强度损失的主要原因。但是,一般在水化24h以后,硬化水泥石中绝大部分(70%~80%)的孔径已在$0.1\mu m$以下,随着水化过程的进行,孔径小于$0.01\mu m$即凝胶孔的数量,随着水化产物的增多而增多,毛细孔则逐渐被填充,总的孔隙率则相应降低。

近藤连一和大门正机又将C-S-H凝胶内的孔分为微晶间孔与微晶内孔两种。在表8-4-3中则将凝胶孔分为胶粒间孔、微孔和层间孔三种。

表8-4-3 孔的分类方法一例

类　别	名　　称	直　径	孔中水的作用	对浆体性能的影响
粗孔	球形大孔	1000~15μm	与一般水相同	强度,渗透性
毛细孔	大毛细孔 小毛细孔	10~0.05μm 50~10nm	与一般水相同 产生中等表面张力	强度,渗透性 强度,渗透性 高湿度下的收缩
凝胶孔	胶粒间孔 微孔 层间孔	10.0~2.5nm 2.5~0.5nm <0.5nm	产生强的表面张力 强吸附水,不能形成新月形液面 结构水	相对湿度50%以下时的收缩 收缩,徐变 收缩,徐变

由于水化产物特别是 C-S-H 凝胶的高度分散性,其中又包含有数量如此多的凝胶孔,所以硬化水泥石就具有极大的内表面积,从而构成了对物理力学性质有重大影响的另一结构特征。硬化水泥石的比表面积平均约为 $210m^2/g$,与未水化的水泥相比,提高了 3 个数量级。如此巨大的比表面积所具有的表面效应,必然是决定水泥石性能的一个重要因素。

3. 水及其存在形式

水在水泥水化及水泥石形成过程中起着重要作用。按其与固相组成的作用情况,可以分为结晶水、吸附水和自由水三种基本类型。

(1)结晶水。结晶水又称化学结合水(简称化合水),是水化产物的一部分,根据其结合力强弱又可分为强结晶水和弱结晶水两种。

强结晶水。以 OH 离子状态存在于晶格中,结合力强,只有在较高温度下晶格破坏时才脱除。如 $Ca(OH)_2$ 中的水就是强结晶水。

弱结晶水。以中性 H_2O 分子存在于晶格中,结合不牢固,在 $100\sim200℃$ 以上可脱除的弱结合水。

(2)吸附水。吸附水是在吸附效应及毛细现象作用下被机械地吸附于固相颗粒表面及孔隙之中的水,可分为凝胶水和毛细水。凝胶水脱水范围较大。毛细水结合力弱,脱水温度较低,其数量随水灰比及毛细孔数量而变化较大。

(3)自由水。自由水又称游离水。主要存在于大孔、微孔内,与普通水性质无异。因对浆体结构及性能无益,应尽量减少。

上述水泥石中不同形式的水,难以测定。因此,从实用观点出发,常将硬化水泥石中的水分分为:非蒸发水和可蒸发水两大类。试样在水蒸气压为 $6.67\times10^{-2}Pa$,$-79℃$ 干冰($-79℃$ 温度)条件下干燥至恒重时,水泥浆体中所余留的水为非蒸发水,失去的水为蒸发水。在一般情况下,在饱和的水泥浆体中,非蒸发水约占干水泥质量的 18%,完全水化时,非蒸发水约占水泥质量的 23%。由于非蒸发水量与水化产物的数量存在着一定的比例关系,因此,在不同龄期实测的非蒸发水量可以作为水泥水化程度的一个表征值。而蒸发水的体积可认为是在硬化水泥浆体中所有孔隙体积的量度。其蒸发水含量越大,出现的孔隙也会越多。

根据上述讨论,硬化水泥石中有水泥水化产物和未水化的熟料,又有水或空气填于各类孔隙之中。其中作为最主要部分的水化产物,不但化学组成各不相同,而且也有不同形貌,如纤维状、棱柱状或针棒状、管状、粒状、板、片或鳞片状,以及无定形等多种基本型式。

第五节　水泥的化学侵蚀

一、侵蚀的类型及原因

在一般条件下水泥混凝土的耐久性很好,但水泥用在水工建筑物中会受到各种环境水(如海水、河水、地下水等)的侵蚀。由于水中所含侵蚀物质种类很多(有淡水、碳酸水和一般酸性水、硫酸盐溶液及碱溶液等),对水泥石侵蚀的性质也各不相同,因此,很难全面地将所有侵蚀性介质对硬化水泥浆体的侵蚀作用进行一一讨论。为了便于研究侵蚀过程及采取有效的防止措施,一般将侵蚀作用归纳为如下几个基本类型。

1. 第一类型为溶出侵蚀。主要是淡水浸析作用所产生的。淡水能使水泥水化产物中的氢氧化钙溶解,并促进水泥石中其他水化产物的分解。

当流水渗透过水泥混凝土时,首先就使氢氧化钙溶析。如水量不多,水中的氢氧化钙浓度很快达到饱和,溶出作用也就停止。但在流动水中,特别是在有水压作用,且混凝土渗透性又大时,水流就不断将氢氧化钙溶出并带走,使水泥石的孔隙率增加,密实度与强度降低。一方面使水更易渗入,另一方面氢氧化钙晶体的溶出与溶液中氧化钙浓度的降低,将引起其他水化产物的溶解或分解。

室温下硅酸钙用水调和时,生成水化产物的 CaO/SiO_2 比决定于周围介质中 CaO 的浓度,溶液中 CaO 浓度越低,生成水化硅酸钙的 CaO/SiO_2 比越低,当水流溶出 CaO,同时带走 CaO,最后将水解成没有水硬性的 $SiO_2 \cdot aq$ 与 $Ca(OH)_2$。水化铝酸三钙也是如此,当溶液中氧化钙浓度低于 $1.08g/L$ 时就会分解,向 CaO/Al_2O_3 分子比低的水化铝酸钙转化,并随 CaO 不断溶出而最后分解出没有水硬性的氢氧化铝。当溶液中氢氧化钙浓度低于 $1.06g/L$ 时,水化铁铝酸四钙分解出 $Fe(OH)_3$。

由上可见,随着 $Ca(OH)_2$ 的被溶出,首先是固相的 $Ca(OH)_2$ 溶解,其次为高碱性的水化硅酸钙、水化铝酸盐和水化铁酸盐水解而成低碱水化物,最后变成无黏结能力的 $SiO_2 \cdot aq$、$Al_2O_3 \cdot aq$、$Fe_2O_3 \cdot aq$。氢氧化钙晶体是保证水泥石高强度的主要结构部分之一,所以当水渗入混凝土内部,只要氢氧化钙晶体被溶出,混凝土的强度就降低或遭到严重破坏。有人发现,当 $Ca(OH)_2$ 溶出 5% 时,混凝土强度下降 7%;溶出 24% 时,强度下降达 29%。

这种淡水破坏的剧烈程度与一些因素有关,如混凝土所受水压情况、水的暂时硬度(碳酸氢钙和碳酸氢镁含量)等。如混凝土结构承受水压时,水不仅向混凝土内部扩散,而且还发生水泥混凝土渗透,水压越大,混凝土透水性越大,破坏也就越快。

碳酸氢钙和碳酸氢镁能与水泥石中的 $Ca(OH)_2$ 反应生成不溶的 $CaCO_3$,其反应为:

$$Ca(OH)_2 + Ca(HCO_3)_2 = 2CaCO_3 + 2H_2O$$

碳酸钙沉淀在混凝土的孔隙内而提高其密实度,并在混凝土表面形成一紧密不透水层,所以水中的暂时硬度越大,侵析作用就越小,破坏作用也就减小。

溶出性侵蚀常发生在流动水环境条件下,如水泥混凝土河堤、桥墩等与流动水接触的部位。

2. 第二类型侵蚀为溶析和化学溶解双重侵蚀。侵蚀的基本特征是由于水中侵蚀物质与水泥石的组分发生离子交换反应,反应生成物或者是易溶解的物质被水带走,或者是生成一些没有胶结能力的无定形物质,使原有结构遭到破坏。

(1)碳酸水的腐蚀。天然碳酸水中的 CO_2 的主要来源是生物化学作用。碳酸水作用于混凝土后所产生的变化如下:

碳酸水与水泥石中 $Ca(OH)_2$ 作用,在混凝土表面形成 $CaCO_3$,其反应为:

$$Ca(OH)_2 + CO_2 + H_2O = CaCO_3 + 2H_2O$$

形成的碳酸钙会再与含碳酸水产生下列可逆反应:

$$CaCO_3 + CO_2 + H_2O = Ca(HCO_3)_2$$

所以碳酸的腐蚀作用,并不是它可以和水泥石中氢氧化钙进行反应,而在于它可以进一步和生成的碳酸钙进行反应,生成易溶的碳酸氢钙。当水中的 CO_2 和 $Ca(HCO_3)_2$ 之间的浓度达到一定的平衡时,这一反应才能停止。

(2)一般酸性水的腐蚀。

①无机酸。无机强酸中,盐酸和硝酸能与水泥石中的$Ca(OH)_2$、水化硅酸钙、水化铝酸钙反应生成可溶性氯化钙及硝酸钙,这些可溶性盐类易被流水所带走而加剧腐蚀作用。浓盐酸及浓硝酸还能直接与硅酸盐及铝酸盐作用使之分解:

$$Ca(OH)_2 + 2HCl \!=\!= CaCl_2 + 2H_2O$$
$$2CaO \cdot SiO_2 + 4HCl \!=\!= 2CaCl_2 + SiO_2 \cdot 2H_2O$$
$$3CaO \cdot Al_2O_3 + 6HCl \!=\!= 3CaCl_2 + Al_2O_3 \cdot 3H_2O$$

氢氟酸能侵蚀水泥石中的硅酸盐和硅质集料。因此,这种无机酸对水泥有非常强烈的腐蚀作用。磷酸与水泥石中的$Ca(OH)_2$生成不溶性磷酸钙,堵塞混凝土毛细孔,侵蚀速度缓慢,但强度不断下降,直到最后破坏。

②有机酸。有机酸的侵蚀作用程度没有无机酸强烈。侵蚀性也视其与水泥石中氢氧化钙所生成的钙盐性质而定。醋酸、乳酸等与氢氧化钙生成可溶性钙盐,所以对水泥石有侵蚀作用。而草酸与氢氧化钙生成不溶性钙盐,在混凝土表面形成保护层,所以侵蚀很小。一般情况下酸的浓度愈大,相对分子质量愈大,则侵蚀性愈厉害。

3. 第三类型侵蚀为硫酸盐侵蚀,也称膨胀侵蚀。它的基本特征是由于水中的侵蚀物质与水泥石的组分发生交替反应后生成一种盐类而结晶膨胀,使水泥石产生较大应力,造成水泥石结构破坏。

海水中含有相当高的硫酸盐。含硫酸盐的水对水泥石的作用有两个方面:一方面是阴离子SO_4^{2-}对水泥石组分的作用,另一方面是阳离子产生的作用。

SO_4^{2-}阴离子能与水泥石中的$Ca(OH)_2$反应生成石膏,与水化铝酸钙反应生成水化硫铝酸钙,它们的反应方程式如下:

$$Ca(OH)_2 + Na_2SO_4 \cdot 10H_2O \!=\!= CaSO_4 \cdot 2H_2O + 2NaOH + 8H_2O$$
$$4CaO \cdot Al_2O_3 \cdot 19H_2O + 3(CaSO_4 \cdot 2H_2O) + aq \!=\!=$$
$$Ca(OH)_2 + 3CaO \cdot Al_2O_3 \cdot 3CaSO_4 \cdot 31H_2O$$

生成物$CaSO_4 \cdot 2H_2O$的体积比反应物$Ca(OH)_2$的体积增大2.24倍;生成物水化硫铝酸钙的体积比水化铝酸钙增大2.68倍,所以无论是生成石膏或者是水化硫铝酸钙,均能在水泥石内部引起体积膨胀。最初使水泥石变得密实,且强度有所提高。但随后由于水化硫铝酸钙的结晶压力,而产生局部膨胀应力,使结构胀裂,强度下降而遭到破坏。这就称为硫铝酸钙腐蚀。

在研究硫酸盐水侵蚀时,阳离子的作用也不能忽视,按照阳离子的种类,可归纳成三组:

第一组:生成易溶的氢氧化物,如$NaOH$、KOH等。

第二组:生成难溶的氢氧化物,如$Mg(OH)_2$、$Ca(OH)_2$等。

第三组:生成挥发物,如NH_3等。

第一组硫酸盐作用于水泥石,生成石膏及易溶氢氧化物,此氢氧化物不断为水流所带走,石膏继续生成,使混凝土膨胀而破坏。

第二组硫酸盐较之第一组侵蚀性更大,尤其是$MgSO_4$对水泥石的破坏更加显著。$MgSO_4$

可以和水泥石中 $Ca(OH)_2$ 进行如下反应：

$$MgSO_4 + Ca(OH)_2 = CaSO_4 + Mg(OH)_2$$

由于 $Mg(OH)_2$ 的溶解度极小（18mg/L），可以从溶液中沉淀下来，从而使反应向右进行，使水泥石中 $Ca(OH)_2$ 溶出，严重时可以将它消耗完。$Ca(OH)_2$ 溶出后，水泥石的孔隙增加，使侵蚀性介质进一步渗透，这样又促进了 SO_4^{2-} 的腐蚀作用。

水化硅酸三钙或水化硅酸二钙还与硫酸镁溶液进行如下反应：

$$3CaO \cdot 2SiO_2 \cdot aq + 3(MgSO_4 \cdot 7H_2O) =$$

$$3(CaSO_4 \cdot 2H_2O) + 3[Mg(OH)_2] + 2(SiO_2 \cdot 2H_2O) + nH_2O$$

生成的石膏作用于水化铝酸盐，形成水化硫铝酸钙，在铝酸盐不足的情况下，主要生成石膏结晶，所以溶液中存在硫酸镁时，产生镁盐和硫酸盐双重腐蚀。

第三组硫酸盐由于生成挥发性的 NH_3 或离解度很小的水，反应成为可逆而迅速进行，所以，侵蚀最为厉害。

当硫酸铵和水泥石接触时，进行如下反应：

$$(NH_4)_2SO_4 + Ca(OH)_2 = CaSO_4 + 2NH_3\uparrow + 2H_2O$$

硫酸铵和硫酸镁一样，对混凝土有双重腐蚀，除一般硫酸盐所具有的膨胀作用外，还可以消耗 $Ca(OH)_2$，并促使水泥石的主要成分水化硅酸钙分解，这二种作用相互促进，对混凝土造成严重破坏。

4. 碱集料反应

硅酸盐水泥如果含碱量较高，其耐久性还可能与配制混凝土时所用的集料品种有关。某些混凝土工程的破坏，是由于水泥水化所析出的 KOH 和 NaOH 与集料中的活性二氧化硅相互作用，形成了碱的硅酸盐凝胶，致使混凝土开裂，即产生所谓的碱集料反应。

通常认为，只有在水泥中的总碱量较高（$R_2O > 0.6\%$），而同时集料中又含有活性 SiO_2 的情况下，才会发生上述的有害反应。活性集料有蛋白石、玉髓、燧石以及流纹石、安山岩及其凝灰岩等，其中蛋白石质的氧化硅可能活性最大。

活性 SiO_2 的特点是所有的硅氧四面体呈任意的网状结构，实际的内表面积很大，碱离子较易将其中起联结作用的硅—氧键破坏使其解体，胶溶成硅胶或依下式反应成碱的硅酸盐凝胶：

$$活性\ SiO_2 + 2mNaOH(KOH) \longrightarrow mNa_2O(K_2O) \cdot SiO_2 \cdot nH_2O$$

对膨胀的解释则可分为两种理论。其一认为膨胀压是由凝胶吸水后体积增加，但受到周围水泥石的约束，结果产生内压，导致膨胀、开裂。另一种是渗透压理论，是指包围活性集料的水泥浆体起着半透膜的作用，使反应产物的硅酸根离子难以透过，但允许水和碱的氢氧化物扩散进来，从而认为渗透压是造成膨胀的主要原因。

碱集料反应通常进行得很慢，所引起的破坏往往经过若干年后才会明显出现。水分存在是碱集料反应的必要条件，混凝土的渗透性对碱集料反应有很大的影响。提高温度将使反应加速。

当水泥的含碱当量在 0.6% 以下时，不会发生过大的膨胀，对活性集料是安全的。集料的颗粒粒径也很重要,在中间尺寸时膨胀最大。更值得注意的是,对于给定的活性集料,有一个能导致最大膨胀的所谓"最危险"含量。对于蛋白石,"最危险"含量可低至 3% ~ 5%,而对于活性较低的集料,"最危险"含量可能为 10% 或 20%,甚至高达 100%。也就是在活性颗粒较少的情况下,随着含量的增加,碱的硅酸盐凝胶数量越多,膨胀越大。但当超过"最危险"含量以后,情况正好相反;活性颗粒越多,单位面积上所能作用的有效碱相应减少,膨胀率变小。因此掺加足够数量的活性氧化硅细粉或火山灰、粉煤灰等,可有抑制碱集料膨胀的效果。

此外,水泥中所含的碱还可能与白云石质石灰石产生膨胀反应,导致混凝土破坏,常称为碱-碳酸盐岩反应。这类岩石仅限于细粒状的泥质白云灰岩,其组成在方解石-白云石之间。膨胀大的岩石常含有 40% ~ 60% 的白云石以及 5% ~ 20% 包括伊利石及其类似的黏土等酸不溶物。反应机理也尚未彻底了解。有人认为,当有碱存在时会发生如下的反白云石化反应:

$$CaCO_3 \cdot MgCO_3 + 2NaOH = CaCO_3 + Mg(OH)_2 + Na_2CO_3$$

通过上列反应使白云石晶体中的黏土质包裹物暴露出来,从而将黏土的吸水膨胀或通过黏土膜产生的渗透压作为造成破坏的主要原因。而且在 $Ca(OH)_2$ 存在的条件下,还会依如下反应使碱重新产生:

$$Na_2CO_3 + Ca(OH)_2 = CaCO_3 + NaOH$$

这样就使上述的反石云石化反应继续进行,如此反复循环,有可能造成严重的危害。

二、防止腐蚀的方法

(一)提高混凝土的致密度与表面处理

混凝土越致密,侵蚀介质就越难渗入,被腐蚀的可能性就越小。

密实混凝土的获得,可通过正确设计混凝土配合比,降低水灰比,仔细选择集料级配,采用振动、抽真空、吸水模板等施工方法。

用化学方法对混凝土进行表面处理,使水泥石中的氢氧化钙变成难溶的致密物质如碳酸钙、草酸钙等。

(二)改变熟料的矿物组成

C_3S 在水化时要析出较多的 $Ca(OH)_2$,而 $Ca(OH)_2$ 的存在又是造成侵蚀的一个主要原因。所以,降低 C_3S 含量,可以提高水泥的耐蚀性。

C_4AF 耐蚀性能比 C_3A 强。所以降低 C_3A,相应提高 C_4AF 含量,能提高水泥的抗硫酸盐性能。

有人将硅酸盐水泥的化学组成之间的比值按下式表示:

$$(SiO_2 + Fe_2O_3)/(CaO + MgO + Al_2O_3)$$

称为侵蚀率,用以评价水泥的抗蚀性。比值越大,表示抗蚀性愈好。

(三)在硅酸盐水泥中掺加混合材料

在硅酸盐水泥中掺加火山灰质混合材料亦有较好的抗蚀性。因火山灰质混合材料中活性氧化硅与水泥水化时放出的 $Ca(OH)_2$ 结合,生成低碱度的水化硅酸钙,其反应如下:

$$xCa(OH)_2 + SiO_2 + aq = xCaO \cdot SiO_2 \cdot aq$$

式中 $x=1$ 左右。

为稳定低碱度水化硅酸钙,溶液中所需 CaO 的浓度仅为 0.05~0.09g/L,比普通硅酸盐水泥为稳定的 C-S-H(Ⅱ)所需的石灰浓度低得多。所以,在淡水中溶析速度显著降低。另外,由于上述原因,还能使高碱性的水化铝酸钙($C_4A \cdot aq$)转变为低碱性的水化铝酸盐($C_2A \cdot aq$)由于低碱性的水化铝酸盐溶解度较大,使硫铝酸钙在氧化钙浓度较低的液相中产生结晶,不致使固相体积膨胀产生局部内显著内应力,而使混凝土破坏。

第九章 混合材料和掺加混合材料的通用水泥

第一节 粒化高炉矿渣

高炉矿渣是冶炼生铁的废渣。用高炉炼铁时,除了铁矿石和燃料(焦炭)之外,为了降低冶炼温度,还要加入相当数量的石灰石和白云石作为熔剂。它们在高炉内分解所得的氧化钙、氧化镁和铁矿石中的废石及焦炭中的灰分相熔化,生成主要组成是硅酸钙(镁)与铝硅酸钙(镁)组成的矿渣,密度为$2.3\sim2.8g/cm^3$,比铁水轻,因而浮在铁水上面,定期从排渣口排出后,经水或空气急冷处理便成粒状颗粒,这就是粒化高炉矿渣。

一、高炉矿渣的化学成分

矿渣中含有 SiO_2、Al_2O_3、CaO、MgO 等氧化物,其中前三者占90%以上。另外还含有少量的 MnO,FeO 和一些硫化物,如 CaS、MnS、FeS 等。在个别情况下,还可能含有 TiO_2、P_2O_5 和氟化物等。我国一些钢铁厂的高炉矿渣成分见表9-1-1。

表 9-1-1　我国一些钢铁厂的高炉矿渣成分

厂　名	SiO_2	Al_2O_3	Fe_2O_3	MnO	CaO	MgO	S
鞍钢	38.28	8.40	1.57	0.48	42.66	7.40	—
鞍钢	32.27	9.90	2.25	11.95	39.23	2.47	0.72
本钢	40.10	8.31	0.96	1.13	43.65	5.75	0.23
本钢	41.47	6.41	2.08	0.99	43.30	5.20	—
石钢	38.13	12.22	0.73	1.08	35.92	10.33	1.10
武钢	38.83	12.92	1.46	1.95	38.70	4.63	0.05
重钢	27.02	15.13	2.08	17.74	33.15	2.31	—

从表9-1-1可以看出,粒化高炉矿渣的化学成分与水泥熟料相似,只是氧化钙含量低。各种粒化矿渣的化学成分差别很大,同一工厂生产的矿渣,化学成分也不完全一样,

利用粒化高炉矿渣制造水泥时,矿渣中各氧化物的作用如下:

(一)氧化钙

氧化钙是碱性氧化物,是矿渣的主要成分,含量占40%左右,它在矿渣中化合成具有活性的矿物,如 C_2S。CaO 是决定矿渣活性大小的主要因素,因此,含量越高,活性越大。

(二)氧化铝

在矿渣中,氧化铝属于酸性氧化物,是矿渣中比较好的活性成分,它在矿渣中形成铝酸盐或铝硅酸钙等矿物,由熔融状态经水淬后形成玻璃体。氧化铝的含量一般为5%～15%,也有高达30%的。Al_2O_3 含量愈多,活性愈大,愈适合于生产水泥。

162

（三）氧化硅

氧化硅为酸性氧化物，也是矿渣中含量较多的一种成分，一般为 30%～40%。与 CaO 和 Al_2O_3 的含量比较起来，它的含量是过多了，致使形成低钙矿物（低活性），甚至还有游离二氧化硅存在，使矿渣的活性降低。二氧化硅含量高的黏度大，易生成玻璃体。

（四）氧化镁

氧化镁对矿渣活性的作用具有二重性。虽然一般氧化镁化合物比相应的氧化钙化合物活性要低，但是氧化镁可以增加熔融矿渣的流动性，有助于提高矿渣粒化质量，从而有助于提高矿渣粒化质量和活性。根据我国对矿渣的研究，氧化镁达到 17% 也不致于影响矿渣的活性。目前矿渣中氧化镁最多也只有 15%。

（五）氧化亚锰

氧化亚锰对水泥安定性无害，但对活性有影响。锰铁合金高炉矿渣的氧化锰含量较高，由于冶炼温度较高使粒化质量也较好，这些有利因素可以部分或全部的抵消由于锰化合物带来的某些不利因素。一般高炉矿渣氧化亚锰含量应限制在 4% 以下，锰铁粒化高炉矿渣中的氧化亚锰可以放宽到 15%。

（六）硫

矿渣中硫比较多的情况下，可能生成 MnS、CaS、FeS。FeS 虽对安定性无害，但可使水泥强度损失较多；CaS 与水作用，生成 $Ca(OH)_2$，起碱性激发作用；而 MnO 的存在，不仅使硫化物形成有害的 MnS，而且使 CaS 相应减少。

（七）氧化钛

矿渣中以钛钙石（CT）存在，因而使矿渣的活性下降。矿石为普通铁矿时，TiO_2 含量一般不超过 2%；当用钛磁铁矿时，矿渣中含 TiO_2 量可达 20%～30%，活性很低。我国标准规定，矿渣中 TiO_2 含量不得超过 10%。

（八）氧化铁和氧化亚铁

在正常冶炼时，矿渣中氧化铁和氧化亚铁含量很少，一般为 1%～3%，对矿渣的活性影响不大。

二、高炉矿渣的矿物组成及其结构

在结晶状态的矿渣中，碱性矿渣主要矿物组成为钙黄长石（C_2AS）、硅酸二钙（C_2S）及钙长石（CAS_2）等。而在酸性矿渣中，则为硅酸一钙和钙长石。

此外，在高炉矿渣中，还可能存在下列矿物：

透辉石	（CMS_2）	$CaO·MgO·2SiO_2$
镁方柱石	（C_2MS_2）	$2CaO·MgO·2SiO_2$
尖晶石	（MA）	$MgO·Al_2O_3$
钙镁橄榄石	（CMS）	$CaO·MgO·SiO_2$
镁蔷薇辉石	（C_3MS_2）	$3CaO·MgO·2SiO_2$
二硅酸三钙	（C_3S_2）	$3CaO·2SiO_2$
正硅酸镁	（M_2S）	$2MgO·SiO_2$
硫化物		CaS、MnS、FeS
其他		FeO、Fe_2O_3、氟化物等。

在结晶的高炉矿渣中,除 C_2S 外,其他矿物都没有单独硬化能力,同时结晶矿渣的内部结构稳定,原子均按一定规律整齐排列,它的化学潜能很低。因此,可以认为结晶矿渣基本上不具有活性。可是,将熔融矿渣进行水淬急冷处理,则由于液相黏度很快加大,阻滞了晶体的成长,形成了玻璃态结构,就使矿渣处于不稳定状态,因而具有较高的化学潜能,使矿渣活性大大提高。

慢冷的矿渣一般是岩石状,有时成浮石状。淬冷处理后的矿渣一般成 $0.5\sim5mm$ 大小的颗粒状,故称为粒化矿渣。由于成分和冷却条件不同,粒化矿渣可以呈白色、淡灰色、褐色、黄色、绿色以及黑色。

粒化高炉矿渣内虽然也含有少量明显结晶物质,但它的主要部分由玻璃质组成。玻璃质含量与矿渣的化学成分及急冷速度有关。我国的粒化高炉矿渣中玻璃质含量一般都在80%以上。

粒化高炉矿渣活性受化学成分影响外,还决定于玻璃质的数量和性能。实践证明,在矿渣化学组成大致相同的条件下成粒时,熔渣温度越高,冷却速度越快,则矿渣中所含的玻璃质越多,矿渣的活性也越高。据测定,熔渣在温度850℃左右时,已开始产生晶核,生长晶体。因此,为获得活性高的矿渣,就必须把熔渣温度迅速急冷到800℃以下。同时,在烘干粒化高炉矿渣时,还必须避免温度过高(900℃左右玻璃体转变成晶体称反玻璃化),防止矿渣产生"反玻璃化现象"而结晶,失去它的活性。

三、高炉矿渣的活性激发

磨细的粒化高炉矿渣单独与水拌和时,反应极慢,得不到足够的强度;但在氢氧化钙溶液中就能发生水化,而在饱和的氢氧化钙溶液中反应更快,并产生一定强度。这说明矿渣潜在能力的发挥,必须以含有氢氧化钙的液相为前提。这种能造成氢氧化钙液相以激发矿渣活性的物质称为碱性激发剂。它生成碱性溶液能破坏矿渣玻璃体的表面结构,使水分易于渗入并进行水化,造成矿渣颗粒的分散和解体,产生有胶凝性的水化硅酸钙与水化铝酸钙。常用的激发剂有石灰与硅酸盐水泥熟料。

在含有氢氧化钙的碱性介质中,加入一定数量的硫酸钙,就能使矿渣的潜在活性较为充分地发挥出来,产生比单独加碱性激发剂时高得多的强度,这一类物质称为硫酸盐激发剂。碱性介质促使矿渣颗粒的分散、解体,并生成水化硅酸钙和水化铝酸钙,而硫酸钙的掺入,能进一步与矿渣中活性氧化铝化合,生成水化硫铝酸钙,促使强度进一步提高。常用的硫酸盐激发剂有二水石膏、半水石膏及无水石膏等。

四、高炉矿渣的质量评定方法及品质要求

(一)质量评定方法

1. 化学分析法

用化学成分分析来评定矿渣的质量是评定矿渣质量的主要方法。我国国家标准 GB/T 203对粒化高炉矿渣质量系数规定如下:

$$K = \frac{CaO + MgO + Al_2O_3}{SiO_2 + MnO + TiO_2}$$

式中,CaO、MgO、Al_2O_3、SiO_2、MnO、TiO_2 表示相应氧化物的质量百分数。

质量系数 K 反映了矿渣中活性组分与低活性和非活性组分之间的比例,质量系数越大,

则矿渣的活性越高。

另外,根据矿渣化学成分中碱性氧化物与酸性氧化物之比值 M_O,称为碱性系数:

$$M_O = \frac{CaO + MgO}{SiO_2 + Al_2O_3}$$

$M_O > 1$ 表示碱性氧化物多于酸性氧化物,称为碱性矿渣;

$M_O = 1$ 称为中性矿渣;

$M_O < 1$ 称为酸性矿渣。

2．激发强度试验法

NaOH 激发强度法(磨细矿渣 + 5％ NaOH 溶液,调和成型,湿空气中养护 24h 后测定强度),该方法的优点是 24h 即可得到数据,缺点是对不同类型的矿渣缺乏规律性。

消石灰激发强度法(磨细矿渣掺入消石灰,加压成型,在小于 70℃ 下蒸养 8h,冷却后测定其强度),该法的优点是在短时间内可获得数据,缺点是消石灰的质量难以统一。

直接测定矿渣硅酸盐水泥强度的方法是最常用的方法。用下列强度比值来评定矿渣的活性:

$$R = \frac{矿渣硅酸盐水泥的 28d 抗压强度 \times 100}{不掺矿渣的硅酸盐水泥的 28d 抗压强度 \times (100 - 矿渣掺加百分数)}$$

若矿渣无活性,则比值 $R = 1$,R 值越大,则矿渣的活性越高。

由于我国大部分矿渣主要用作硅酸盐水泥的混合材料,所以用直接测定矿渣硅酸盐水泥强度的方法来评定矿渣的质量比较符合生产实际。但是,所用熟料的质量、水泥粉磨细度、矿渣和石膏的掺入量等因素,均对 R 值有影响。因此,很难提出一个统一的标准作为衡量矿渣的指标,这是该法的主要缺点。

近年来,在评价磨细矿渣粉质量时,采用测定掺加 50％ 磨细矿渣粉的水泥胶砂和不掺矿渣粉的硅酸盐水泥胶砂 7 天、28 天抗压强度比的方法,这种方法也可以用于评价矿渣的质量。

(二)品质要求

我国国家标准 GB/T 203 对粒化高炉矿渣的质量提出如下要求:

1．粒化高炉矿渣的质量系数 K 应不小于 1.2;

2．粒化高炉矿渣中锰化合物的含量,以 MnO 计不得超过 4％;锰铁合金粒化高炉矿渣的 MnO 允许放宽到 15％,但硫化物以硫计不得超过 2％;

3．粒化高炉矿渣的淬冷必须充分。其容积密度应予检定,具体指标由钢铁厂与水泥厂协议确定;未经淬冷的块状矿渣,以质量计不得超过 5％,以最大直径计不得超过 10cm;

4．粒化高炉矿渣不得混有外来夹杂物,金属铁的含量亦应严格控制;

5．不符合本标准质量要求的粒化高炉矿渣为不合格品,允许不合格与合格品均匀混合或剔选后,能符合质量要求的情况下,将不合格品掺入使用。

第二节　矿渣硅酸盐水泥

一、矿渣硅酸盐水泥的国家标准

凡由硅酸盐水泥熟料和粒化高炉矿渣、适量石膏磨细制成的水硬性胶凝材料,称为矿渣硅酸盐水泥(简称矿渣水泥)。GB 175—2007 规定,水泥中粒化高炉矿渣或磨细矿渣粉掺加量按质量百分比计为 20%~70%。允许用不超过水泥质量 8% 的石灰石或窑灰、粉煤灰、火山灰质活性混合材料中任一种材料来代替矿渣。水泥中粒化高炉矿渣掺加量按质量百分比计为 >20% 且 ≤50% 的代号为 P·S·A,水泥中粒化高炉矿渣掺加量按质量百分比计为 >50% 且 ≤70% 的代号为 P·S·B。

矿渣硅酸盐水泥分为 32.5、32.5R、42.5、42.5R、52.5 和 52.5R 等六个强度等级,其中 32.5、42.5、52.5 水泥按早期强度分两种类型。各强度等级水泥的各龄期强度不得低于表 9-2-1 所示数值。

表 9-2-1　矿渣硅酸盐水泥强度指标　　　　　　　　　　　　　　　　　MPa

强 度 等 级	抗 压 强 度		抗 折 强 度	
	3d	28d	3d	28d
32.5	10.0	32.5	2.5	5.5
32.5R	15.0	32.5	3.5	5.5
42.5	15.0	42.5	3.5	6.5
42.5R	19.0	42.5	4.0	6.5
52.5	21.0	52.5	4.0	7.0
52.5R	23.0	52.5	4.5	7.0

矿渣硅酸盐水泥的技术要求是:

1. 氧化镁　熟料中氧化镁的含量不得超过 6.0%。如水泥经压蒸安定性试验合格,则熟料中氧化镁含量允许放宽。

2. 三氧化硫　矿渣水泥中三氧化硫含量应不大于 4.0%。

3. 细度　0.080mm 方孔筛筛余不得超过 10%。

4. 凝结时间　初凝不得早于 45min,终凝不得迟于 10h。

5. $Na_2O + 0.658K_2O$　协商。

6. 氯离子　不大于 0.06%。

7. 安定性　用沸煮法检验,必须合格。

二、矿渣硅酸盐水泥的生产

矿渣水泥的生产过程有混合粉磨和分别粉磨两种工艺。

混合粉磨工艺　与普通硅酸盐水泥基本相同,粒化矿渣经烘干后,再与硅酸盐水泥熟料、石膏按一定比例送入磨内共同粉磨。变更物料配比与水泥细度,即可对所生产的矿渣水泥强度等级进行控制。

分别粉磨工艺　矿渣单独粉磨,水泥熟料和石膏一起粉磨,然后再按比例搅拌配置矿渣硅酸盐水泥。由于矿渣易磨性差,采用分别粉磨工艺可使矿渣粉磨的更细,这种工艺有利于提高矿渣粉的水化活性,有利于提高矿渣水泥中矿渣的掺加量。生产大掺量矿渣水泥需要采用分别粉磨工艺。

矿渣分别粉磨时有球磨机、辊压机、立式辊磨三种系统。Polysius 公司在实际生产的基础上对不同的矿渣粉磨系统作了对比,其结果如表 9-2-2。

166

表 9-2-2　矿渣不同粉磨系统的对比

粉磨系统	圈流球磨系统	辊压机系统			辊磨系统
		预粉磨	联合粉磨	终粉磨	
功耗	100	70~80	55~75	40~60	50~70
投资(%)	100	90~110	130	100	100~115
维修(%)	100	110	130	120	115

从表 9-2-2 可知,以工耗来说采用辊压机和辊磨系统要比球磨系统节省 40%～50%。由于矿渣难磨,加上要求高比表面积,因此粉磨电耗很大,例如球磨系统生产 $450m^2/kg$ 比表面积矿渣粉时磨机电耗约 $68kW \cdot h/t$,如用辊磨系统电耗要降低 $30～50kW \cdot h/t$,这是相当大的。因此宝钢、济钢、莱钢等钢铁公司生产磨细矿渣粉时都选用了国外的大型立式辊磨作为粉磨设备。

矿渣水泥的最大缺点是早期强度比普通水泥低,因此,在生产时考虑如何提高它的早期强度,是改善矿渣水泥性能的最主要一环。常从下列几方面去考虑:

1. 照矿渣水泥的特点,应适当提高熟料质量。在生产可能情况下,适当提高熟料的石灰饱和系数,使熟料中含有较多的 C_3S 和 C_3A。同时,在保证质量的前提下,可以适当放宽游离氧化钙含量,以利于提高矿渣水泥的早期强度。表 9-2-3 表示熟料中 C_3A 含量对矿渣水泥强度的影响。

表 9-2-3　熟料矿物组成对矿渣水泥强度的影响

熟料中矿物含量(%)		水泥中矿渣含量	抗压强度(MPa)		
C_3S	C_3A	(%)	3d	7d	28d
55	8	50	6.9	11.8	25.9
55	10	50	10.0	23.0	34.9
55	12	50	13.0	12.0	35.0

2. 控制矿渣的质量和数量

矿渣的主要微晶矿物以 C_2AS 和 C_2S 为主时,矿渣水泥的强度较高。矿渣水淬好坏对矿渣活性影响很大,所以在条件许可的情况下,选用化学成分比较合适和水淬质量较好的矿渣对提高矿渣水泥的早期强度非常有利。

矿渣水泥的早期强度随矿渣掺加量增加而降低,但 28 天强度还会有所提高。矿渣合适掺加量应通过一系列试验来决定,表 9-2-4 表示矿渣掺加量对水泥强度的影响。

表 9-2-4　不同矿渣掺加量的矿渣水泥强度

矿渣掺加量(%)	细度 0.08mm 方孔筛筛余(%)	抗压强度(MPa)		
		3d	7d	28d
0	5.2	21.0	31.8	47.1
20	5.0	18.5	31.8	52.3
40	5.5	13.6	27.3	48.3
60	5.7	7.7	16.1	41.7

3. 适当提高水泥的粉磨细度对提高矿渣水泥强度是明显的。但过分提高水泥磨细度会降低磨机产量,增加电耗,提高水泥成本。

4．适当提高矿渣的粉磨细度对提高矿渣水泥的强度也是明显的。由于矿渣比水泥熟料更难粉磨,所以应该尽量采用分别粉磨工艺。

5．适当提高石膏掺加量

矿渣水泥中的石膏除了起调节凝结时间的作用外,还起着硫酸盐激发剂的作用。特别是当熟料与矿渣中含氧化铝较高,水泥粉磨细度较细时,应多加些石膏,但是用量也不宜过多,否则会引起体积膨胀。国家标准规定矿渣水泥中三氧化硫含量应不大于 4.0%。工厂生产中较好的石膏掺入量以 SO_3 计为 2.0%～2.5%。

三、矿渣硅酸盐水泥性能与使用范围

1．矿渣水泥的抗淡水和抗硫酸盐侵蚀能力比硅酸盐水泥好,水泥水化时,析出的 $Ca(OH)_2$ 与矿渣作用生成较稳定的水化硅酸钙,从而阻止了 $Ca(OH)_2$ 被水溶出,提高了混凝土的抗渗性和抗硫酸盐侵蚀能力。所以矿渣水泥较适用于水工、海港、地下工程以及经常受较高水压的工程。

2．矿渣水泥水化热较硅酸盐水泥小,耐热性好,与钢筋结合力也很好。

3．在酸性水及含镁盐的水中,矿渣水泥的抗侵蚀性较差。这是因为产生难溶的 $Mg(OH)_2$ 和 $CaSO_4 \cdot 2H_2O$ 使水泥石液相中 CaO 浓度降低。在硅酸盐水泥中,有大量的 $Ca(OH)_2$ 晶体可以补充,而在矿渣水泥中,就不得不借助于新生成的低钙水化物的分解而得到补充,这就使具有强度的组分含量显著降低,使试体松软破坏。

4．矿渣水泥的泌水性强。矿渣水泥保持水分的能力较差,容易析出多余的水分,使混凝土在浇灌过程中内部形成毛细管通道及水囊,当水分蒸发后,便形成空隙,因而降低混凝土的密实性和均匀性。因此,施工中应采取相应措施,如加强保潮养护,严格控制加水量,低温施工时采取保温养护等。

5．矿渣水泥在低温时(10℃以下)凝结硬化较慢,故不宜用于低温工程。

6．矿渣水泥可代替硅酸盐水泥,广泛使用于地面和地下建筑物。但不适宜用于有冻融循环及干燥潮湿交替条件下的建筑工程。

7．适用于蒸汽养护的预制构件。据试验,矿渣水泥经蒸汽养护后,不但能获得较好的力学性能,而且浆体结构的微孔变细,能改善制品和构件的抗裂性和抗冻性。

8．适用于受热车间(200℃以下),如冶炼车间、锅炉车间和承受较高温度的工程。

第三节　火山灰质混合材料

凡天然的或人工的以氧化硅、氧化铝为主要成分的矿物质原料磨成细粉,加水后本身并不硬化,但与气硬性石灰混合,加水拌和成胶泥状态后,不仅能在空气中硬化,而且能在水中继续硬化的,称为火山灰质混合材料。

火山灰质混合材料是一种活性混合材料,在水泥中掺入火山灰质混合材料,不仅可以改善水泥的某些性能,而且可以达到增加水泥产量的目的。用于水泥中的火山灰质混合材料,必须符合 GB/T 2847 规定。

一、火山灰质混合材料的分类

根据混合材料的成因分成天然和人工两大类。

（一）天然的火山灰质混合材

1. 火山灰　火山喷发的小于2mm的细粒碎屑的沉积物；

2. 凝灰岩　火山喷发的小于2mm的细粒碎屑的沉积物形成的岩石；

3. 浮石　火山喷发的多孔玻璃质岩石；

4. 沸石岩　是含有碱或碱土金属的含水硅铝酸盐矿物为主的岩石。由火山碎屑或酸性熔岩经环境介质蚀变而成；

5. 硅藻土　大部分是极细微的硅藻介壳聚集沉积而成，外观呈现松软多孔状态，大多呈浅灰或浅黄色；

6. 硅藻石　大部分由极细微的圆形颗粒组成，亦由硅藻介壳沉积而成；

7. 蛋白石　是天然的含水无定形二氧化硅致密块状凝胶体，常呈蛋白色，断口呈贝壳状。

（二）人工的火山灰质混合材

1. 烧页岩　油田页岩经煅烧或自燃后的产物；

2. 烧黏土　高岭土含量多的黏土经煅烧后的产物；

3. 煤矸石　煤层中炭质页岩经自燃或煅烧后的产物；

4. 煤渣　煤炭燃烧后所得的部分熔融或熔融状态的残渣。

表9-3-1列出我国部分火山灰质混合材料的化学成分。

表 9-3-1　部分火山灰质混合材料的化学成分

名　称	烧失量	SiO_2	Al_2O_3	Fe_2O_3	$CaO + MgO$	R_2O	SO_3
火山灰	1.82	45.51	16.50	11.86	18.73	5.42	微
凝灰岩	3.77	74.29	13.38	1.82	2.01	3.88	0.21
沸石岩	12.95	67.02	11.11	0.67	3.74	3.85	0.03
硅藻土	5.10	77.90	11.30	2.60	1.80	—	—
煤矸石	2.19	56.66	22.79	7.44	7.40	2.30	1.47
烧页岩	1.85	60.63	23.24	9.46	2.37	1.78	0.63
烧黏土	4.25	66.35	20.47	5.70	1.79	1.64	微

二、火山灰质混合材料的品质指标和活性检定

GB/T 2847规定，用于水泥中的火山灰质混合材料应满足下列要求：

1. 烧失量　人工的火山灰质混合材料烧失量不得超过10%；

2. 三氧化硫含量　三氧化硫含量不得超过3%；

3. 火山灰性试验必须合格；

4. 抗压强度比　使用含30%混合材料的火山灰水泥胶砂与对比用硅酸盐水泥胶砂28天强度比不得低于62%。

符合以上四项要求的火山灰质混合材料，可作为活性混合材料；符合以上第1~2条要求的，不符合第3或第4条要求的，可作为非活性混合材料。

检定火山灰质混合材料活性有化学方法和物理方法。火山灰性试验是一种化学方法，抗压强度比是一种物理方法。

火山灰性是在 $40 \pm 2℃$ 条件下，通过与水泥共存的液相中呈现的 $Ca(OH)_2$ 量和在同样碱度介质中达到饱和 $Ca(OH)_2$ 量相比较而评定的。因此，应先画出在 $40 \pm 2℃$ 时，$Ca(OH)_2$ 在

游离碱度(OH⁻)从 0～100mmol/L 的溶液中的溶解度曲线(见图 9-3-1)。曲线上方的Ca(OH)₂浓度是过饱和的,曲线下方的Ca(OH)₂浓度是不饱和的。凡是具有火山灰性的材料能与水泥水化时产生的 Ca(OH)₂作用,所以,与火山灰水泥共存的溶液的 Ca(OH)₂浓度往往是不饱和的,处于图中 Ca(OH)₂溶解度曲线的下方。因此,根据试验结果的点的位置,就可判明材料是否具有火山灰性。如果试验点落在饱和浓度曲线上或非常接近饱和浓度曲线,则需在同一条件下重做实验。不过,试验时间应进行 14天,所得结果如在饱和曲线下方,仍说明材料具有火山灰性,只是活性发展较慢。试验时应控制恒温 40±2℃,如温度过低,则火山灰性不易发挥,易将活性材料试验为非活性材料;如温度高于 42℃,使检验结果失去对比性。

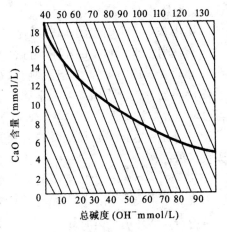

图 9-3-1　火山灰活性的评定

抗压强度比试验方法为:火山灰质混合材料掺加量为 30%,水泥熟料与石膏为 70%,细度要求是,火山灰 0.080mm 方孔筛筛余 6±1%,熟料比表面积是 3 000±100cm²/g,石膏掺入量以 SO₃ 计为(2±0.2)%。加水量以跳桌流动度 165～175mm 为准。试验结果以下式计算抗压强度比 A。

$$A = \frac{R_1}{R_2}$$

式中　A——抗压强度比(%);

　　　R_1——掺 30%火山灰的水泥抗压强度(MPa);

　　　R_2——硅酸盐水泥抗压强度(MPa)。

第四节　火山灰质硅酸盐水泥

一、火山灰质硅酸盐水泥的定义

凡由硅酸盐水泥熟料和火山灰质混合材料、适量石膏磨细制成的水硬性胶凝材料,称为火山灰质硅酸盐水泥(简称火山灰水泥),代号为 P·P。按国家标准 GB 175—2007 规定,水泥中火山灰质混合材料掺加量按质量百分比计为 20%～40%。

国家标准规定了火山灰质硅酸盐水泥和粉煤灰硅酸盐水泥的技术要求,其中水泥细度、凝结时间、安定性、氧化镁、氯离子含量、强度等级等品质指标均与矿渣硅酸盐水泥相同,但 SO₃不大于 3.5%。

二、火山灰质硅酸盐水泥的生产

火山灰水泥中混合材料的掺入,通常根据水泥熟料质量、混合材料的活性及要求生产的水泥强度等级及性能等因素综合决定,但主要是依据强度试验的结果。如有可能,应根据不同配比对水泥强度(包括长期强度)和工程需要的特定性能,综合选定所应采用的混合材料掺量。

火山灰水泥也可以在施工现场就地配制。将熟料运到工地与混合材及石膏一起粉磨,也可将普通水泥与预先磨细的混合材混拌均匀。掺加量及细度等可按工程要求经试验决定。

为了提高火山灰水泥的早期强度,可以适当提高水泥熟料中的 C_3S 和 C_3A 的含量。

三、火山灰水泥的性质和使用范围

火山灰水泥的密度比硅酸盐水泥小,一般为 $2.7\sim2.9g/cm^3$。火山灰水泥的建筑性质在很多方面与硅酸盐水泥相似。火山灰水泥具有长期强度增进率大,水化热低,耐蚀性好,保水性好等优点;其缺点是:早期强度低,需水量大,干缩大,低温性能差。只要掌握了火山灰水泥性能变化特点,用其所长,避其所短,则火山灰水泥就可得到很好的应用。

火山灰水泥的使用范围大致如下:

1. 最适于地下或水中工程,但不宜用于受冻的工程;

2. 火山灰水泥水化热较低,适用于大体积混凝土工程;

3. 宜进行蒸汽养护,生产混凝土预制构件;

4. 可和普通水泥一样用于地面建筑工程。火山灰水泥在常温下凝结硬化较慢,早期强度低,后期强度高,在施工中应延长养护时间。由于火山灰水泥干缩变形较大,因此不宜用在干燥和高温地方。

第五节　粉煤灰和粉煤灰硅酸盐水泥

一、水泥生产中作活性混合材料的粉煤灰

从煤粉炉烟道气体中收集的粉末称为粉煤灰。粉煤灰面广量大,如不加以利用,就会污染环境,占用农田,堵塞河道,影响工农业生产。粉煤灰具有一定活性,将粉煤灰掺入水泥中可改善水泥的某些性能,而且能变废为宝,化害为利。因此,我国已大量生产粉煤灰水泥,并制订了相应的国家标准:

粉煤灰的化学成分波动较大,但都是以酸性氧化物为主。我国大多数粉煤灰化学成分中 SiO_2 和 Al_2O_3 的总量为 $70\%\sim80\%$,其中 SiO_2 含量为 $35\%\sim55\%$, Al_2O_3 含量为 $15\%\sim40\%$。当它们从炉内排出,快速冷却后,玻璃体含量一般为 50% 以上,还有一些晶体矿物,主要由莫来石 $(3Al_2O_3\cdot2SiO_2)$、α-石英、方解石、钙长石等。由于粉煤灰具有一定的化学潜能,能与氢氧化钙作用,因而可作为水泥的活性混合材料。

国家标准 GB/T 1596—2005《用于水泥和混凝土中的粉煤灰》规定了水泥和混凝土生产中作活性混合材料的粉煤灰的技术要求。

粉煤灰首先按煤种分为 F 类和 C 类。由无烟煤或烟煤煅烧收集的粉煤灰为 F 类粉煤灰;由褐煤或次烟煤煅烧收集的粉煤灰其氧化钙含量一般大于 10%,为 C 类粉煤灰,即高钙灰。

水泥活性混合材料用粉煤灰应符合表 9-5-1 中技术要求;拌制混凝土和砂浆用粉煤灰应符合表 9-5-2 中技术要求。

表 9-5-1　水泥生产中作混合材料的粉煤灰的技术要求

项	目		技 术 要 求
烧失量(%),不大于		F类粉煤灰	8.0
		C类粉煤灰	
含水量(%),不大于		F类粉煤灰	1.0
		C类粉煤灰	
三氧化硫(%),不大于		F类粉煤灰	3.5
		C类粉煤灰	
游离氧化钙(%),不大于		F类粉煤灰	1.0
		C类粉煤灰	4.0
安定性 雷氏夹沸煮后增加距离(mm),不大于		C类粉煤灰	5.0
强度活性指数(%),不小于		F类粉煤灰	70.0
		C类粉煤灰	

表 9-5-2　拌制混凝土和砂浆用粉煤灰的技术要求

项	目		技 术 要 求		
			Ⅰ级	Ⅱ级	Ⅲ级
细度(45μm方孔筛筛余)(%),不大于		F类粉煤灰	12.0	25.0	45.0
		C类粉煤灰			
需水量比(%),不大于		F类粉煤灰	95	105	115
		C类粉煤灰			
烧失量(%),不大于		F类粉煤灰	5.0	8.0	15.0
		C类粉煤灰			
含水量(%),不大于		F类粉煤灰	1.0		
		C类粉煤灰			
三氧化硫(%),不大于		F类粉煤灰	3.0		
		C类粉煤灰			
游离氧化钙(%),不大于		F类粉煤灰	1.0		
		C类粉煤灰	4.0		
安定性 雷氏夹沸煮后增加距离(mm),不大于		C类粉煤灰	5.0		

　　符合上表各级技术要求的为等级品。若其中任何一项不符合要求的,应重新加倍取样,进行复验。复验不合格的需降级处理。

　　凡低于上表技术要求中最低级别技术要求的粉煤灰为不合格品。

　　强度活性指数(28d抗压强度比)指标低于70%的粉煤灰,可作为水泥生产中的非活性混合材料。

　　28d抗压强度比试验方法如下:

172

(一)试样制备

1. 粉煤灰

(1)含水量小于1%；

(2)细度(0.080mm方孔筛筛余)5%～7%。

2. 硅酸盐水泥

(1)安定性必须合格；

(2)抗压强度大于42.5MPa；

(3)比表面积290～310m²/kg；

(4)石膏掺入量(外掺)以SO_3计为1.5%～2.5%。

(二)样品

1. 试验样品　135g粉煤灰,315g硅酸盐水泥和1 350g标准砂。

2. 对比样品　450g硅酸盐水泥,1 350g标准砂。

3. 成型加水量　对比样品225mL,试验样品按水泥胶砂流动度165～175mm时的水灰比计算。

(三)试验步骤

分别测定试验样品的28天抗压强度R_1和对比样品28天抗压强度R_2。

(四)结果计算

粉煤灰水泥胶砂28天抗压强度比(%)按下式计算:

$$A = \frac{R_1}{R_2}$$

式中　A——抗压强度比(%)；

R_1——掺30%粉煤灰的水泥抗压强度(MPa)；

R_2——对比硅酸盐水泥抗压强度(MPa)。

计算结果取整数。

二、粉煤灰硅酸盐水泥

(一)粉煤灰硅酸盐水泥的定义

凡由硅酸盐水泥熟料和粉煤灰、适量石膏磨细制成的水硬性胶凝材料,称为粉煤灰硅酸盐水泥(简称粉煤灰水泥),代号为P·F。GB 175—2007标准规定,水泥中粉煤灰的掺加量按质量百分比计为20%～40%。

(二)粉煤灰水泥的生产

粉煤灰水泥的生产与普通水泥基本相同,可以采用水泥熟料、粉煤灰、石膏共同粉磨的方法;也可以采用熟料和石膏、粉煤灰分别粉磨后再进行混合的方法。

粉煤灰活性比较低,但比较细,也比较易磨细。磨细可以提高粉煤灰的活性,但是笔者认为,从形貌来分析,对粉煤灰要进行分类对待。对空心球状玻璃体为主的粉煤灰,不宜过于磨细,否则将大量空心球状玻璃体打碎后,比表面积大幅度增高,会使拌合需水量较大幅度升高,对提高水泥和混凝土的早期强度不利。对以海绵体为主的粉煤灰,就应磨得较细,将海绵体打碎,反而有助于降低需水量。判断粉煤灰的形貌需用扫描电子显微镜观测,水泥厂无此条件,可进行需水量的测定。GB/T 1596—2005 规定,混凝土和砂浆用Ⅰ、Ⅱ、Ⅲ级粉煤灰用 0.0045mm 方孔筛筛余分别不大于 12%、25% 和 45%,需水量比分别不大于 95%、105% 和 115%。需水量比间接反映出形貌等的差别。一般需水量比不大于 100% 的粉煤灰可以直接在水泥中掺用,大于 100% 的粉煤灰应再磨细。烧失量大于 8% 的粉煤灰不符合对水泥生产中掺加的粉煤灰的规定指标,在进行预处理前不能作为水泥混合材料掺用。

在闭路水泥粉磨工艺中,可将粉煤灰在磨机出口至选粉机进料口之间加入,经过选粉机分选后,粉煤灰球形细颗粒直接掺入成品水泥中,粉煤灰粗颗粒回磨机磨细,是一种更合理的掺加方法。

粉煤灰的掺加量通常与水泥熟料的质量、粉煤灰活性和要求生产的水泥强度等级等因素有关,主要依据强度试验来决定。粉煤灰水泥的早期强度随粉煤灰掺加量增加而降低(见表 9-5-3)。

表 9-5-3　粉煤灰掺加量对水泥强度的影响

粉煤灰掺加量(%)	细　度(%)	抗折强度(MPa)			抗压强度(MPa)		
		3d	7d	28d	3d	7d	28d
0	6.0	6.3	7.0	7.2	32.1	41.5	55.5
25	5.6	4.7	5.7	6.5	23.1	29.1	44.0
35	5.6	4.2	5.3	6.4	18.5	24.9	42.2

(三)粉煤灰水泥性能及使用范围

1.早期强度低,后期强度增进率大。在常温下,粉煤灰活性表现缓慢,而被粉煤灰代替的那一部分硅酸盐水泥的早期强度得不到补偿,因而粉煤灰水泥的早期强度低而长期强度却能不断地增长。表 9-5-4 可以看出粉煤灰水泥的后期强度(6 个月之后)可以超过硅酸盐水泥。

表 9-5-4　粉煤灰水泥和硅酸盐水泥的后期强度　　　　　　　　　　　　MPa

水泥品种	抗折强度						抗压强度					
	3d	7d	28d	3月	6月	1年	3d	7d	28d	3月	6月	1年
硅酸盐水泥	6.4	7.6	8.7	9.1	9.4	9.4	29.8	38.1	46.5	53.8	57.0	55.2
粉煤灰水泥(掺30%粉煤灰)	3.9	5.1	7.3	9.6	10.1	10.7	16.4	23.5	37.5	52.3	65.7	66.5

2.粉煤灰水泥与火山灰水泥一样,具有较高的抗淡水和抗硫酸盐腐蚀能力,粉煤灰中的活性 SiO_2 与 $Ca(OH)_2$ 结合生成水化硅酸钙($CaO \cdot SiO_2 \cdot nH_2O$),由于降低了水泥石中的氢氧化钙浓度,所以提高了水泥石的抗淡水腐蚀能力和抗硫酸盐的破坏能力。

3.水化热低。粉煤灰水泥对降低水化热的效果是显著的。粉煤灰掺量愈多,水泥的水化热愈小。这是因为在硅酸盐水泥熟料中水化速度最快、放热量最大的铝酸三钙(C_3A)和硅酸三钙(C_3S)由于掺入粉煤灰而相应减少了,从而降低了水泥的水化热。

4.干缩性小,抗裂性能较好。水泥的抗裂性能与水泥的干缩性能、抗拉强度有密切的关系。抗拉强度愈低,干缩率愈大,水泥制品产生裂缝的机会愈多。粉煤灰水泥具有干缩性较小,抗拉强度较高的特点,对增强水泥制品的抗裂性有良好的作用。

粉煤灰中含有大量致密的球形玻璃体颗粒,与一般表面粗糙、多孔的天然火山灰质混合材料有明显差别。大多数天然火山灰质混合材料(如硅藻土、凝灰岩、火山灰等),都具有很大比表面积的多孔结构,对水的吸附能力较大。而粉煤灰比表面积较小,相比之下其结构较致密,因此,对水的吸附能力小得多。对水的吸附能力大,所配制的水泥混凝土需水量也大,过多的水不仅使水泥混凝土其他性能受到影响,而且未起水化作用的吸附水会逐渐蒸发,造成水泥石的干缩。粉煤灰吸附水的能力小,所以,所制成的制品干缩性也比火山灰水泥小。

5.耐热性能较好。因为粉煤灰和高炉矿渣一样是在高温条件下(1 300℃以上)收集而得,低于这一温度时,粉煤灰基本上是稳定的,所以在配制使用温度为700℃以下的耐热混凝土时,常把粉煤灰水泥作为一种较好的胶凝材料。

由于粉煤灰水泥具有上述可贵性能,因此,可用于工业与民用建筑,是一种适用于水利工程、大体积混凝土工程以及一般耐热混凝土工程的胶凝材料。

粉煤灰水泥的缺点是:早期强度低,对于早期强度要求高的混凝土,应采取必要的措施,如减小水灰比,磨得细一些,蒸汽养护,掺早强减水剂等。粉煤灰水泥泌水快,易引起收缩裂缝。因此,在混凝土的凝结期间宜适当增加抹面次数,在硬化早期宜加强浇水养护,以保证混凝土强度的正常发展。粉煤灰水泥的抗冻性能和抗碳化性能较差,对于某些有抗冻、抗碳化要求的工程,使用时应注意采取适当措施。

第六节　复合硅酸盐水泥

一、复合硅酸盐水泥的定义

凡由硅酸盐水泥熟料、两种或两种以上规定的混合材料、适量石膏磨细制成的水硬性胶凝材料,称为复合硅酸盐水泥(简称复合水泥),代号 P·C。按 GB 175—2007 标准现定,水泥中混合材料总掺加量按质量百分比应大于 20%,不超过 50%。

水泥中允许用不超过 8% 的窑灰代替部分混合材料;掺矿渣时混合材料掺量不得与矿渣硅酸盐水泥重复。

二、复合硅酸盐水泥的组分材料

1.硅酸盐水泥熟料与 GB 175 的规定相同。

2.活性混合材料

系指符合 GB/T 203 规定的粒化高炉矿渣,符合 GB/T 2847 规定的火山灰质混合材料和符合 GB/T 1596 规定的粉煤灰。

3.非活性混合材料

系指活性指标不符合标准要求的潜在水硬性或火山灰性的水泥混合材料。采用石灰石时其中的三氧化二铝含量不得超过 2.5%。

4.石膏、窑灰、助磨剂、外加剂等与 GB 175 的要求相同。

三、复合硅酸盐水泥的强度等级

强度等级分 32.5、32.5R、42.5、42.5R、52.5、52.5R。

四、复合硅酸盐水泥的技术要求

1. 氧化镁

熟料中氧化镁的含量不得超过 5.0%。如水泥经压蒸安定性试验合格,则熟料中氧化镁的含量允许放宽到 6.0%。

2. 三氧化硫

水泥中三氧化硫的含量不得超过 3.5%。

3. 氯离子

水泥中氯离子含量不得超过 0.06%。

4. 细度

0.080mm 方孔筛筛余不得超过 10%。

5. 凝结时间

初凝不得早于 45min,终凝不得迟于 10h。

6. 安定性

用沸煮法检验必须合格。

7. 强度

各强度等级水泥的各龄期强度不得低于表 9-6-1 数值。

表 9-6-1 复合硅酸盐水泥强度指标　　　　　　　　　　　　MPa

强 度 等 级	抗 压 强 度		抗 折 强 度	
	3d	28d	3d	28d
32.5	10.0	32.5	2.5	5.5
32.5R	15.0	32.5	3.5	5.5
42.5	15.0	42.5	3.5	6.5
42.5R	19.0	42.5	4.0	6.5
52.5	21.0	52.5	4.0	7.0
52.5R	23.0	52.5	4.5	7.0

第十章 特种水泥

在我国水泥品种中,除六大通用水泥,即硅酸盐水泥、普通硅酸盐水泥、矿渣硅酸盐水泥、火山灰硅酸盐水泥、粉煤灰硅酸盐水泥和复合硅酸盐水泥外,还有满足特殊用途或具有特殊性能的特种水泥。目前,我国的特种水泥按主要熟料矿物分为硅酸盐系列、铝酸盐系列、硫铝酸盐系列、氟铝酸盐系列等类型;按用途和特性分类主要有快凝快硬高强水泥、膨胀水泥、水工水泥、自应力水泥、耐高温水泥、油井水泥、耐化学侵蚀水泥、装饰水泥、道路水泥等十余类数十个品种。本章拟选择较典型的部分种特种水泥,概括介绍其组成、生产方法、性能和用途。

第一节 铝酸盐水泥

凡以铝酸钙为主的铝酸盐水泥熟料,磨细制成的水硬性胶凝材料称为铝酸盐水泥(也称为高铝水泥、矾土水泥),代号 CA。

铝酸盐水泥是一种快硬早强的水硬性胶凝材料,适用于军事工程、紧急抢修工程、严寒下的冬期施工以及要求早强的特殊工程。铝酸盐水泥耐高温性能较好,所以其主要用途之一是配制耐热混凝土,用作窑炉衬砌。另外,铝酸盐水泥又是自应力水泥和膨胀水泥的主要组分,应用范围日益广泛。

我国铝酸盐水泥按 Al_2O_3 含量百分数分为四类;

CA-50	$50\% \leqslant Al_2O_3 < 60\%$
CA-60	$60\% \leqslant Al_2O_3 < 68\%$
CA-70	$68\% \leqslant Al_2O_3 < 77\%$
CA-80	$77\% \leqslant Al_2O_3$

一、化学成分和矿物组成

铝酸盐水泥熟料的主要化学成分为氧化钙、氧化铝、氧化硅,还有氧化铁及少量的氧化镁、氧化钛等。由于原料和生产方法的不同,铝酸盐水泥的化学成分变化较大。按 GB 201—2000《铝酸盐水泥》规定,铝酸盐水泥化学成分的波动范围应符合表 10-1-1 所列数值。

表 10-1-1 铝酸盐水泥化学成分范围　　　　　　　　　　　%

类　型	Al_2O_3	SiO_2	Fe_2O_3	R_2O	S	Cl
CA-50	$\geqslant50, <60$	$\leqslant8.0$	$\leqslant2.5$			
CA-60	$\geqslant60, <68$	$\leqslant5.0$	$\leqslant2.0$	$\leqslant0.4$	$\leqslant0.1$	$\leqslant0.1$
CA-70	$\geqslant68, <77$	$\leqslant1.0$	$\leqslant0.7$			
CA-80	$\geqslant77$	$\leqslant0.5$	$\leqslant0.5$			

(一)化学成分

铝酸盐水泥是以铝酸钙为主,三氧化二铝的含量在50%以上。以下讨论各主要氧化物所起的作用及其含量要求。

1. 氧化铝

氧化铝是生成铝酸钙的主要成分。我国采用回转窑烧结法生产,Al_2O_3含量一般不低于45%。氧化铝含量过低,熟料中会出现$C_{12}A_7$、C_3A等高碱性铝酸钙,使水泥快凝,强度下降;氧化铝含量过高,过多形成CA_2,甚至出现无活性的CA_6,水泥强度特别是早期强度下降。

2. 氧化钙

氧化钙是保证生成铝酸钙的基本成分。氧化钙过高,熟料中形成$C_{12}A_7$,使水泥快凝;CaO过低,形成大量CA_2,早期强度下降。另外,用回转窑烧结法生产时,熟料的烧成温度随CaO含量的增加而降低,烧成温度范围变窄,易使窑内结圈。CaO含量超过37%时,窑内料发黏结快,难以操作,产质量较低。

3. 氧化硅

氧化硅含量在4%～5%时,能促使生料更均匀地烧结,加速矿物形成;但随着SiO_2含量的增加,C_2AS的含量相应增加,使高铝水泥的早强性能下降。

4. 氧化铁

氧化铁形成胶凝性极弱的CF、C_2F,用回转窑烧结法生产时,Fe_2O_3含量高,熟料就容易生烧,中心部分煅烧不完全,使凝结加快而强度降低。

5. 二氧化钛

在铝酸盐水泥中TiO_2以钙钛石($CaO \cdot TiO_2$)形式存在,属于惰性矿物,生产上控制在4%以下。

6. 氧化镁

氧化镁含量过多,在铝酸盐水泥中形成镁铝尖晶石($MgO \cdot Al_2O_3$),属于惰性矿物,生产上应控制在2%以下。

(二)熟料的矿物组成

铝酸盐水泥熟料的矿物组成是铝酸一钙(CA)、二铝酸一钙(CA_2)、七铝酸十二钙($C_{12}A_7$)、硅铝酸二钙(C_2AS)及硅酸二钙(β-C_2S)等。

1. 铝酸一钙($CaO \cdot Al_2O_3$,简写为CA)

是铝酸盐水泥中的主要矿物,具有很高的水硬活性。其特点是凝结快,而硬化迅速,为高铝水泥强度的主要来源。但CA含量过高的水泥,强度发展主要集中在早期,后期强度增进率不高。

2. 二铝酸一钙($CaO \cdot 2Al_2O_3$,简写为CA_2)

为铝酸盐的主要矿物之一。CaO含最低的高铝水泥熟料中CA_2较多。

CA_2在常温下水化非常缓慢,但可用石灰石或高pH值的溶液加速其水化和强度的发展,它的最终强度并不低。因此,虽然CA_2硬化较慢,但仍是有价值的组分,同时其后期强度较高,能提高水泥的耐火性。

3. 七铝酸十二钙($12CaO \cdot 7Al_2O_3$,简写为$C_{12}A_7$)

在铝酸盐水泥中通常含量不多,随着CaO/Al_2O比值的增加而增加。它结晶迅速,凝结很快。铝酸盐水泥熟料中$C_{12}A_7$超过10%时,就会使水泥快凝,不利于施工,降低了水泥的使用价值。

4. 硅铝酸二钙($2CaO \cdot Al_2O_3 \cdot SiO_2$,简写为 C_2AS)

C_2AS 又称钙黄长石,也称铝方柱石。水硬性很差,在 SiO_2 含量高的熟料中形成 C_2AS,水化非常慢,严重影响铝酸盐水泥的早期强度。因而,在铝酸盐水泥熟料中要限制 SiO_2 的含量。

5. 六铝酸一钙($CaO \cdot 6Al_2O_3$、简写为 CA_6)

是惰性矿物,没有水硬性。含有矿物 CA_6 的水泥的耐火性能高。

除上述铝酸盐矿物外,有时还会有硅酸二钙存在。由于原料中尚有其他氧化物,熟料中总有少量的含铁相、含镁相以及钙钛石等。水泥熟料中所含的铁,根据生产方法的不同,可以成 CF、C_2F、Fe_2O_3 或 FeO 等形式存在。MgO 能与 Al_2O_3 形成镁铝尖晶石($MgO \cdot Al_2O_3$),也可生成镁方柱石($2CaO \cdot MgO \cdot 2SiO_2$)和更复杂的含镁化合物。钙钛石常成机械混合夹杂在其他矿物组成中。

二、铝酸盐水泥的原料

生产铝酸盐水泥的主要原料是矾土和石灰石。

(一)矾土

矾土中主要成分是氧化铝,并含有黏土质、石英石、碳酸盐、氧化铁及二氧化钛等杂质。矾土中主要矿物为波美石(又称水铝石、一水硬铝石,$Al_2O_3 \cdot H_2O$)和水铝土(又称水铝矿、三水铝石,$Al_2O_3 \cdot 3H_2O$)。我国各产地的高铝矾土中,主要矿物是一水铝石和高岭石($Al_2O_3 \cdot 2SiO_2 \cdot 2H_2O$)。矾土质量按 Al_2O_3/SiO_2 质量比例来评价。一般称此铝硅比(A/S)为"质量系数"。

矾土等级见表 10-1-2,矾土质量要求见表 10-1-3。

表 10-1-2　矾土等级

矾土等级	特　等	一　等	二　等　甲	二　等　乙	三　等
Al_2O_3(%)	>76	68~76	60~68	52~60	42~52
Al_2O_3/SiO_2	>20	5.5~20	2.8~5.5	1.8~2.8	1.0~1.8

表 10-1-3　回转窑烧结法对矾土质量要求　　　　　　　　　　　　　　　%

	SiO_2	Al_2O_3	Fe_2O_3	TiO_2	Al_2O_3/SiO_2
矾土	<10	>70	<1.5	<5	>7

(二)石灰石

生产铝酸盐水泥时,石灰石中的 SiO_2、MgO、Fe_2O_3 均是有害杂质,特别是在采用烧结法生产时,要求石灰石纯度高。目前我国生产铝酸盐水泥所用石灰石质量要求为:

$$CaO>52\%;SiO_2<1\%;MgO<2\%。$$

三、铝酸盐水泥生产方法

按煅烧方法的不同,铝酸盐水泥的生产方法基本上有熔融法和烧结法两种。

熔融法常采用电弧炉、高炉、化铁炉、反射炉等煅烧设备。

烧结法采用回转窑、立窑等煅烧设备。具体选用哪一种方法,须根据原料化学成分及对水泥性能的要求、经济成本等综合因素来决定。

熔融法生产中,原料不要求细磨,亦不需预先混合,可用低品位的矾土制得高质量的产品,但熔融时温度较高,热耗较高,制得的熟料很硬,较难粉磨。

烧结法生产,要求原料均匀度高,生料磨得细(细度为 0.080mm 方孔筛筛余 6%以下),煅烧时热耗低,制得的熟料易磨、省电,故水泥成本低。此外,还可利用硅酸盐工业中原有的热工设备。

四、铝酸盐水泥生产控制系数

为了得到预计的熟料组成,必须将熟料中各主要矿物含量控制在一定范围内。一般采用铝酸盐碱度系数和铝硅比作为常用的控制率值。

(一)铝酸盐碱度系数 A_m

铝酸盐碱度系数 A_m,表示 Al_2O_3 被氧化钙饱和的程度,即:

$$A_m = \frac{\text{熟料实际形成 CA,CA}_2 \text{ 的 CaO 量}}{\text{熟料中铝酸钙如全部为 CA 所需的 CaO 量}}$$

上式中的分子为总的 CaO 量减去生成 C_2AS、C_2F 和 CT 所耗去的 CaO 量,剩余的 CaO 量用于生成 CA 和 CA_2 铝酸盐矿物的 CaO 量,用 C' 表示。

C_2AS 中所耗 CaO 量为:

$$\frac{2CaO}{SiO_2}S = \frac{2 \times 56.08}{60.09}S = 1.87S$$

C_2F 中所耗的 CaO 量为:

$$\frac{2CaO}{Fe_2O_3}F = \frac{2 \times 56.08}{159.70}F = 0.7F$$

CT 中所耗的 CaO 量为:

$$\frac{CaO}{TiO_2}T = \frac{56.08}{79.90}T = 0.7T$$

由此可得:

$$C' = CaO - [1.87SiO_2 + 0.7(Fe_2O_3 + TiO_2)]$$

A_m 式中的分母为总的 Al_2O_3 量减去生成 C_2AS、C_2F 和 MA 所耗去的 Al_2O_3 量,剩余的 Al_2O_3 量用 A_A 表示。

C_2AS 中所耗的 Al_2O_3 量为:

$$\frac{Al_2O_3}{SiO_2}S = \frac{101.96}{60.09}S = 1.7S$$

MA 中所耗的 Al_2O_3 量为:

$$\frac{Al_2O_3}{MgO}M = \frac{101.96}{40.32}M = 2.53M$$

由此可得:

$$A_A = Al_2O_3 - (1.7 \times SiO_2 + 2.53M)$$

如剩余的 $Al_2O_3(A_A)$ 全部生成 CA,则所需 CaO 的量为:

$$\frac{CaO}{Al_2O_3}A_A = \frac{56.08}{101.96}A_A = 0.55A_A$$

故铝酸盐碱度系数 A_m 为:

$$A_m = \frac{C - 1.87S - 0.7(F + T)}{0.55(A - 1.7S - 2.53M)}$$

上式中 C、S、F、T、A 和 M 别代表熟料中 CaO、SiO_2、Fe_2O_3、TiO_2、Al_2O_3 和 MgO。

铝酸盐碱度系数 A_m 是表示熟料中 CA 与 CA_2 的相对含量。A_m 值越高.即表示生成的 CA 越多,A_m 值降低时,CA 的含量减少,而 CA_2 则相应增加。当 $A_m = 1$ 时,熟料中的氧化铝除了生成 C_2AS 和 MA 外,其余的氧化铝和氧化钙化合生成 CA,熟料中没有 CA_2 存在。另一方面,当 $A_m = 0.5$ 时,则其余氧化铝全部生成 CA_2,而并不形成 CA。

铝酸盐碱度系数是生产中确定配料的一个主要依据,一般根据水泥性能的要求、原料的质量、工艺流程以及煅烧设备的不同,并参照实际生产的经验数据予以确定。用回转窑烧结法生产时,铝酸盐水泥 A_m 一般选取 0.75。生产快硬高强铝酸盐水泥时,A_m 选取 0.8~0.9。生产具有良好高温性能的铝酸盐水泥时,A_m 选取 0.55~0.65。

(二)铝硅比系数

铝酸盐水泥的正确配比,除决定于 A_m 外,氧化铝和氧化硅含量的比值也极为重要,一般称为"铝硅比系数"(Al_2O_3/SiO_2,或 A/S)。铝硅比与水泥强度有密切关系。例如,当 A/S 从 0.7 提高到 9.0 时,水泥强度明显提高。对于低钙铝酸盐水泥,A/S 可达 16。

(三)铝钙比系数

Al_2O_3 与 CaO 的比值称为"铝钙比系数",简写成 A/C。铝钙比高,烧成温度高,水泥凝结硬化慢,但耐火高;反之,烧成温度低,强度高,耐火度低,水泥会出现快凝、急凝现象。

五、铝酸盐水泥的配料计算

铝酸盐碱度系数 A_m 和铝硅比系数选定后,即可进行配料计算。当回转窑以重油为燃料时,可作无灰分掺入计算。如用煤粉为燃料,则煤灰掺入量按经验数值确定。

设具有确定 A_m 值的生料是由 x 份(质量计)第一组分(矾土)和一份第二组分(石灰石)所组成。所有计算式中的氧化物组分采用表 10-1-4 所列符号表示。

表 10-1-4 生料中氧化物组分符号

物　料	CaO	SiO_2	Al_2O_3	Fe_2O_3	TiO_2	MgO
矾土(第一组分)	C_1	S_1	A_1	F_1	T_1	M_1
石灰石(第二组分)	C_2	S_2	A_2	F_2	T_2	M_2
生料	C_3	S_3	A_3	F_3	T_3	M_3
熟料	C_4	S_4	A_4	F_4	T_4	M_4

生料化学成分计算如下:

$$C_0 = \frac{xC_1 + C_2}{1 + x}; \qquad S_0 = \frac{xS_1 + S_2}{1 + x};$$

$$A_0 = \frac{xA_1 + A_2}{1 + x}; \qquad F_0 = \frac{xF_1 + F_2}{1 + x};$$

$$T_0 = \frac{xT_1 + T_2}{1+x}; \qquad M_0 = \frac{xM_1 + M_2}{1+x};$$

将以上各式代入铝酸盐碱度系数公式,得:

$$A_m = \frac{xC_1 + C_2 - 1.87(xS_1 + S_2) - 0.7(xF_1 + F_2) + (xT_1 + T_2)}{0.55[(xA_1 + A_2) - 1.7(xS_1 + S_2) - 2.53(xM_1 + M_2)]}$$

解上述方程式,即求得:

$$x = \frac{[1.87S_2 + 0.7(F_2 + T_2) + 0.55A_m(A_2 - 1.7S_2 - 2.53M_2)] - C_2}{C_1[1.87S_1 + 0.70(F_1 + T_1) - 0.55A_m(A_1 - 1.70S_1 - 2.53M_1)]}$$

然后可按上述配比,计算生料和熟料的化学成分,再代入碱度公式,验证其结果是否与预定数值相符,进行校核。

水泥熟料的矿物组成,则可按下列各式计算:

$$CA = 1.55(2A_m - 1) \quad (A - 1.7S - 2.53M)$$
$$CA_2 = 2.55(1 - A_m) \quad (A - 1.7S - 2.53M)$$
$$C_2AS = 4.57S$$
$$CT = 1.7T$$
$$C_2F = 1.7F$$
$$MA = 3.53M$$

六、铝酸盐水泥的水化和硬化

铝酸盐水泥的主要矿物为铝酸一钙(CA),由于晶体结构中钙、铝配位极不规则,水化极快,其水化产物与温度关系很大。一般认为:

当温度在 15~20℃时,

$$CaO \cdot Al_2O_3 + 10H_2O \longrightarrow CaOAl_2O_3 \cdot 10H_2O$$

当温度为 20~30℃时,

$$(2m+n)(CaO \cdot Al_2O_3) + (10n+11m)H_2O \longrightarrow$$

$$n(CaO \cdot Al_2O_3 \cdot 10H_2O) + m(2CaO \cdot Al_2O_3 \cdot 8H_2O) + m(Al_2O_3 \cdot 3H_2O)$$

m、n 的比值随温度提高而增加。

当温度>30℃时,

$$3(CaO \cdot Al_2O_3) + 12H_2O \longrightarrow 3CaO \cdot Al_2O_3 \cdot 6H_2O + 2Al_2O_3 \cdot 3H_2O$$

二铝酸一钙的水化反应与 CA 相同,

<15~20℃ $\qquad 2CA_2 + aq \xrightarrow{<15~20℃} 2CAH_{10} + 2AH_3$

>20℃ $\qquad 2CA_2 + aq \xrightarrow{>20℃} C_2AH_8 + 3AH_3$

>30℃ $\qquad 3CA_2 + aq \xrightarrow{>30℃} C_3AH_6 + 5AH_3$

182

七铝酸十二钙的水化反应如下：

$$5℃ \quad\quad C_{12}A_7 + aq \xrightarrow{5℃} 4CAH_{10} + 3C_2AH_8 + 2CH$$

$$<20℃ \quad\quad C_{12}A_7 + aq \xrightarrow{<20℃} 6C_2AH_8 + AH_3$$

$$>25℃ \quad\quad C_{12}A_7 + aq \xrightarrow{>25℃} 4C_3AH_6 + 3AH_3$$

结晶的 C_2AS 的水化作用极为缓慢，$\beta\text{-}C_2S$ 水化生成 C-S-H 凝胶。

铝酸盐水泥的硬化过程，与硅酸盐水泥相似。CAH_{10}、C_2AH_8 都属于六方晶系，结晶所形成的片状和针状晶体，互相交错搭接，可形成坚强的结晶合生体。氢氧化铝凝胶又填充于晶体骨架的空隙，结合水量大，因此，水泥石内孔隙率低，结构致密，故使水泥获得较高的机械强度。但是，铝酸盐水泥的长期强度会下降，特别是在湿热环境下，经 1～2 年，强度会明显下降，甚至引起结构工程的破坏。其原因是由于 CAH_{10}、C_2AH_8 都是介稳相，要逐渐转化为比较稳定的 C_3AH_6。而且上述转化是随着温度的升高而加速，在转化过程放出大量游离水，使水泥石孔隙率增加，强度下降。

温度是影响铝酸盐水泥水化的重要因素。所以在施工和养护时应设法降低铝酸盐水泥混凝土的温度，这是保证工程质量的重要环节。

合理控制水灰比是保证工程质量的第二个重要因素。按照理论计算，铝酸盐水泥的水灰比可达 0.5。如果实际施工时，水灰比小于 0.5，则在水泥水化过程中，一定还有部分水泥没有水化。但当晶形转化过程中大量游离水析出时，这部分未水化的水泥颗粒又能重新水化，所形成的水化产物就有可能将新产生的孔隙填充密实，有效地弥补由晶形转化所引起的游离水和孔隙率增加的不良后果。因此，在条件许可的情况下，应尽量降低水灰比，一般高铝水泥混凝上水灰比不应超过 0.4。

七、铝酸盐水泥的性能与用途

(一)铝酸盐水泥的性能

1. 水泥的颜色

由于铝酸盐水泥的化学组成和生产方法不同，制成的水泥颜色也不相同。用氧化气氛煅烧时，颜色从淡黄到褐色；用还原气氛锻烧时呈青灰色。含氧化铝高，铁低或几乎无铁的低钙铝酸盐耐火水泥一般呈灰白色或近于白色。

2. 密度和容积密度

铝酸盐水泥的密度为 $3.0～3.2g/cm^3$，疏松状的容积密度为 $1.0～1.3g/cm^3$，紧密状的容积密度为 $1.6～1.8g/cm^3$。

3. 细度

《铝酸盐水泥》GB 201—2000 规定，水泥比表面积不得小于 $300m^2/kg$，用 0.045mm 方孔筛筛余不得超过 20%。

4. 凝结时间(胶砂)

铝酸盐水泥的正常稠度需水量约为 23%～28%。根据国家标准规定，CA-50、CA-70、CA-80铝酸盐水泥的初凝不得早于 30min，终凝不得迟于 6h。CA-60 铝酸盐水泥的初凝不得早于 60min，终凝不得迟于 18h。

5. 强度

铝酸盐水泥具有早强快硬的特性,GB 201—2000 规定高铝水泥强度指标必须符合表10-1-5数值。

表 10-1-5　铝酸盐水泥胶砂强度　　　　　　　　　MPa

水泥类型	抗　压　强　度				抗　折　强　度			
	6h	1d	3d	28d	6h	1d	3d	28d
CA-50	20	40	50	—	3.0	5.5	6.5	—
CA-60	—	20	45	85	—	2.5	5.0	10.0
CA-70	—	30	40	—		5.0	6.0	—
CA-80	—	25	30			4.0	5.0	

6. 抗蚀性

(1)抗硫酸盐性

铝酸盐水泥具有很好的抗硫酸盐性能,甚至比抗硫酸盐水泥还强。可以认为,这是由于铝酸盐水泥主要组成为低钙铝酸盐,水化时不析出 $Ca(OH)_2$,水泥石中液相碱度较低,由于铝酸盐水泥水化时生成铝胶,不但使水泥石结构极为密实,而且能在水化或未水化颗粒表面形成保护性薄膜,所以,除海水等含硫酸盐水外,对碳酸水、稀酸等侵蚀性溶液也均有很好的稳定性。

(2)抗碱性

铝酸盐水泥是不耐碱的,在碱溶液中,高铝水泥很快被破坏,主要的碱金属的碳酸盐会与 CAH_{10} 或 C_2AH_8 反应,例如:

$$K_2CO_3 + CAH_{10} \longrightarrow CaCO_3 + K_2O \cdot Al_2O_3 + 10H_2O$$

$$2K_2CO_3 + C_2AH_8 \longrightarrow 2CaCO_3 + K_2O \cdot Al_2O_3 + 2KOH + 7H_2O$$

生成的 $K_2O \cdot Al_2O_3$ 又与大气中 CO_2 再作用,继续产生新的 K_2CO_3 而循环作用:

$$K_2O \cdot Al_2O_3 + CO_2(大气中) \longrightarrow K_2CO_3 + Al_2O_3$$

这样就使上述反应循环发展,因此,当与碱性溶液接触,或者在混凝土集料内含有少量碱性化合物的情况下,也会引起不断侵蚀。

7. 耐高温性

铝酸盐水泥有较好的耐高温性,在高温下仍能保持较高的强度。例如:干燥的铝酸盐水泥混凝土在 900℃ 的温度下,还有原强度的 70%,1 300℃ 时尚有 53%。这是因为在高温作用下,铝酸盐水泥所配制的混凝土中还会产生固相反应,烧结结合逐步代替水化结合,因此,不会使强度过分降低。

(二)高铝水泥的应用

根据铝酸盐水泥性能的特点,它可应用于:

1. 铝酸盐水泥适用于抢修、抢建工程,需要早期强度高的工程。如军事工程、桥梁、道路、机场跑道、码头、堤坝的紧急施工与抢修工程、基本建设中的紧急施工项目、设备基础的抢修及二次浇灌等。

因铝酸盐水泥 1 天强度可达到本强度等级数值的 80% 以上,接近 90%,所以用铝酸盐水

184

泥制备的混凝土有"一日混凝土"之称,就是说铝酸盐水泥制备的混凝土养护一天就可以使用,这是一般水泥所不及的。

2. 铝酸盐水泥在 5～10℃ 下养护,硬化比较快,适用于冬季及低温环境下施工使用。

3. 铝酸盐水泥适用于制作耐热和隔热混凝土及砌筑用耐热砂浆,各种锅炉、窑炉用的耐热混凝土和耐热砂浆等。

4. 适用于受硫酸盐性地下水、矿物水侵蚀的工程。禁止用于接触碱溶液的工程。

5. 适用于油井和气井工程,以及受交替冻融和交替干湿的建筑物。但由于铝酸盐水泥水化迅速,水化热集中于早期释放,不适宜用于大体积工程。

6. 铝酸盐水泥与石膏等配合.还可以制成膨胀混凝土和自应力水泥等特殊用途的水泥,铝酸盐水泥也用以制作防中子辐射等特殊的混凝土。

7. 铝酸盐水泥一般不得与硅酸盐水泥、石灰等能析出 $Ca(OH)_2$ 的胶凝材料混合使用;在拌合浇注过程中也必须避免相互混杂。否则会引起强度降低并缩短凝结时间,甚至还会出现快凝现象。因为普通水泥中的石膏和硅酸二钙所析出的 $Ca(OH)_2$ 都能加速高铝水泥的凝结,而且 CAH_{10} 或 C_2AH_8 以及 AH_3 凝胶和 $Ca(OH)_2$ 相遇立即转变成 C_3AH_6;另一方面,硅酸盐水泥中石膏被高铝水泥消耗后,就不能起应有的缓凝作用;同时,C_3S 的水化,又由于 $Ca(OH)_2$ 被消耗掉而得到加速。因此,这两种水泥颗粒表面的水化产物会剧烈地相互作用,反应非常迅速。于是凝结硬化极快;但水化过程不能进行完全,所以,这两种水泥混合后的强度比单独使用时都要低。

八、铝酸盐水泥 CA-65(耐火水泥)

铝酸盐水泥 CA-65 是一种耐高温性能良好的水硬性胶凝材料。其主要用途是配制耐火混凝土,可广泛用作各种高温炉的内衬,特别适用于耐火砖砌筑比较困难的异形结构炉体。

CA-65 比普通铝酸盐水泥氧化铝含量多,氧化钙含量低,而氧化铁、氧化硅等杂质较少,所以耐火度也较高。这种水泥所用原料为优质矾土和石灰石,生产方法基本与高铝水泥相同。我国大多数利用回转窑烧结法生产。熟料中 Al_2O_3 约为 65%。熟料矿物组成主要为 CA_2(熔点 1765℃)。另外,还有游离的 α-Al_2O_3 晶体(熔点 2040℃),少量 C_2AS(熔点 1580℃)CA_6(熔点 1870℃)和 CA(熔点 1605℃)。在配料时,希望尽可能提高 CA_2 的含量,这是因为 CA_2 不但比 CA 熔点高,而且在高温下能生成较多 Al_2O_3 的结晶,从而提高耐火度。生料中 SiO_2、Fe_2O_3、TiO_2 等含量应尽量降低,以免消耗有益成分 CaO 和 Al_2O_3。另一方面,如果 Al_2O_3 量很多,则熟料中 a-Al_2O_3 增加,CA_2 含量降低,水泥耐火度虽能提高,但强度会下降。水泥的细度为 0.080mm 方孔筛筛余不超过 10%,比表面积不小于 350m^2/kg,初凝不早于 30min,终凝不迟于 24h。高铝水泥 CA-65 的强度发展规律与普通水泥有些相似。由于 CA_2 水化时析出较多的 $Al(OH)_2$,进一步水化受到较大阻碍,因此,早期强度较低,但后期增长较高。冬季或气温较低时,可采取蒸汽养护,提高早期强度。CA-65 的耐火度不低于 1650℃,一般为 1660～1690℃。

当使用不同耐火集料时,可配制使用温度为 1300～1800℃ 的耐火混凝土。当使用温度为 1350℃ 时,使用集料为废耐火砖、耐火黏土、熟料等;当使用温度在 1350～1500℃ 时,使用集料为烧矾土、镁石、铬铁矿、铬渣等;当使用温度为 1500～1650℃ 时,使用集料为富铝红柱石、烧矾土、硅线石、金刚砂;当使用温度在 1700～1800℃ 时,使用集料为刚玉、碳化硅等。

在耐火混凝土中,铝酸盐水泥 CA-65 用量仅占 15%～20%,而大部分是耐火集料。因此,耐火混凝土的耐火度在很大程度上取决于集料,合理地选择集料种类和级配是非常重要的。

第二节 硫铝酸盐水泥

硫铝酸盐水泥是以石灰石、矾土、石膏为原料,经煅烧制成含有适量无水硫铝酸钙的熟料,再掺适量石膏,共同磨细,即可制得硫铝酸盐快硬水泥。这类水泥硬化快,早期强度高。

硫铝酸盐水泥系列包括快硬硫铝酸盐水泥、膨胀硫铝酸盐水泥、自应力硫铝酸盐水泥、高强硫铝酸盐水泥、低碱度硫铝酸盐水泥、快硬铁铝酸盐水泥、膨胀铁铝酸盐水泥、自应力铁铝酸盐水泥、高强铁铝酸盐水泥等品种。在这里重点介绍快硬硫铝酸盐水泥。

一、快硬硫铝酸盐水泥的矿物组成

无水硫铝酸钙熟料的主要矿物组成为:$4CaO \cdot 3Al_2O_3 \cdot CaSO_4$(简写成 C_4A_3S',其中 S' 代表 SO_4)和 $\beta\text{-}C_2S$,还有少量的 $CaSO_4$、钙钛石和含铁相等。

生产无水硫铝酸钙熟料时,主要控制三个率值,即碱度系数 C 和铝硫比 P 和铝硅比 N,其计算公式如下:

$$C = [C - 0.7T] / [0.73(A - 0.64F) + 1.40F + 1.87S]$$
$$P = (A - 0.64F) / S'$$
$$N = (A - 0.64F) / S$$

式中 C、S、A、F、T、S' 分别为熟料中 CaO、SiO_2、Al_2O_3、Fe_2O_3、TiO_2、SO_3 的质量百分数。

碱度系数 C 一般控制在 $0.8\sim1.0$,铝硫比 P 控制在 $3.5\sim4.0$,铝硅比控制在 $N>3$。正常熟料中 C_4A_3S' 的含量为 $55\%\sim75\%$,$\beta\text{-}C_2S$ 的含量为 $35\%\sim15\%$。C_4A_3S' 和 $\beta\text{-}C_2S$ 之和可达 90% 以上,另外还有少量钙钛石(CT)和含铁相(C_2F)等。表 10-2-1 为我国两个特种水泥厂所生产的硫铝酸盐熟料的化学成分及率值。

表 10-2-1 熟料化学成分及率值

厂 名	化 学 成 分 （%）								矿 物 组 成	
	烧失量	SiO_2	Al_2O_3	Fe_2O_3	CaO	MgO	R_2O	SO_3	CM	PS'
A厂	0.50	9.80	30.50	2.00	43.50	2.50	1.60	8.40	1.02	3.63
B厂	0.15	7.58	35.11	1.57	41.93	1.71	9.82	9.81	0.98	3.58

生料煅烧过程中,随着物料温度的升高,发生下列反应:

$$CaCO_3 \longrightarrow CaO + CO_2$$
$$CaSO_4 + 4CaO + 3Al_2O_3 \longrightarrow 4CaO \cdot 3Al_2O_3 \cdot CaSO_4$$
$$CaSO_4 + 4CaO \longrightarrow 2C_2S \cdot CS'$$
$$2C_2S \cdot CS' \longrightarrow 2C_2S + CS'$$

如温度升至 $1\,400\,℃$ 以上,则 $CaSO_4$ 迅速分解,C_4A_3S' 会也开始分解。在煅烧过程中,石膏会部分分解,所以石膏含量如不足,则 Al_2O_3 过剩,形成钙黄长石(C_2AS),使水泥早强性能下降;若石膏含量过多,在冷却过程中,会形成硫硅酸钙,使水泥的水化活性下降。因此,石膏含量不宜过多,煅烧温度不宜超过 1 400℃,以 1 250~1 350℃为宜。在煅烧过程中,要防止还原气氛。在还原气氛中,$CaSO_4$ 会分解成 CaS、CaO、SO_2。

熟料矿物组成可按下列各式计算:

$$C_4A_3S' = 1.99Al_2O_3$$
$$C_2S = 2.87SiO_2$$
$$C_2F = 1.70Fe_2O_3$$
$$CT = 1.70TiO_2;$$
$$SO_3 = S' - 0.13C_4A_3S'$$
$$f\text{-}CaO = C - [0.55A + 1.87S + 0.7(F + T + S)]$$

二、硫铝酸盐水泥的生产

1. 对原燃料的要求　石灰石 $CaO > 50\%$,$MgO < 1.5\%$;矾土 $Al_2O_3 > 55\%$,$SiO_2 < 25\%$;石膏 $SO_3 > 38\%$;煤灰分 $< 25\%$。

2. 生料细度 0.080mm 方孔筛筛余 $< 10\%$。

3. 熟料一般在回转窑内煅烧,烧成温度 1 250~1 350℃为宜,烧成温度范围较宽,液相少,没有结圈危险。

4. 水泥熟料的易磨性较好,磨制快硬硫铝酸盐水泥时外掺 10% 左右的石膏,要求水泥比表面积 $> 400m^2/kg$。

三、硫铝酸盐水泥的水化

C_4A_3S'、$\beta\text{-}C_2S$ 水化时,发生下列水化反应:

$$C_4A_3S' + 2CS'H_2 + 36H \longrightarrow 2AH_3 + C_3A \cdot 3CS' \cdot H_{32}$$
$$C_4A_3S' + 18H \longrightarrow 2AH_3 + C_3A \cdot CS' \cdot H_{12}$$
$$C_2S + nH \longrightarrow C\text{-}S\text{-}H(I) + CH$$
$$3CH + AH_3 + 3CS'H_2 + 20H \longrightarrow C_3A \cdot 3CS' \cdot H_{32}$$

当石膏含量少时,首先生成钙矾石,后来生成低硫型硫铝酸钙。由于 $C_4A_3S'\beta\text{-}C_2S$ 水泥的烧成温度较低,$\beta\text{-}C_2S$ 是在较低温度下形成,所以活性较高,水化较快,较早形成了 $C\text{-}S\text{-}H(I)$ 凝胶。另外,C_4A_3S' 形成了大量 AH_3 凝胶。$C\text{-}S\text{-}H$ 和 AH_3 凝胶填充在水化硫铝酸钙中间,加固和密实了水泥石的结构。水泥的早期强度在于早期形成大量的钙矾石,$C\text{-}S\text{-}H$ 的形成,保证了水泥后期强度的增长。改变水泥中石膏掺加量,可以制得不收缩、微膨胀、膨胀和自应力水泥。

四、快硬硫铝酸盐水泥的性质和用途

快硬硫铝酸盐水泥的凝结时间较快,初凝和终凝间隔时间较短。要使水泥凝结时间变慢,可以加入缓凝剂。常用的缓凝剂有糖蜜、亚甲基二萘磺酸钠、次甲基 α-甲萘磺酸钠、硼酸钠等。

水泥强度决定于矿物组成、石膏加入量、水泥细度等,表 10-2-2 为时间对水泥强度的影响:

表 10-2-2　快硬硫铝酸盐水泥抗压强度　　　　　　　　　　　　MPa

4h	8h	12h	1d	3d	7d	28d	90d
10～20	15～30	20～35	35～45	45～55	50～65	55～70	55～75

快硬硫铝酸盐水泥具有早期强度高,抗冻抗渗性能好的特点。此种水泥主要水化产物之一是钙矾石,在 140～160℃ 才大量脱水分解,所以在 100℃ 以下是稳定的。当温度达 150℃ 以上时,强度急剧下降,水泥石液相 pH 值在 9.8～10.2,属于低碱型水泥。

快硬硫铝酸盐水泥可用于紧急抢修工程(如接缝堵漏、锚喷支护、抢修飞机跑道等)、冬季施工工程、地下工程和生产耐久性好的玻璃纤维增强水泥制品。

第三节　快硬高强硅酸盐水泥

随着现代工程的日益发展,在很多情况下,都要求水泥的硬化速度快,早期强度高,凝结时间最好还能任意调节。例如,快速施工和紧急抢修工程或国防工程等,常要求一天强度达到同标号普通水泥混凝土 28 天强度的 60%～70%,三天强度要达到 100%。有的更要求特快硬、超早强,在 12h 或几小时内达到较高强度。同时,在装配式混凝土预制构件的生产中,采用快硬水泥,可以不用蒸汽养护,对于缩短生产周期,减少设备费用都极为有利。目前,在各种快硬水泥的研究和生产中,除了硫铝酸盐型和氟铝酸盐型的快硬水泥外,硅酸盐类型快硬高强度水泥也正获得研究和较快发展。

一、高标号硅酸盐水泥

我国科技工作者选用了优质硅酸盐水泥熟料,加入适量高活性材料,采用了超细磨及加入适量超塑化剂等多项技术措施,使水泥强度超过了 110MPa。水泥的标准稠度为 22.5%,初凝时间为 1h22min,终凝时间为 2.5h,各龄期强度见表 10-3-1。

表 10-3-1　高标号硅酸盐水泥的强度

龄　期	8h	12h	16h	1d	3d	7d	28d	90d
抗折强度(MPa)	6.8	8.5	9.2	10.6	11.0	14.1	14.8	15.1
抗压强度(MPa)	28.3	42.4	53.4	69.2	98.4	103.9	116.5	128.8

二、特种高强水泥

1. 热压高强水泥

水泥和混凝土的强度与成型水灰比的关系极大,采用高效减水剂及热压措施,可以达到高强目的。

美国 D.M.Roy 采用比表面积为 5 340cm^2/g 的硅酸盐水泥,水灰比为 0.093,在 250℃ 和 343MPa 压力下热压成型,水泥石的孔隙率仅为 1.78%,水泥石强度高达 652MPa,使水泥石的强度指标突破了一个数量级,这是由于大幅度地降低了成型水灰比及总孔隙率所致。

2. 无大孔水泥(MDF 水泥)

无大孔水泥,也称 MDF 水泥。近年来的研究证明,水泥石的强度,尤其是抗弯强度,不仅决定于水泥石的总孔隙率,而且与水泥石的孔径分布有关。采用特殊级配的水泥,同时用高效减水剂降低水灰比,并加入适量有机高分子乳液,成型时采用强烈搅拌、碾轧、加压,使水灰比降低至 0.20 以内,使硬化体的总孔隙率在 2% 以下,并使大于 $100\mu m$ 的大孔体积不超过总孔隙的 2%,甚至能达到 $15\mu m$ 以上的孔体积小于 0.5% 的最佳目的,使水泥石的抗折强度达 150MPa。我国在实验室也制成了抗折强度达 160MPa 的 MDF 水泥。

3. 超微致密水泥(DSP 水泥)

DSP 水泥是含有超细颗粒均匀分布的致密材料(Densified system containing homogenously arranged ultrafine particles)的简称,它是在硅酸盐水泥中掺入 20%~25% 硅灰,同时采用高效减水剂使水灰比降至 0.12~0.15。硅灰在水泥石中一方面填充孔隙,另一方面又是高活性材料,与硅酸盐水泥释放出来的 $Ca(OH)_2$ 化合成 C-S-H,提高了水泥的密实性,使水泥石的抗压强度达到 200~270MPa。

第四节　膨胀水泥和自应力水泥

普通硅酸盐水泥在空气中硬化,通常都是表现为微收缩。一般收缩率平均为 0.02%~0.035%,180 天的收缩率平均在 0.04%~0.06%。混凝土成型后,7~60 天的收缩率较大,60 天后收缩率趋向缓慢。由于收缩,混凝土内部会产生微裂纹,这样,不但使混凝土的整体性破坏,而且会使混凝土的一系列性能变坏,例如,强度、抗渗性和抗冻性下降,使外界侵蚀介质透入内部,直接接触钢筋,造成锈蚀,使混凝土耐久性下降。在浇注、装配式构件的接头或建筑物之间的连接处以及填塞孔洞、修补缝隙时,由于水泥石的干缩也不能达到预期的效果。而当用膨胀水泥配制混凝土时,在硬化过程中,能产生一定数值的微膨胀,就可以克服或改善上述缺点。在钢筋混凝土的膨胀过程中,由于钢筋和混凝土之间有一定握裹力,所以,混凝土必然和钢筋同时一起膨胀,就使钢筋由于混凝土膨胀,受到一定的拉应力而伸长,混凝土的膨胀则因受钢筋的限制而受到相应的压应力。以后,即使经过干缩,但仍不致使膨胀的尺寸全部抵消,尚有一定的剩余膨胀,不仅能减轻开裂现象,而且更重要的是外界因素所产生的拉应力,可以为预先具有的压应力所抵消,而将混凝土的实际拉应力减小至极低的数值,有效地改善了混凝土抗拉强度差的缺陷。因为这种预先具有的压应力是依靠水泥本身的水化而产生的,所以称为"自应力",并以"自应力值(MPa)"来表示混凝中所产生压力的大小。

这类水泥在水化过程中,有相当一部分的能量用于膨胀,转变成所谓的"膨胀能"。一般膨胀能越高,可能达到的膨胀值越大。膨胀的发展规律通常也是早期较快,以后暂趋缓慢,逐渐稳定,在到达"膨胀稳定期"后,膨胀基本停止。另外,在没有受到任何限制的条件下,所产生的膨胀一般称为"自由膨胀",此时并不产生自应力。当受到单向、双向或三向限制时,则称为"限制膨胀"。这时才有自应力产生,而且限制越大,自应力值越高。

膨胀水泥和自应力水泥国外通称为膨胀水泥。我国按其膨胀值和使用目的的不同,分别称为膨胀水泥和自应力水泥。一般说膨胀值较小,主要用于补偿水泥混凝土收缩的水泥称为膨胀水泥;膨胀值较大,用于产生预应力的水泥称为自应力水泥。

一、膨胀水泥类

(一)明矾石膨胀水泥

明矾石膨胀水泥是以一定比例的硅酸盐水泥熟料、天然明矾石、无水石膏和矿渣(或粉煤灰)共同粉磨而成。以矿渣作为膨胀稳定剂,天然明矾石作为铝质原料,在碱和硫酸盐激发下水化形成钙矾石,使水泥石产生适度膨胀。

1. 对原料要求

硅酸盐水泥熟料:强度等级 42.5~52.5;石灰饱和系数 0.83~0.90;f-CaO<1.5%。

天然明矾石: $Al_2O_3 \geqslant 18\%$;$SO_3 \geqslant 16\%$。

天然无水石膏: $SO_3 \geqslant 48\%$

矿渣:必须符合 GB/T 203 的规定。

粉煤灰:必须符合 GB/T 1596—2005 的规定。

2. 生产工艺参数

配合比:硅酸盐水泥熟料 50%~63%;天然明矾石 12%~15%;天然硬石膏 9%~11%;粉煤灰(或矿渣)15%~20%。

水泥比表面积:480±30m²/kg。

水泥中 SO_3 含量:6.5%~8.0%。

水泥物理性能如下:

凝结时间:初凝不小于 45min,一般在 1.5~4h 之间;终凝不大于 8h,一般在 2.5~6h。

水中养护净浆线膨胀:1 天≥0.15%;28 天≤1.2%;一年≤1.2%。

3. 用途

适用于补偿收缩混凝土结构工程,防渗混凝土工程,补强和防渗抹面工程,接缝,梁柱和管道接头,固结机械底座和地脚螺栓等。

(二)硫铝酸盐膨胀水泥

硫铝酸盐膨胀水泥是用硫铝酸盐熟料,外掺 15%~25%二水石膏混合粉磨而成。硫铝酸盐型快硬水泥所用的硫铝酸钙熟料,水化时既能析出铝酸盐离子,又能析出硫酸盐离子,都能分别满足形成钙矾石的需要。具有膨胀性能。

粉磨水泥比表面积控制在 400±30m²/kg。

硫铝酸盐水泥试体在水中养护,硫铝酸盐膨胀水泥的净浆膨胀率为 0.5%~1.0%。

硫铝酸盐膨胀水泥主要用作防水层,浇灌机械底座,建筑物接缝和补修工程,也可用于制造自应力混凝土构件等。

二、自应力水泥类

(一)硅酸盐自应力水泥

硅酸盐自应力水泥一般配比如下:

普通硅酸盐水泥	67%~73%;
高铝水泥	12%~15%;
二水石膏	15%~18%。

自应力水泥的主要矿物含量为:

C_3S	24%~26%;	C_2S	10%~26%;
C_3A	5%~10%;	C_4AF	7%~12%;
CA	6%~9%;	CA_2	1.5%~4.5%;

C_2A　　　　　　　1.5%～3%；　　　　　　$CaSO_4$　　　　　　11%～12%。

硅酸盐自应力水泥的细度以比表面积表示,不低于 $340m^2/kg$,如细度过粗,早期强度低,自应力值会减小,并且还可能引起后期膨胀,如果太细,则早期强度太高,会抑制膨胀,也会使自应力值降低。为了保证质量,必须控制好细度及混合的均匀性。硅酸盐自应力水泥的初凝不早于 30min,终凝不迟于 390min,混凝土(或砂浆)的自由膨胀率不大于 3%,混凝土(或砂浆)的自应力值分 1.0～2.0MPa、2.0～3.0MPa、3.0～4.0MPa、4.0～5.0MPa 四级,混凝土(或砂浆)膨胀稳定期不迟于 28 天,蒸养后脱模抗压强度为(12±3)MPa,稳定期强度不低于7.8MPa,水泥的自由膨胀一般在 1%～3%,膨胀在 7 天内几乎达到最高值,自应力和抗压强度在 7 天内几乎达最高值,抗压强度在 24.5～54MPa。

硅酸盐自应力水泥适用于制造自应力钢筋混凝土压力管及其配件,适用于制造一般口径和压力的自应力水管和城市煤气管。

(二)铝酸盐自应力水泥

铝酸盐自应力水泥是以一定量的高铝水泥和二水石膏磨细而成的水硬性膨胀胶凝材料。粉磨可采用混合粉磨,也可采用分别粉磨,然后再混合。采用混合粉磨时,水泥比表面积不得小于 $560m^2/kg$;粉磨时可外加 2%滑石作助磨剂。采用分别粉磨时,高铝水泥熟料不低于$240m^2/kg$,二水石膏不小于 $450m^2/kg$。此种水泥的初凝时间不早于 30min,终凝不迟于 4h。1:2软练砂浆的自应力值、自由膨胀和抗压强度见表 10-4-l。

表 10-4-1　铝酸盐自应力水泥物理指标

龄　期	自应力值(MPa)			自由膨胀(%)	抗压强度(MPa)
	3.0 级	4.5 级	6.0 级		
7d	≥2.0	≥2.8	≥3.8	<1.0	>28.0
28d	≥3.0	≥4.5	≥6.0	<2.0	>34.0

铝酸盐自应力水泥各组分配比范围如下:

高铝水泥熟料　　　　　60%～66%
二水石膏　　　　　　　34%～40%
滑石粉　　　　　　　　2%

这种水泥的自应力值高,硬化水泥浆体结构致密,抗渗性强,气密性好,制品工艺易于控制,质量比较稳定等优点。

铝酸盐自应力水泥适用于制造自应力钢筋(钢丝网)混凝土压力管,可生产大口径或较高压力的水管和输气管。

第五节　白色水泥和彩色水泥

一、白色硅酸盐水泥

硅酸盐水泥熟料的颜色主要是由氧化铁引起的,随着 Fe_2O_3 含量的不同,水泥熟料的颜色就不同。当 Fe_2O_3 含量在 3%～4%时,熟料呈暗灰色;Fe_2O_3 含量 0.45%～0.70%时,带淡绿色;当 Fe_2O_3 降至 0.35%～0.40%时,即呈白色(略带淡绿色)。因此,白色硅酸盐水泥的生产

主要是降低 Fe_2O_3 含量。此外,氧化锰、氧化铬等着色氧化物也会对白水泥的颜色产生显著影响,故也不允许存在或仅允许含有极少量,表 10-5-1 为我国部分白水泥厂的白水泥熟料的化学组成。

表 10-5-1 白水泥熟料化学组成

编 号	化学组成（%）					率 值		
	SiO_2	Al_2O_3	Fe_2O_3	CaO	MgO	KH	n	p
1	22.99	4.84	0.33	69.16	0.58	0.946	4.45	14.67
2	22.46	5.86	0.46	69.60	0.62	0.951	3.56	13.64
3	23.32	4.98	0.31	69.82	0.74	0.947	4.46	16.22
4	23.56	5.98	0.37	68.00	0.71	0.880	3.71	16.16

（一）白色硅酸盐水泥的质量要求

白色硅酸盐水泥按强度分为 32.5、42.5 和 52.5 三个强度等级,水泥白度值应不低于 87。

白色硅酸盐水泥的品质指标:

熟料中氧化镁含量不得超过 4.5%;

水泥中三氧化硫含量不得超过 3.5%;

水泥细度:0.08mm 方孔筛筛余不得超过 10%;

凝结时间:初凝≥45min;终凝≤12h;

安定性:用沸煮法必须合格。

（二）白色硅酸盐水泥的生产

1．精选原料

石灰质原料通常选用纯度较高的石灰石,黏土质原料则选用含铁量低的高岭土(或称白土)、叶蜡石、瓷石等。

2．燃料选择

煅烧白色水泥熟料时,应尽量采用无灰分的燃料——重油或天然气。由于我国石油需求量大,目前还不能满足白水泥厂的需求,因而绝大部分白水泥厂还是采用煤作为燃料。我国某白水泥厂用煤作燃料的质量要求为:

挥发分　　　　25%～30%;、

灰分　　　　　<7%;

灰分中　　　　Fe_2O_3 含量<13%。

3．化学组成的设计

白水泥由硅酸钙和铝酸三钙为主要矿物组成,由于 C_3S 颜色较 C_2S 为白,因此,要求提高石灰饱和系数和铝氧率,尽量降低有色矿物 C_4AF 的含量。此种低铁、高饱和系数的物料烧成较困难,必须在生料中掺入萤石作为矿化剂,有利于降低白水泥熟料烧成温度和提高白度。

4．生料和水泥的粉磨

为了减少铁粉混入,磨机采用花岗岩或陶瓷衬板,并以烧结刚玉或瓷球作为研磨体。

为了保证水泥的白度,粉磨熟料时加入的石膏,其粉末的颜色应比白水泥的白度高,所以一般采用质优的纤维石膏。

5. 熟料的漂白

熟料漂白工艺也是白水泥生产中的一个重要环节。熟料漂白有如下方式：

(1)水冷却漂白　是一种用冷却方法把在高温下形成的熟料结构和组成固定下来的方法。熟料从窑内卸出时直接用水急冷，熟料开始急冷的温度越高，漂白效果越好。熟料粒度、漂白用水量都对漂白效果有影响。

(2)在中性或还原性介质中漂白　中性介质采用氮气流，还原介质采用工业原油、氢气流、天然气及丙烷等。

(3)两阶段综合冷却漂白　熟料从窑内卸出，先在还原性介质中冷却到 600~800℃，然后再用水急冷。此法具有最强的漂白作用。

国内外应用最多的是水冷却漂白法。这种方法简单、经济、稳定、效果好。

(三)白色水泥的用途

用于建筑物装饰，如地面、楼板、阶梯、外墙等的饰面，也可用于雕塑工艺制品。

二、彩色水泥

彩色水泥在其生产过程中的着色方式有三种：(1)在硅酸盐水泥生料中掺入着色剂，利用原料中的着色剂，使经过煅烧制得的熟料具有所需的各种颜色，这种熟料和石膏混合细磨即成彩色水泥。(2)在粉磨白水泥时，掺入着色剂，经过充分均匀的混合，制成彩色水泥。(3)将着色剂以混合方法直接掺入水泥中，再加入某些外加剂后混合均匀。这种方法较为简单，可根据需要随时配制。

所用的颜料要求对光和大气能耐久，分散度要细，既能耐碱，也不会对水泥起破坏作用，并且还要不含有可溶性盐。常用颜料有：氧化铁(红、黄、褐色、黑)、二氧化锰(黑、褐色)、氧化铬(绿色)、赭石(赭色)、群青蓝(蓝色)和炭黑(黑色)等。

直接法烧制彩色水泥熟料时，根据研究表明，在生料中加入下列着色剂，可以烧制成不同颜色的彩色熟料。加入 Cr_2O_3 时，可得黄绿色、绿色、蓝绿色；加入 Co_2O_3，在还原焰中得浅蓝色，在氧化焰中得玫瑰红至红褐色；加入 Mn_2O_3，在还原焰中得浅黄色，在氧化焰中得紫红色；加入 Ni_2O_3，可得浅黄色至紫褐色。

彩色水泥主要用于混凝土、砖面、水泥面等表面粉刷装饰工程及彩色混凝土制品。

第六节　抗硫酸盐硅酸盐水泥

根据国家标准 GB 748—2005 规定，以特定矿物组成的熟料，加入适量石膏，磨细制成的具有抵抗中等浓度硫酸根离子侵蚀的水硬性胶凝材料，称为中抗硫酸盐硅酸盐水泥，简称中抗硫酸盐水泥。具有抵抗较高浓度硫酸根离子侵蚀的水硬性胶凝材料，称为高抗硫酸盐硅酸盐水泥，简称高抗硫酸盐水泥。

从硫酸盐腐蚀的原因可知，水泥石中的 $Ca(OH)_2$ 和水化铝酸钙是引起破坏的内在因素。因此，水泥的抗硫酸盐性能在很大程度上决定于水泥熟料的矿物组成及其相对含量。

C_3S 在水化时要析出较多的 $Ca(OH)_2$，而 $Ca(OH)_2$ 的存在，又是造成侵蚀的一个主要因素。所以，降低 C_3S 的含量，相应增加耐蚀性较好的 C_2S，是提高耐蚀性的措施之一。

由于含有硫酸盐的地下水或海水中的 SO_3，对水泥水化形成的 $Ca(OH)_2$ 和铝酸盐水化物反应,生成二水石膏和水化硫铝酸钙等晶体,产生体积膨胀,从而破坏了砂浆或混凝土结构,这是引起硫酸盐侵蚀的基本原因。所以,降低 C_3A 的含量,可以增加在硫酸盐中的耐蚀性,限制熟料中 C_3A 含量,是提高水泥抗硫酸盐能力的主要措施。

C_4AF 的耐蚀性要比 C_3A 强,所以,用 C_4AF 来代替 C_3A,也就是降低 C_3A,相应提高 C_4AF 的含量,就能够在提高水泥抗硫酸盐能力的同时,还保证有足够的熔剂矿物,有利于烧成。

抗硫酸盐水泥分为 32.5、42.5 两个强度等级。各项技术要求如下:

1．水泥中硅酸三钙和铝酸三钙的含量规定如下:

中抗硫酸盐水泥:$3CaO \cdot SiO_2 \leqslant 50\%$;$3CaO \cdot Al_2O_3 \leqslant 5\%$;

高抗硫酸盐水泥:$C_3S \leqslant 50\%$,$C_3A \leqslant 3.0\%$;

2．熟料烧失量不得超过 3.0%;

3．熟料中不溶物应不大于 1.50%;

4．熟料中氧化镁含量不得超过 5.0%;

5．水泥中三氧化硫的含量应不大于 2.5%;

6．水泥的比表面积应不小于 $280m^2/kg$;

7．凝结时间:初凝不得早于 45min,终凝不得迟于 10h;

8．安定性:用沸煮法检验,必须合格;

9．各龄期强度均不得低于表 10-6-1 数值。

表 10-6-1　抗硫酸盐水泥各龄期强度 　　　　　　　　　MPa

强 度 等 级	抗 折 强 度		抗 压 强 度	
	3d	28d	3d	28d
32.5	2.5	6.0	10.0	32.5
42.5	3.0	6.5	15.0	42.5

10．抗硫酸盐性能可按 GB/T 749—2008《水泥抗硫酸盐侵蚀试验方法》中的潜在抗膨胀性能试验方法(P 法)试验。该方法通过在水泥中掺一定量的二水石膏,使水泥中的 SO_3 总量达到 7.0%,使得过量的 SO_4^{2-} 直接与水泥中影响抗硫酸盐性能的矿物反应产生膨胀,然后通过测量胶砂试体 14 天安全期的膨胀率来衡量水泥胶砂的潜在抗硫酸盐性能。

GB 748—2005 规定,中抗硫酸盐水泥 14d 时的线膨胀率应不大于 0.06%,高抗硫酸盐水泥 14d 时的线膨胀率应不大于 0.04%。

抗硫酸盐水泥的用途:抗硫酸盐水泥适用于一般受硫酸盐侵蚀的海港、水利、地下、隧涵、道路和桥梁基础等工程。中抗硫酸盐水泥一般可抵抗 SO_4^{2-} 离子浓度不超过 2 500mg/L 的纯硫酸盐的腐蚀。

第七节　中热水泥与低热水泥

中热硅酸盐水泥与低热硅酸盐水泥、低热矿渣硅酸盐水泥是水化放热较低的品种,适用于浇制水工大坝、大型构筑物和大型房屋的基础等,常称为大坝水泥。

由于混凝土的导热率低,水泥水化时放出的热量不易散失,容易使混凝土内部最高温度达

60℃以上。由于混凝土外表面冷却较快,就使混凝土内外温差达几十度。混凝土外部冷却产生收缩,而内部尚未冷却,就产生内应力,容易产生微裂缝,致使混凝土耐水性降低。采用低放热量和低放热速率的水泥就可降低大体积混凝土的内部温升。

降低水泥的水化热和放热速率,主要是选择合理的熟料矿物组成、粉磨细度以及掺入适量混合材。

水泥熟料矿物的水化热见表10-7-1。

表 10-7-1　水泥熟料水化热 J/g

矿物名称	3d	28d	3月	矿物名称	3d	38d	3月
C_3S	327	389	456	C_3A	502	778	832
C_2S	25	109	151	C_4AF	134	364	397

由上表可看出,各水泥熟料矿物的水化热及放热速率具有下列顺序:

$$C_3A > C_3S > C_4AF > C_2S$$

因此,为了降低水泥的水化热和放热速率,必须降低熟料中 C_3A 和 C_3S 的含量,相应提高 C_4AF 和 C_2S 的含量。但是,C_2S 的早期强度很低,所以不宜增加过多,C_3S 含量也不应过少,否则,水泥强度发展过慢。因此,在设计中热硅酸盐水泥熟料和低热水泥熟料矿物组成时,首先应着重减少 C_3A 的含量,相应增加 C_4AF 的含量。按 GB 200—2003 要求,中热硅酸盐水泥熟料中,C_3S 含量应不超过 55%,C_3A 含量应不超过 6%,游离氧化钙含量应不超过 1.0%;在低热硅酸盐水泥中,C_2S 含量应不小于 40%,C_3A 含量应不超过 6%,游离氧化钙含量应不超过 1.0%;在低热矿渣硅酸盐水泥中,C_3A 含量应不超过 8%,游离氧化钙含量应不超过 1.2%,MgO 的含量不宜超过 5.0%,如果水泥经压蒸安定性试验合格,则 MgO 的含量允许放宽到 6.0%。

增加水泥粉磨细度,水化热也增加,尤其是增加早期水化热;但水泥磨得过粗,强度下降,单位体积混凝土中的水泥用量要增加,水泥的水化热虽下降,但混凝土的放热量反而增加。所以中热水泥细度一般与普通硅酸盐水泥相近。

水泥中掺入混合材,如粒化高炉矿渣,可使水化热按比例下降。例如,掺加 50% 矿渣,使水泥的 3 天水化热下降 45%,7 天水化热下降 37%。掺入矿渣,水泥强度虽有所下降,但下降的程度远较水化热的降低为小。

根据国家标准规定,中低热硅酸盐水泥有三个品种,即中热硅酸盐水泥(简称中热水泥),低热硅酸盐水泥(简称低热水泥)和低热矿渣硅酸盐水泥(简称低热矿渣水泥,水泥中含有粒化高炉矿渣 20%～60%)。

中热水泥和低热水泥强度等级为 42.5,低热矿渣水泥强度等级为 32.5。水泥的强度等级和各龄期强度见表10-7-2。

表 10-7-2　水泥的强度等级和各龄期强度 MPa

品　种	强度等级	抗 压 强 度			抗 折 强 度		
		3d	7d	28d	3d	7d	28d
中热水泥	42.5	12.0	22.0	42.5	3.0	4.5	6.5
低热水泥	42.5	–	13.0	42.5	–	3.5	6.5
低热矿渣水泥	32.5	–	12.0	32.5	–	3.0	5.5

中热水泥、低热硅酸盐水泥、低热矿渣水泥的各龄期水化热的上限值列于表 10-7-3。

表 10-7-3　水泥强度等级的各龄期水化热　　　　　　　　　　　　J/g

品　　种	强 度 等 级	水 化 热	
		3d	7d
中热水泥	42.5	251	293
低热水泥	42.5	230	260
低热矿渣水泥	32.5	197	230

水泥熟料中 MgO 含量不得超过 5%，指标与用于生产普通硅酸盐水泥的熟料相同。其三氧化硫含量不得超过 3.5%。中热水泥和低热水泥熟料中的碱含量，以 Na_2O 当量（Na_2O + $0.658K_2O$）表示不得超过 0.6%。在生产低热矿渣水泥时，允许放宽到 1.0%。熟料中的游离氧化钙含量不得超过 1.2%。

中热水泥、低热水泥和低热矿渣水泥的初凝不得早于 60min，终凝不得超过 12h。

中热硅酸盐水泥主要适用于大坝溢流面的面层和水位变动区等要求较高的耐磨性和抗冻性工程；低热水泥和低热矿渣水泥主要适用于大坝或大体积建筑物内部及水下工程。

低热微膨胀水泥是我国研制成的用于大坝工程的另一种低热水泥，它是由粒化高炉矿渣、硅酸盐水泥熟料和石膏共同粉磨而成。净浆线膨胀为 0.2%～0.3% 左右，7 天水化热小于 167J/g，其主要水化物为钙矾石和水化硅酸钙凝胶。该水泥主要用于大坝工程。

第八节　油井水泥

油井水泥专用于油井、气井的固井工程，又称堵塞水泥。在勘探和开采石油或天然气时要把钢质套管下入井内，再注入水泥浆，将套管与周围地层胶结封固，进行固井作业，封隔地层内的油、气、水层，防止互相串扰，以便在井内形成一条从油层流向地面、隔绝良好的油流通道。

油井底部的温度和压力，随着井深的增加而提高，每深入 100m，温度约提高 3℃，压力增加 1～2MPa。例如，井深达 7 000m 以上时，井底温度可达 200℃，压力可达 125MPa。因此，高温高压，特别是高温对水泥各种性能的影响，是油井水泥生产和使用时必须考虑的重要问题。

油井水泥的基本技术要求为：在井底的温度和压力条件下，配成的水泥在注井过程中，能具有一定的流动性和合适的密度；水泥浆在注入井内后，应较快凝结，并在短期内达到相当强度；硬化后的水泥石应有良好的稳定性和抗渗性，对地层水中的侵蚀性介质，也要有足够的耐蚀性等等。近年来，由于国内外石油工业的发展，对油井水泥的要求越来越高；使油井水泥相应得到很大的发展。但是，目前还没有一种水泥能满足可能遇到的各种井内条件所提出的全部要求，所以应根据实际情况生产或使用不同种类的油井水泥。

温度和压力对水泥水化硬化的影响，温度是主要的，压力是次要的。因此，井深不同，对水泥的性能就有不同的要求。

一、我国研制开发的油井水泥

根据我国国家标准 GB 202—78 和部标准 JC 241—78、JC 237—78，油井水泥分 45℃、75℃、95℃ 和高温油井水泥四个品种，分别用于不同井深的油、气井。表 10-8-1 表示不同井深的油井水泥。我国从 1990 年起,油井水泥正逐步过渡到 API 国际标准。

表 10-8-1　不同井深的油井水泥

井类别	井深	井温	适用的油井水泥
浅井	1 500m 以下	45℃ 以下	45℃ 油井水泥
中井	1 500~2 500m	70℃ 以下	75℃ 油井水泥
中深井	2 500~3 500m	~95℃	95℃ 油井水泥
深井	3 500~4 500m	110~135℃	高温油井水泥
超深井	4 500~7 500m	150~180℃	超深井水泥

不同品种的油井水泥的技术要求列于表 10-8-2。

表 10-8-2　油井水泥技术要求

项目		油井水泥品种			
		45℃	75℃	95℃	高温油井水泥
水泥浆密度($W/C = 0.50$) 不小于(g/cm^3)		1.8	1.8	1.8	1.8
水泥浆流动度,不小于		185	195	220	200
凝结时间	初凝	45±2℃ 1:30~3:30	75±3℃ 1:45~3:30	95±3℃ 3:00~4:30	150~180℃,39.23MPa 大于 0:30
	终凝	初凝后不迟于 1:30	初凝后不迟于 1:30	初凝后不迟于 1:30	—	无高压设备时同 95℃ 油井水泥
48h 抗折强度,不低于 (MPa,常压)		3.4	5.4	5.4	(150~180℃ 39.23MPa) 4.4	(无高压设备 95±3℃)3.9

　　45℃ 油井水泥,由于井温不高,可以采用两种配料方案均可达到技术要求。一种配料方案为高饱和系数、高铁配料方案。如 KH 在 0.90 以上,C_3S 在 55% 以上,Fe_2O_3 在 5% 以上,C_3A 在 6% 以下。另一种配料方案为高铝低饱和系数方案,如 KH 在 0.85 以下,C_3S 40% 以下,C_2S 30% 以下,C_3A 8%~13%,水泥比表面积 340m^2/kg。

　　75℃ 油井水泥,C_3A 含量应进一步降低。熟料率值可控制如下:$KH = 0.89~0.93$;$n = 2.05~2.25$;$p = 0.64~0.75$。C_3S 为 50%~57%;C_2S 为 18%~21%;C_3A 为 1%~2%;C_4AF 约 18%。石膏加入量和粉磨细度通过试验确定。

　　95℃ 油井水泥,宜采用不含铝酸盐矿物的贝利特熟料。其熟料率值控制如下:$KH = 0.73~0.77$;$n = 2.50~2.75$;$p < 0.64$。C_3S 为 18%~28%;C_2S 为 50%~60%;C_4AF 为 15%~16%。

　　例如 C_3S 18.8%;C_2S 60.6%;C_4AF 15.6%;C_2F 1.87%。

　　磨制 75℃ 与 95℃ 油井水泥时,允许均匀地加入不超过水泥质量 15% 的能改善水泥性能的活性混合材料。掺加的活性混合材料,除粒化矿渣外,必须经过试验。

　　高温油井水泥要采用砂质贝利特水泥。熟料率值控制如下:$KH = 0.74~0.76$;$n = 2.4~2.8$;$p < 0.64$。

　　贝利特熟料与 20%~25% 的石英砂(含 SiO_2 80% 以上)和 1.5%~2.0% 的石膏共同粉磨,比表面积控制在 320~350m^2/kg。需要减小密度时,加入水泥质量的 8% 的膨润土粉。

为了适应井温在 200℃以上,井深在 6 000m 以上的超深井的要求,可以采用矿渣-石英砂水泥,矿渣膨润土水泥,赤泥-石英砂水泥,菱苦土-石英砂等超深井水泥。水泥中的 CaO/SiO_2 之比应在 0.60～0.85。在 200～300℃,50～150MPa 下,形成低碱性水化硅酸钙,如 C-S-H(I),硬硅酸钙石(C_5S_5H)具有很高的强度,并且具有很高的抗盐性,对 NaCl、$MgSO_4$ 等溶液(总盐量在 30g/L 以下)都有很好的耐蚀性。菱苦土-石英砂($MgO-SiO_2$)水泥,在高温高压下生成水化硅酸镁,在 250℃和 50MPa 时也有很高的强度,在高盐溶液中的耐久性也很好。

超深井水泥不得用于浅井、中浅井、深井的固井工程。

另外,还可加入各种外加剂,以改变油井水泥的性能。

例如:为了延长贮存期,可加入憎水剂,如胺基醇(NH_2-R-CH_2-OH)、合成鞣酸(丹宁)可使水泥贮存六个月后,凝结和强度仍达到要求。为了延缓凝结,可加入各种缓凝剂,如磺化木质素盐,甲基纤维素、铁铬盐、硼酸、酒石酸、丹宁、磺甲基丹宁、糖类、淀粉等。有些缓冲剂,如铁铬盐、磺化木质素会起泡,还要加消泡剂。缓凝剂的加入量要通过试验确定,加得过多,会使水泥长期不凝结。多数有机缓凝剂的作用是在水泥颗粒表面形成保护膜,延缓了水泥颗粒与水的水化作用。但在较深的油井内,很多有机缓凝剂会分解,其缓凝效果急剧下降,所以大部分缓凝剂不能在井温超过 100～110℃的井内使用。

在复杂的层质高压井中,要用密度为 2.00～2.26g/cm³ 的重质黏土浆;为了提高固井质量,要用密度为 2.45～2.60g/cm³ 的重质水泥浆,以便将黏土浆顶出管内及管外隔套。这种重质油井水泥是在普通油井水泥中掺入 40%～50%重密度物质,如铁矿石、菱镁矿、重晶石粉。在有裂隙或多孔的地层,水泥浆与泥浆密度相差过大,容易造成水泥浆流失或挤垮地层,或堵塞低压油层,在这种情况下,要用低密度油井水泥。这时,在普通油井水泥中掺入轻质掺合料,如火山灰、硅藻土、粉煤灰、膨胀珍珠岩、轻质沥青、膨润土等,但一般使强度降低较多。

当井壁有裂缝时,在固井过程中往往会产生水泥浆流失。为了堵塞水泥浆流失的通道,在油井水泥中加入部分纤维质外加剂,如石棉、棉子工业废纤维、纤维工业废纤维等。加入量为水泥质量的 2%～3%。采用纤维质油井水泥固井时,在井壁很快形成一层网膜,然后水泥浆很快沉积在井壁,可以达到迅速堵塞裂缝和缝隙的效果。

用普通油井水泥封固天然气井时,气井有时会漏气,这是由于水泥浆硬化时产生收缩而形成微裂缝所引起的,为了防止收缩和漏气,可用膨胀油井水泥。

由于钙矾石在高温高压下不稳定,会分解破坏,达不到膨胀剂的作用。在 45℃、75℃油井水泥中,可加入经 900～950℃煅烧的氧化镁,其加入量小于 5%,7 天膨胀值可达 0.1%～0.2%。也可加入经 1 150～1 250℃煅烧的生石灰,其加入量小于 10%,同时加入 5%～10%无定形二氧化硅(硅藻土、火山灰等)或高炉矿渣。CaO 在 90℃下水化,在前 6h 产生明显的膨胀,然后膨胀减小,36h 后,膨胀结束。在 75℃、40MPa 下,2 天的膨胀值可达 0.2%。

有些油井的地下水中含有硫酸盐,要求采用抗硫酸盐油井水泥。采用低 C_3A 或无 C_3A 和 C_3S 含量较低的熟料,掺入一定量的火山灰混合材料(粉煤灰、火山灰、硅藻土等)制成的油井水泥,可以具有很好的抗硫酸盐性。

二、API 标准油井水泥

我国从 1990 年起,油井水泥已逐步过渡到 API 标准,API 系列分为 A、B、C、D、E、F、G、H、

198

I 九个等级,17 种。API 系列列入表 10-8-3。

API 系列油井水泥的物理要求包括:水灰比、压蒸安定性(膨胀值小于 0.8%)、水泥的比表面积、15~30min 内的初始稠度,在特定温度和压力下的稠化时间(在专门的高温高压稠化仪中进行测定)以及在特定温度、压力和养护龄期下的抗压强度。

API 标准的试验方法为模拟井下情况进行的,因此,与实际使用条件比较一致,使用效果较好。

表 10-8-3　API 油井水泥系列

级别代号	井深(m)	井温(℃)	要　求	相应水泥类型
A	<1 830	<77	无特殊要求	ASTMC150I 型
B	<1 830	<77	中等及高抗硫酸盐	ASTMC150II 型
C	<1 830	<77	早强、普通、中等及高抗硫酸盐	ASTMC150III 型
D	1 830~3 050	77~110	缓凝、中等及高抗硫酸盐	G 级+缓凝剂
E	3 050~4 270	110~143	中等及高抗硫酸盐	G 级+缓凝剂
F	3 050~4 880	110~160	中等及高抗硫酸盐	G 级+缓凝剂
G	<2 440	<93	中等及高抗硫酸盐	基本品种
H	<2 440	<93	中等及高抗硫酸盐	基本品种
I	3 660~4 880	115~160	耐高温	石英质贝利特水泥

制造 API 系列油井水泥的方法有两种:一种方法是制造特定矿物组成的熟料,以满足某级水泥的化学和物理要求;另一种方法是采用基本油井水泥(G 级和 H 级水泥)加入相应的外加剂来达到某级水泥的技术要求。采用前一种方法往往给水泥厂带来较多困难,因此,现在多数采用第二种方法。

G 级为基本油井水泥,在制造过程中,只允许掺加石膏,不允许掺任何其他外加剂。G 级水泥与相应的多种外加剂配合使用,可广泛用于不同井深和井温的油井、气井的固井工程。

G 级水泥分中等抗硫酸盐和高抗硫酸盐两种类型。中等抗硫酸盐型要求 $C_3A<8\%$,$C_3S48\%\sim58\%$;高抗硫酸盐型要求 $C_3A<3\%$($2\times C_3A+C_4AF<24\%$),$C_3S48\%\sim65\%$。G 级水泥的物理要求如下:水灰比为 0.44,压蒸安定性的膨胀值<0.8%,游离水<3.5mL(以250mL 为基准,折合 1.4%),15~30min 内的初始稠度<30BC(水泥浆体稠度的 Bearden 单位),52℃、35.6MPa 压力下的稠化时间为 90~120min;38℃常压养护 8h 的抗压强度>2.1MPa;60℃常压下养护 8h 的抗压强度>10.4MPa。当井温超过 110℃时,G 级水泥中加入适量磨细石英砂。

高抗硫酸盐型 G 级水泥对各种水泥外加剂如缓凝剂、减阻剂、降失水剂、加重剂、减轻剂等均有良好的适应性。

H 级油井水泥的质量标准、技术要求完全与 G 级相同,不同的是水灰比为 0.38(G 级为0.44)。因此,水泥的比表面积较低,仅 270~300m²/kg。中等抗硫酸盐型 H 级水泥与 75℃油井水泥相近。

I 级水泥相当于加砂 120℃油井水泥,一般配比为 120℃油井水泥熟料 78%,石英砂 20%,二水石膏 2%,水泥的比表面积 330~360m²/kg。

我国的 95℃油井水泥相当于高抗硫酸盐型 D 级水泥。

有关油井水泥的新的具体要求,可见国家标准 GB 10238—2005《油井水泥》。

第九节　砌筑水泥

我国目前的住宅建筑中,砖混结构仍占很大的比例,相应地砌筑砂浆就成为需要量很大的一种建筑材料。因而,如何在砖混结构的建筑中,开展节约水泥、节约能源,降低造价,就具有十分重要的现实意义。

我国在建筑施工配制的砌筑砂浆,往往采用强度等级为 32.5、42.5 的水泥,而常用的砂浆强度为 5.0MPa 和 2.5MPa,水泥强度和砂浆强度的比值,大大超过了一般认为应为 4～5 值的技术经济原则。为了满足砌筑砂浆和易性的要求,往往需要多用水泥,结果造成砌筑砂浆超强度等级,浪费水泥的现象。因此,生产低强度等级的砌筑水泥就十分必要。

根据 2003 年修改的国家标准 GB/T 3183—2003《砌筑水泥》,砌筑水泥的定义如下:凡由一种或一种以上的水泥混合材料,加入适量的硅酸盐水泥熟料和石膏,经磨细制成的工作性较好的水硬性胶凝材料,称为砌筑水泥,代号 M。

活性混合材料可采用矿渣、粉煤灰、煤矸石、沸腾炉渣、沸石等。

水泥中混合材料掺加量按质量百分比计应大于 50%,允许掺入适量的石灰石或窑灰。

砌筑水泥分为两个强度等级,即 12.5、22.5,其各龄期的强度指标值列于表 10-9-1。

表 10-9-1　砌筑水泥强度指标　　　　　　　　　　　　MPa

水 泥 等 级	抗 压 强 度		抗 折 强 度	
	7d	28d	7d	28d
12.5	7.0	12.5	1.5	3.0
22.5	10.0	22.5	2.0	4.0

生产砌筑水泥所用的硅酸盐水泥熟料。可用回转窑生产,也可用立窑生产,熟料 MgO 含量不得超过 6%。若采用钢渣、化铁炉渣、赤泥、磷渣、窑灰等活性混合材料生产砌筑水泥,必须经过试验,在粉磨砌筑水泥时,允许采用助磨剂,掺入量不得超过 1%。掺入其他外加剂时,必须通过试验。

对砌筑水泥的品质要求如下:

1. 水泥中的 SO_3 含量不得超过 4%;

2. 水泥细度以 0.080mm 方孔筛筛余计,不得超过 10%;

3. 水泥的凝结时间初凝应不早于 45min,终凝应不迟于 12h;

4. 水泥的安定性试验,必须合格。由于水泥的早期强度较低,安定性试饼可允许延长湿气养护时间,但不得超过 3 天。

强度试验时,试块允许湿养 2 天后脱模下水。

砌筑水泥的粉磨方式,可采用分别粉磨后再混合,也可以先进行分别粉磨,然后再进行混合粉磨,或直接混合粉磨。具体采用哪种方式,要根据各组分物料的性能和粉磨设备而定。当生产粉煤灰砌筑水泥时,采用两级粉磨流程比较合理:即水泥熟料和石膏首先粉磨至0.080mm 方孔筛筛余约 35%,再与粉煤灰一起粉磨成成品。

生产粉煤灰砌筑水泥时,一般可采用下列配比:硅酸盐水泥熟料 30% 左右,石膏 4%～5%,其余为粉煤灰。

粉煤灰中要求 $SiO_2 + Al_2O_3$ 含量大于 70%，28 天抗压比大于 1.05，烧失量不超过 10%。

粉煤灰砌筑水泥的和易性良好，泌水性较小，使用操作方便，成本较低，配制同体积同强度等级砂浆，采用粉煤灰砌筑水泥，可节约水泥熟料 13% 以上。

砌筑水泥适用于工业与民用建筑的砌筑砂浆，内墙抹面砂浆及基础垫层等；允许用于生产砌块及瓦等。一般不用于配制混凝土，但通过试验，允许用于低强度等级混凝土，但不得用于钢筋混凝土等承重结构。

第十节　道路水泥

公路建设对我国经济的发展、城乡的繁荣起着特别重要的作用。公路造价比铁路便宜许多，且受地势限制小，能通车辆种类多，修建到通车时间短。在各种公路路面材料中水泥混凝土是广泛采用的一种。水泥路面不易损坏，使用年限比沥青路面长很多倍，水泥路面还具有路面阻力小、抗油类侵蚀性强、养路简单、维修费用低等优点。随着我国国民经济的发展，高速公路、城乡公路也将进一步发展，道路水泥的需用量将大大增加。

由于公路经受高速车辆的摩擦，循环不定的负荷，载重车辆的冲击和震荡，起卸货物的骤然负荷，路面与路基的温差和干湿度差产生的膨胀应力，冬季的冻融等，所以，用于道路的水泥混凝土路面，要求耐磨性好，收缩变型小，抗冻性强，抗冲击好，有高的抗折和耐压强度以及较好的弹性。

道路水泥的生产方法与原料同硅酸盐水泥，由于 C_3S 的强度发展较快，早期强度较高，且强度增进率较大，就 28 天或一年强度来说，在四种矿物中 C_3S 的强度最高。C_4AF 抗冲击性能和抗硫酸盐性能较好。所以要求道路水泥熟料中硅酸三钙、铁铝酸四钙含量高，f-CaO 低。由于 C_3A 和 C_2S 收缩大，道路水泥中这两种矿物含量宜低。

一般道路水泥的矿物组成如下：

C_3S	52%～60%；
C_2S	12%～20%；
C_3A	<4%；
C_4AF	14%～24%；
f-CaO	<1%。

国家标准 GB 13693—2005《道路硅酸盐水泥》中有关技术性能指标为：

1. 水泥熟料中氧化镁含量不得超过 5.0%；
2. 水泥中三氧化硫含量不得超过 3.5%；
3. 水泥的烧失量不得大于 3.0%；
4. 道路水泥中的游离氧化钙，旋窑生产不得大于 1.0%，立窑生产不得大于 1.8%；
5. 碱含量如用户提出要求时，由供需双方商定；
6. 熟料中铝酸三钙的含量不得大于 5.0%；
7. 熟料中铁铝酸四钙的含量不得小于 16.0%；
8. 细度　比表面积为 300～450m²/kg；
9. 凝结时间　初凝不得早于 1.5h，终凝时间不得迟于 10h；

10. 安定性　用沸煮法检验必须合格;

11. 磨耗　道路水泥净浆 28 天龄期磨耗不得大于 $3.00g/cm^2$;

12. 28 天干缩率不大于 0.10%;

13. 各龄期强度不得低于表 10-10-1 数值。

表 10-10-1　道路水泥各龄期强度　　　　　　MPa

强度等级	抗 压 强 度		抗 折 强 度	
	3d	28d	3d	28d
32.5	16.0	32.5	3.5	6.5
52.5	21.0	42.5	4.0	7.0
52.5	26.0	52.5	5.0	7.5

第十一节　氟铝酸盐型快硬水泥

氟铝酸盐型水泥是以铝质原料、石灰质原料、萤石(或再加石膏),经适当配合,烧制成以氟铝酸钙($C_{11}A_7 \cdot CaF_2$)为主要矿物组成的熟料,再外掺石膏磨制而成。此类水泥包括双快型砂水泥、双快抢修水泥、喷射水泥等,具有大致相似的化学成分和矿物组成。

一、氟铝酸盐水泥的矿物组成

氟铝酸盐型水泥的主要矿物为阿利特、贝利特、氟铝酸钙和铁酸钙固溶体(C_6A_2F-C_2F)。$C_{11}A_7 \cdot CaF_2$ 实质上是 $C_{12}A_7$ 中一个 CaO 的 O^{2-} 被 2 个 F 离子所置换,亦能溶入部分 Fe_2O_3、MgO 等固溶体。根据水泥的用途,氟铝酸钙型水泥的矿物组成可在较大范围内波动,见表 10-11-1。

表 10-11-1　氟铝酸钙水泥的矿物组成

水泥编号	矿物含量(%)				
	$C_{11}A_7 \cdot CaF_2$	C_3S	C_2S	C_4AF	C_2F
1	20.6	50.4	1.7	4.7	—
2	19.2	52.1	—	5.2	—
3	20.0	55.1	6.7	4.6	—
4	71.3	—	20.0		2.2
5	72.4	—	17.6		3.0

表中 1、2、3 号为阿利特-氟铝酸钙型;4、5 号为贝利特-氟铝酸钙型。

用较好的石灰石,生产 C_3S-$C_{11}A_7 \cdot CaF_2$ 型水泥时,可用低品位矾土;生产 β-C_2S-$C_{11}A_7 \cdot CaF_2$ 型水泥时,则要求用较高品位的矾土,也可用其他含铝高的原料、萤石和少量石膏。

熟料矿物组成的计算公式如下:

对 C_3S-C_2S-$C_{11}A_7 \cdot CaF_2$-C_4AF 类:

$$C_4AF = 3.04F;$$

$$C_{11}A_7 \cdot CaF_2 = 1.97(A - 0.64F);$$

$$C_3S = 4.07C - 3.47F - 3.52A - 7.60S - 2.85S' + 3.68N + 2.42K;$$
$$C_2S = 2.87(S - 0.26C_3S);$$

CaF_2 的理论需要量 $= 0.11(A - 0.64F) + 0.83K + 1.26N$

对 $C_2S\text{-}C_{11}A_7 \cdot CaF_2\text{-}C_2F$ 型：

$$C_{11}A_7 \cdot CaF_2 = 1.97(A - 2.53M);$$

$$C_2S = 2.87S;$$

$$C_2F = 1.70F;$$

$$MA = 3.53M;$$

$$CT = 1.70T;$$

CaF_2 的理论需要量 $= 0.11(A - 2.53M) + 0.83K + 1.26N$

二、氟铝酸盐水泥的生产

氟铝酸盐水泥所需的铝质原料,目前主要是矾土,但也可试用粉煤灰、煤矸石等来代替。石灰石要求较纯。

氟铝酸盐水泥的配料要根据水泥性能的要求,先设计水泥熟料的矿物组成,然后计算出熟料的化学成分,再用试凑法进行配料。CaF_2 用量除满足 $C_{11}A_7 \cdot CaF_2$ 中的 CaF_2 含量及与 Na_2O、K_2O 反应所需数量外,要求过量1%,因为在煅烧过程中部分氟会挥发掉。

含卤素生料较普通生料有较高反应能力,生料中掺氟会在普通生料的固相反应的温度范围内促使 CaO 被很好地吸收,形成硅酸钙矿物。含氟量提高2%,氧化钙被完全吸收的温度可降低50℃,而石灰饱和系数、硅酸率、铝氧率的影响较小。当 CaF_2 大于4%时,在1 150～1 200℃时 C_3S 已能很快地形成。

1 080℃ $4C_2S + CaF_2 + 3CaO \longrightarrow C_{11}S_4 \cdot CaF_2$

1 180℃ $C_{11}S_4 \cdot CaF_2 \longrightarrow 3C_3S + C_2S + CaF_2;$

                         $C_{12}A_7 + CaF_2 \longrightarrow C_{11}A_7CaF_2 + CaO$

烧成温度一般控制在1 250～1 350℃,火焰温度控制在1 350～1 400℃。温度过高,易结大块,易结圈;温度过低,容易产生生烧。熟料要急冷,水泥粉磨细度要求较高,一般比表面积控制在500～600m^2/kg。粉磨时,掺入适量石膏,加入量通过试验确定。

三、氟铝酸盐水泥的性质和用途

氟铝酸盐水泥凝结很快,初凝一般仅几分钟,初凝和终凝时间间隔很短,终凝一般不超过半小时。在用于抢修工程时,可根据使用要求及气候条件,用缓凝剂来调节。常用缓凝剂有酒石酸、柠檬酸和硼酸等。例如掺0.6%以下的柠檬酸,由于消耗了液相中的钙离子,生成柠檬酸钙,使硫铝酸钙的形成受到抑制,达到了缓凝的效果。

氟铝酸钙型快硬水泥的最大特点是具有小时强度,5～20min 就可硬化,2～3h 后,抗压强度即可达20MPa,4h 的混凝土强度即可达到15MPa。在5℃低温下硬化,6h 可达10MPa,1天可达30MPa。

双快抢修水泥(主要矿物组成 C_3S、$C_{11}A_7 \cdot CaF_2$)适用于紧急抢修工程、低温施工工程等。双快型砂水泥(主要矿物组成 $C_{11}A_7 \cdot CaF_2$、C_2S)专门用作黏结铸模用砂的黏结剂。在用作型砂水泥时,型砂:水泥 = (92~93):(7~8),加水 6.5%~7.54%,试体尺寸为 $\Phi 5 \times 5cm$,1~2h 达 0.3~0.5MPa,24h 达 0.9MPa 以上。在浇注的高温作用下,钙矾石迅速脱水分解,型砂模溃散,易于清砂,并且不产生有害气体。

第十一章　水泥物料物理性能的测定

第一节　生料细度和水泥细度的测定

一、干筛法

GB/T 1345—2005 规定的干筛法有两种:利用仪器筛析和用人工筛析,这里主要介绍仪器筛析。

仪器筛析使用的是负压筛析仪,或称气流筛,它是由筛座、筛子、收尘器和吸尘器等几部分组成。仪器的工作原理是利用一股气流从筛座的喷嘴中喷出,由于喷嘴旋转形成了旋转气流,将筛网上水泥吹起呈悬浮状态,然后在负压抽吸下将小于 0.080mm 或 0.045mm 的水泥粒子抽吸过筛,并经收尘器收集下来。

1. 试验前的准备工作

(1)筛子

①使用筛要经常检查,筛网必须完整没有损坏,筛边缘接缝处必须严密,绝大部分筛孔畅通,没有堵塞。

②对常用筛子(包括更新筛子时)要定期用标准粉校验,标准粉由中国建筑材料科学研究院水泥研究所负责供应。

(2)筛座中喷嘴应旋转自如,不得受卡阻。喷嘴转速为(30±2)r/min。气流能顺畅地从喷嘴狭缝中喷出,将筛上水泥吹起。

(3)试验样品应充分拌匀,通过 0.9mm 的方孔筛,并在(110±5)℃下烘干 1h,取出放入干燥器内。

(4)准备好试验用天平一台,最大称量 100g,分度值 0.05g。

2. 试验操作

(1)将筛子放置于筛座上,盖上端盖,启动,检查喷嘴运转状况,调节负压为 4~6kPa,运转 2min 后自动停机。

(2)称取水泥 50g,置于筛中,盖上筛盖,启动,筛析 2min,筛析初始可能有试样黏附在筛盖上,可用小锤轻轻敲击,使之下落。筛毕,称量筛余物。

(3)试验完毕,须将筛子清刷干净,保持干燥。

(4)经多次试验后,负压可能小于 4kPa,此时应清理吸尘器内的水泥,使负压恢复至 4~6kPa。

二、水筛法

1. 试验前的准备工作

(1)筛子(注意事项同干筛法)。

（2）筛座的活动部分应灵活，喷头的孔洞应畅通，发现喷头孔洞堵塞，要及时用缝衣针或细金属丝捅通。

（3）试验用水一定要洁净，含有泥砂等杂物的水不能使用，应采用沉淀、过滤等办法清理干净后方能使用。

（4）准备好试验用的加热器：（蒸发皿或烘干盘）、小毛刷、记时器、感量为 0.1g 的天平等。

（5）试验样品应充分拌匀，并通过 0.9mm 的方孔筛。

2. 试验操作

（1）将称好的 50g 试样倒入筛子的一边，一手稍打开水龙头，一手持筛，斜放在喷头下冲洗，冲洗时喷头的水逐渐把倒在一边的水泥稀释并流向另一边，通过筛孔流出，同时持筛手在喷头下往返摇动，以加快细粉的通过，防止试样堵塞筛孔。冲洗时间到 20s，然后将筛子放在筛架上进行筛析。

（2）筛析时，喷头喷出的水不能垂直喷在筛网上，而要成一定角度，使一部分水以切线方向喷在筛框上，一部分水喷在筛网上，才能使筛子转动，而角度的大小要控制在使筛子的转速约 50r/min 为宜，水压约为 0.03～0.08MPa。冲洗和筛洗时，注意不要使试样溅出筛外。

（3）筛析 3min 取下筛子，一手持筛，一手持喷头或橡皮管，用水将筛余物移至蒸发皿（或烘干盘）内，待蒸发皿内筛余物沉淀后，将水倾斜流出，然后转动蒸发皿使筛余物散布在皿壁上，接着放在加热器上烘干。

（4）加热器一般采用电炉，蒸发皿不能直接放在电炉盘上，以防急热时筛余物受热不均而爆溅，可用石棉板隔开，或放在距电炉一定高度的金属丝网架上，当全部烘干时，用刷把轻击蒸发皿，粘在壁上的筛余物便自动集中在皿底上。

（5）烘干后取下蒸发皿，待冷至不烫手时，用小毛刷轻轻地将筛余物刷入天平盘内进行称量，精确到 0.1g，筛余质量乘以 2 即为该样品的筛余百分数，记在记录本中。

（6）试验完毕后，应用毛刷将筛子筛孔刷通，保持清洁。一般使用 15 次后须用乙酸或食醋进行清洗。常用的筛子可浸于水中保存，不常用的晾干后保存。

第二节　物料水分、容积密度、熟料升重测定

一、入磨物料水分的测定

物料水分的测定就是测定物料附着水分的百分含量。

（一）用烘箱测定水分

用 1/10 的天平准确称取试样 50g，倒入小盘内，放于 105～110℃ 的恒温控制的烘干箱中烘干 1h，取出冷却后称量。

物料中水分的百分含量按下式计算：

$$W = \frac{m - m_1}{m} \times 100\%$$

式中　W——水分（%）；

206

m——烘干前试样质量(g);

m_1——烘干后试样质量(g)。

(二)用红外线干燥测定水分

用1/10天平称取试样50g,置于已知质量的小盘内,放在250W红外线灯下3cm处烘10min左右(湿物料需20~30min)取下,冷却后称量,计算公式同上。

用红外线烘干水分时,严防冷物触灯,以免引起灯泡爆裂。

(三)注意事项

1.石膏附着水分测定时烘干温度应为60~50℃,不得使用红外线灯。

2.生料球烘干前应先轻轻捣碎到粒径小于1cm,然后再按上述方法测定。

3.大块样品应先破碎到粒径2cm以下再测定。

二、水泥容积密度测定

水泥容积密度是水泥在自然状态下(包括空隙)单位体积的质量,以g/mL表示。水泥容积密度可分为松散状态下的容积密度和紧密状态下的容积密度两种。

(一)松散状态下的容积密度的测定

1.测定容积密度的漏斗及升筒如图11-2-1所示。升筒5是内径108mm、高109mm的铜制圆筒型容器,容积为1L。特制漏斗1具有带盖导管2及筛孔为2mm的筛板4。漏斗应固定在操作台上。

2.测定方法

(1)将升筒放在漏斗的导管下,使升筒和导管位置在同一中心线上。导管盖3和升筒顶间的距离必须等于50mm。

(2)把导管盖闭上。在漏斗内装满2L已经干燥的水泥。

(3)抽开导管盖,轻轻振动筛上的水泥,使其自由落下。此时应防止升筒受到任何振动,以免水泥密实。

(4)当升筒中溢出水泥时,立即闭盖,用钢尺紧贴筒口将多余的水泥一次刮平。轻击升筒数下,使水泥下沉(以防止水泥外溢)然后称量水泥的升筒。

3.水泥容积密度按下式计算。

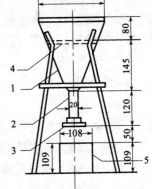

图11-2-1 测量容积密度装置
1—漏斗;2—导管;3—导管盖;
4—筛板;5—升筒

$$\delta = (P_2 - P_1)/V$$

式中 δ——容积密度(g/mL)

P_1——未盛水泥的升筒质量(g):

P_2——盛有水泥的升筒质量(g);

V——升筒容积(mL)。

(二)紧密状态下容积密度的测定

将水泥装入升筒,将升筒加盖盖紧,用机械加以均匀振动或用人工轻击,使之密实。当升筒内水泥受振沉降时,便添加水泥,直至水泥的体积固定不再沉降平口为止,再将升筒称量,并按上式计算,即得水泥在紧密状态下的容积密度。

三、水泥密度的测定

(一)概述

测定水泥的密度是根据阿基米德定律。将一定质量的水泥装入盛有与水泥不起反应的液体的密度瓶内,根据水泥排开液体的体积即水泥的真体积,除以装入水泥的质量,即得水泥的密度。根据 GB/T 208—1994,测定水泥密度的方法如下:

(二)仪器

1. 密度瓶(图 11-2-2)容积为 $220\sim250cm^3$。瓶 1 带有长 $18\sim20cm^3$、直径约 $1cm$ 的细颈 2,细颈下面的鼓形扩大颈 3,细颈顶部为喇叭形装料漏斗 4,并有玻璃瓶塞 5 用以塞住漏斗颈口。细颈上有体积刻度,精确至 $0.1cm^3$。

2. 恒温水槽或其他保持恒温的盛水玻璃容器。恒温容器温度波动范围应能保持在 ±0.5℃。

(三)测定方法与计算

1. 将无水煤油注入密度瓶中至零点刻度(以弯月液面下部为准),将密度瓶放入恒温水槽中,使刻度部分浸入水中(水温必须控制在密度瓶刻度时的温度),恒温 $0.5h$,记下第一次读数 V_1。

2. 从恒温水槽中取出密度瓶,用滤纸将密度瓶零点以上的没有煤油部分仔细擦净。

3. 称取在 (110 ± 5)℃温度下干燥 $1h$,而且是已在干燥器内冷却至室温的水泥 $60g$(称准至 $0.01g$),用小匙装入密度瓶中。摇动密度瓶,排去其中的空气泡,再放入恒温水槽,在相同温度下恒温 $0.5h$。记下第二次读数 V_2。

4. 按下列公式计算水泥密度:

$$\gamma = P/(V_2 - V_1)$$

式中　γ——水泥的密度(g/cm^3);

　　　P——装入密度瓶的水泥质量(g);

　　　V_1——装入水泥试样前密度瓶内液面读数(cm^3);

　　　V_2——装入水泥试样后密度瓶内液面读数(cm^3)。

5. 密度瓶须以两次试验结果的平均值确定,计算精确度为 ±0.01。两次试验结果的差不得超过 0.02。

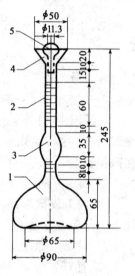

图 11-2-2　密度瓶

1—瓶;2—细颈;3—扩大颈;4—装料漏斗;5—玻璃瓶塞

四、熟料升重测定

(一)测定熟料升重的意义

熟料升重即为 1L 熟料的质量。熟料升重的高低是判断熟料质量和窑内温度(主要是烧成带温度)的参考数据之一,通过物料结粒大小及均匀程度,可以推测烧成温度是否正常。当窑温正常时产量高;熟料结粒大小均匀,熟料外观紧密结实,表面光滑而近似小圆球状,这时升重较高;但当熟料颗粒小的多,而且其中还带有细粉,这时升重低,说明窑内温度低。但烧成温度过高时,对窑皮不利,影响窑的安全运转。因此,必须将升重控制在合理范围内,以便于看火工及时调整窑内温度。

(二)所用工具及仪器

1．孔径 5mm 及 7mm 筛子各一个；

2．容量为半升的铁制圆筒两个；

3．磅秤一台；

4．留样筒两个(容量约 10kg)。

(三)操作方法

将 7mm 筛放在 5mm 筛之上,打开取样器闸板,放取熟料,然后将闸板关闭,摇动 7mm 筛内的熟料,使小于 7mm 的熟料通过筛孔漏入 5mm 筛内,将大于 7mm 的熟料倒掉,再筛动 5mm 的筛子,直至每分钟通过 5mm 筛孔的熟料不超过 50g 为止,将留于 5mm 筛孔之上的熟料倒入升重筒内,用铁尺将多出筒口的熟料刮掉,使其与升重筒面水平,然后称量。

熟料升重按下式计算:

$$升重＝(总重－皮重)\times 2 \quad (g/L)$$

第三节　水泥标准稠度用水量、凝结时间测定

一、标准稠度用水量检验

(一)试验前的准备工作

1．仪器设备及称量器皿

(1)净浆搅拌机、标准调度与凝结时间测定仪及各项附件均应符合标准规定的要求。

标准稠度和凝结时间测定仪(图 11-3-1)的底座放置应水平,金属圆柱上下滑动必须灵活。

测定标准稠度时,棒上所装的试锥(图 11-3-2)安装后要与棒同心,表面要光滑,锥尖应完整无损,锥模(图 11-3-3)内面要光滑,锥模角应成尖状,不能被水泥浆或杂物堵塞,锥模放在仪器底座固定位置时,试锥应对着锥模的中心。

测定凝结时间时,换上的试针(图 11-3-4)安装要垂直,表面要光滑,顶端应为平面。如发现有弯曲或倒(圆)角时不能使用。

校对好仪器零点。

(2)检查净浆搅拌机的转速、锅与搅拌叶的尺寸,特别是搅拌翅与锅底的间隙。搅拌机拌和一次的程序是:慢速(120±3)s,停拌 15s,快拌(120±3)s。如不符合规定,应及时调整、纠正。

(3)量水器的最小刻度为 0.1mL,并应经常标定,合格后方能使用。

(4)天平的感量为 1g,称量前检查天平是否灵敏,并对准零点。

(5)此外小餐具刀、平铲刀、擦布等都应准备好。

2．试样的处理

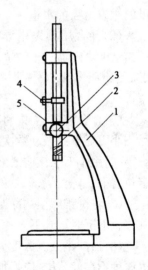

图 11-3-1　凝结时间测定仪
1－铁座;2－金属测棒;
3－松紧螺丝;4－指针;
5－标尺

试样应充分拌匀,样品通过 0.9mm 方孔筛,记录筛余物的情况,注意填写样品的编号,将试样密封好,试验前送到实验室。

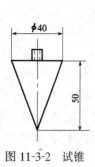
图 11-3-2　试锥

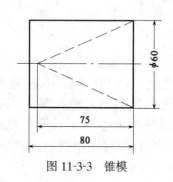
图 11-3-3　锥模

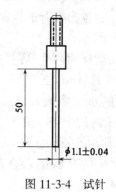
图 11-3-4　试针

3.试验条件检查

(1)试验所用水必须是清洁的淡水。

(2)试验时,养护箱的温度、湿度必须控制在标准规定范围内。

(3)水泥试样及拌和水温度应与室温相同。

(二)标准稠度用水量的操作步骤

1.用试锥和调节水量法测定水泥标准稠度用水量

(1)称好 500g 水泥试样,并根据水泥的品种、混合材掺量、细度等,量好该试样达到标准稠度时大致所需的水量。

(2)拌合用具先用湿布擦过,把试样倒入搅拌锅内,将锅放到搅拌机锅座上,升至搅拌位置,开动机器,同时徐徐加入全部拌合水。加水时注意不要将水倒在锅壁和搅拌翅轴上,更不能溅出锅外,搅拌机按慢搅拌 120s、停 10s、快搅拌 120s、报警 5s 的程序拌和净浆。

(3)拌合完毕,立即将净浆一次装入试模内,装入量比锥模容量稍多一点,但不要过多,然后用小刀插捣并振动数次,排除净浆表面气泡并填满模内。

(4)用小刀从模中心线开始分两下刮去多余净浆,然后一次抹平后,并迅速放到试锥下固定位置上。

(5)将试锥降至与净浆平面接触,拧紧螺丝,然后突然放松,让试锥自由沉入净浆中,到试锥停止下沉时记录下沉深度。整个操作在搅拌后 1min 内完成。

(6)当试锥下沉深度为(28±2)mm 时,所用水量即为该水泥试样的标准稠度用水量,如下沉深度不在此范围,应增加或减少水量重新拌制净浆,直到试锥下沉深度在(28±2)mm 时止(用试杆法测定时试杆沉入水泥净浆并距底板 6±1mm 时为标准稠度)。

2.用固定水量法测定水泥标准稠度用水量

水泥净浆的搅拌和测试与调整水量法相同,所不同的是:

(1)拌合用水量不分水泥品种一律固定为 142.5mL。

(2)观察在 1.5min 试锥下沉深度时,指针在标尺(P%)的指示数,即为该水泥试样的标准稠度用水量。或根据下沉深度 S(mm),按下式计算标准稠度用水量 P(%):

$$P = 33.4 - 0.185S$$

二、凝结时间的检验

（一）试验前的准备工作

同标准稠度用水量检验，但须另备玻璃板一块，上放圆试模（图 11-3-5）、玻璃板及模内侧薄涂机油。将凝结测试仪金属圆棒下放至试针与玻璃板接触，调整凝结测试仪指针对准标尺零点。

（二）凝结时间操作步骤

1. 将按标准稠度用水量检验方法拌制好的水泥净浆一次装入圆模，振动数次，刮平，放入湿气养护箱。

2. 记录开始加水的时间，并以此作为凝结时间的起始时间。

3. 加水后 30min 时，从养护箱内取出试件进行第一次测定。测定时，将试件放至试针下面，使试针与净浆表面接触，拧

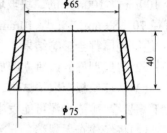

图 11-3-5　圆试模

紧螺丝 1~2s 后突然放松，使试针自由沉入净浆，观察试针停止下沉时的指针读数。最初测定时，应轻扶凝结测试仪之金属圆棒，使其徐徐下降，以防试针撞弯。但最后仍以自由下落测得的结果为准。每次测定不得让试针落入以前测过的针孔内。测定完毕须将试针擦净，将试件放入养护箱内，整个测定过程要防止圆模受振动。

4. 由加水时起，至试针下降至距玻璃板 3~5mm 时，所需时间为初凝时间，然后将试模反转，直径大端向上继续测定，至下沉深度不超过 1~0.5mm 时所需时间为终凝时间。测定时，当临近初凝时，可每隔 5min 测定一次，到达初凝或终凝时，应立即重测一次，当两次结论相同时才能认定已达初凝或终凝。

第四节　水泥安定性的检验

一、试验前的准备工作

1. 仪器设备

(1)水泥净浆搅拌机同标准稠度用水量检验方法之规定。

(2)雷氏夹　使用前应检查其弹性，方法是将雷氏夹的一根指针根部悬挂在一根细金属丝上，在另一根指针根部再挂上 300g 的砝码，这时两根指针针尖距离较未挂前距离增加应在 (17.5±2.5)mm 范围内，当去掉砝码后又能恢复未挂前的距离。弹性检查在雷氏夹膨胀值测定仪上进行。试验前，雷氏夹内侧应薄涂机油。

(3)玻璃板若干块　面积分别为 100mm×100mm 及质量为 75~80g。试验前应薄涂机油。

(4)沸煮箱要求能在(30±5)min 内将箱内水加热至沸腾，并能维持沸腾 3h 以上不再添水，并保持箱中水位一直没过试件。

(5)雷氏夹膨胀值测定仪：标尺最小刻度为 1mm。

(6)天平、量水器及成型用具同标准稠度用水量检验之规定。

2. 试样处理、试验条件及检查同标准稠度用水量检验之规定。

二、安定性检验操作步骤

1. 试饼法

(1)将按标准稠度用水量检验方法拌制好的净浆取一部分分成二等份,使呈球形,分别置于 100mm×100mm 的二块玻璃板上。轻轻振动玻璃板,并用小刀由边缘向饼中央抹动,做成直径 70～80mm,中心厚 10mm,边缘渐薄、表面光滑的试饼。试饼制作必须规范,直径过大过小,边缘钝厚都会影响结果。

(2)将成型好的试饼立即放入养护箱内,养护(24±2)h。

(3)从玻璃板上取下试饼,检查有无裂缝,如有应查找原因。应注意火山灰水泥可能产生的干缩裂缝,矿渣水泥可能发生的起皮。

(4)将经检查无裂缝的试饼放入沸煮箱中篦板上,在(30±5)min 内煮沸,并维持 3h±5min。到时放水,开箱,冷却至室温。

(5)取出试体,如目测观察无裂缝,直尺检查无弯曲,则安定性合格。当两块试饼一合格另一不合格时,则判不合格。用直尺检查时,宜多变换几个方位进行观察。

2. 雷氏法

(1)将两个雷氏夹分别放在两块 75～80g 的玻璃板上,立即将拌和的净浆装满试模。装模时一手扶住试模,另一手插捣模内净浆 15 次使其密实。然后盖上另一玻璃板。

(2)将成型好的试件立即放入养护箱内,养护(24±2)h。

(3)脱去玻璃板,在膨胀值测定仪上测量并记录每个试件两指针尖端间距 A,精确至 0.5mm。

(4)将试件放入沸煮箱水中篦板上,使指针朝上,互不交叉不接触它物,在(30±5)min 内煮沸,并维持 3h±5min。到时放水,开箱,冷却至室温。

(5)取出试件,在膨胀值测定仪上测量并记录指针尖端间距 C,当两个试件煮后增加距离 $(C-A)$ 的平均值不大于 5.0mm 时,安定性合格。当两个试件的 $(C-A)$ 值相差大于 4mm 时,应重做试验。

(6)雷氏夹由于结构上的特点:质薄、圈小、针长,且对弹性有严格要求,因此,在操作中应小心谨慎,勿施大力,以免造成损坏变形。新雷氏法夹在使用前应检查其弹性;正常使用的雷氏夹口半年检查一次,当遇有距离增加超过 40mm 的情况,应即行检查弹性。上述检查只要弹性符合标准要求,仍可继续使用。

第五节　水泥比表面积测定(勃氏法)

国家标准 GB/T 8074—2008 规定:本标准适用于测定水泥的比表面积以及适合采用本标准的其他各种粉状物料,不适用于测定多孔材料及超细粉状物料。

本方法采用 Blaine 透气仪来测定水泥的细度。

一、定义与原理

1. 水泥比表面积是指单位质量的水泥粉末所具有的总表面积,以 m^2/kg 来表示。

2. 本方法主要根据一定量的空气通过具有一定孔隙率和固定厚度的水泥层时,所受阻力不同而引起流速的变化来测定水泥的比表面积。在一定孔隙率的水泥层中,孔隙的大小和数量是颗粒尺寸的函数,同时也决定了通过料层的气流速度。

二、仪器

1．Blaine 透气仪

如图 11-5-1、11-5-2 所示,由透气圆筒、压力计、抽气装置等三部分组成。

2．透气圆筒

内径为(12.70±0.05)mm,由不锈钢制成。圆筒内表面的光洁度为▽6,圆筒的上口边应与圆筒主轴垂直,圆筒下部锥度应与压力计上玻璃磨口锥度一致,二者应严密连接。在圆筒内壁,距离圆筒上口边(55±10)mm 处有一突出的宽度为0.5~1mm的边缘,以放置金属穿孔板。

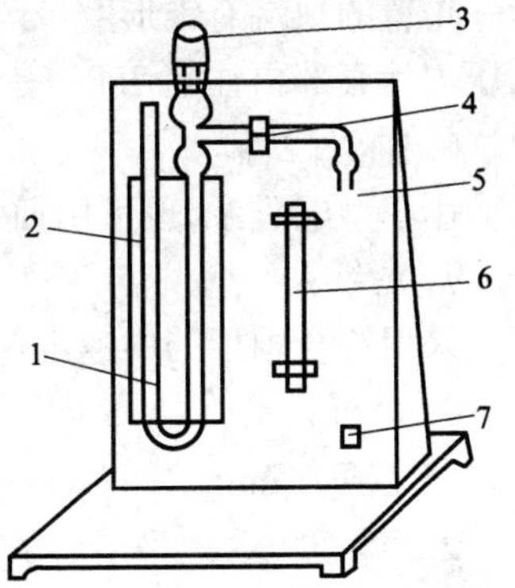

3．穿孔板

由不锈钢或其他不受腐蚀的金属制成,厚度 0.9±0.1mm。在其面上,等距离地打有 35 个直径 1mm 的小孔,穿孔板应与圆筒内壁密合。穿孔板二平面应平行。

图 11-5-1　Blaine 透气仪示意图

1—U 型压力计;2—平面镜;
3—透气圆筒;4—活塞;
5—背面接微型电磁泵;6—温度计;7—开关

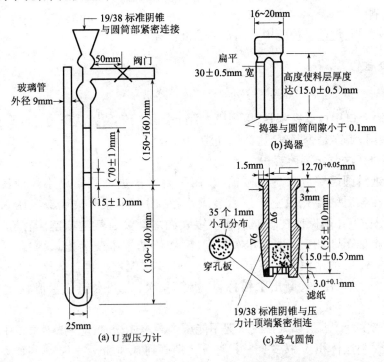

图 11-5-2　Blaine 透气仪结构及主要尺寸图

4．捣器

由不锈钢制成,插入圆筒时,其间隙不大于 0.1mm。捣器的底面应与主轴垂直,侧面有一个扁平槽,宽度(3.0±0.3)mm。捣器的顶部有一个支持环,当捣器放入圆筒时,支持环与圆筒上口边接触,这时捣器底面与穿孔圆板之间的距离为(15.0±0.5)mm。

5．压力计

U 形压力计尺寸如图 11-5-2 所示,由外径为 9mm 的具有标准厚度的玻璃管制成。压力

213

计一个臂的顶端有锥形磨口与透气圆筒紧密相连,在连接透气圆筒的压力计臂上刻有环形线。从压力计底部再往上280~300mm处有一个出口管,管上装有一个阀门,连接抽气装置。

6. 抽气装置

用小型电磁泵,也可用抽气球。

7. 滤纸

采用符合国标的中速定量滤纸。

8. 分析天平

分度值为1mg。

9. 计时秒表

精确读到0.5s。

10. 烘干箱。

三、材料

1. 压力计

压力计内液体采用带有颜色的蒸馏水。

2. 基准材料

采用中国水泥质量监督检验中心制备的标准试样。

四、仪器校准

1. 漏气检查

将透气圆筒上口用橡皮塞塞紧,接到压力计上。用抽气装置从压力计一臂中抽出部分气体,然后关闭阀门,观察是否漏气,用活塞油脂加以密封。

2. 用水银排代法测定圆筒容积

将二片滤纸沿圆筒壁放入透气圆筒内,用一直径比透气圆筒略小的细长棒往下按,直到滤纸平整放在金属的穿孔板上。然后装满水银,用一小块薄玻璃板轻压水银表面,使水银面与圆筒口平齐,并须保证在玻璃板和水银表面之间没有气泡或空洞存在。从圆筒中倒出水银,称量,精确至0.05g。重复几次测定,到数值基本不变为止。然后从圆筒中抽出一片滤纸,试用约3.3g的水泥,按照(五)3条要求压实水泥层。再在圆筒上部空间注入水银,同上述方法除去气泡、压平、倒出水银称量,重复几次,直到水银称量值相差小于50mg为止。

(应制备坚实的水泥层,如太松或水泥不能压到要求体积时,应调整水泥的使用量)

3. 圆筒内试料层体积 V 按式(5-1)计算。精确到0.005cm³。

$$V = (P_1 - P_2)/Y_h \qquad (5-1)$$

式中　　V——试料层体积(cm^3);

　　　　P_1——未装水泥时,充满圆筒的水银质量(g);

　　　　P_2——装水银后,充满圆筒的水银质量(g);

　　　　Y_h——试验温度下水银密度(g/cm^3),见表11-5-1。

214

表 11-5-1　不同温度下的空气黏度和水银密度值

温度(℃)	空气黏度 p(Pa·s)	$\sqrt{p}$	水银密度 Y_h(g/cm³)
8	0.000 174 9	0.013 22	13.58
10	0.000 175 9	0.013 26	13.57
12	0.000 176 8	0.013 30	13.57
14	0.000 177 8	0.013 33	13.56
16	0.000 178 8	0.013 37	13.56
18	0.000 179 8	0.013 41	13.55
20	0.000 180 8	0.013 45	13.55
22	0.000 181 8	0.013 48	13.54
24	0.000 182 8	0.013 52	13.54
26	0.000 184 7	0.013 55	13.53
28	0.000 184 7	0.013 59	13.53
30	0.000 185 7	0.013 63	13.53
32	0.000 186 7	0.013 66	13.52
34	0.000 187 6	0.013 70	13.51

4．试料层体积的测定，至少应进行二次，每次应单独压实，取二次数值相差不超过 0.005cm³ 的平均值，并记录测定过程中圆筒附近的温度。每隔一季度至半年应重新校正试料层体积。

五、试验步骤

1．试样准备

(1)将(110±5)℃下烘干并在干燥器中冷却到室温的标准试样，倒入 100mL 的密闭瓶内，用力摇动 2min，将结块成团的试样振碎，使试样松散。静置 2min 后，打开瓶盖，轻轻搅拌，使在松散过程中落到表面的细粉，分布到整个试样中。

(2)水泥试样，应先通过 0.9mm 方孔筛，再在(110±5)℃下烘干，并在干燥器中冷却至室温。

2．确定试样量

校正试验用的标准试样量和被测定水泥的质量，应达到在制备的试料层中空隙率为 0.500±0.005,计算式为：

$$W = d \times V(1 - e) \tag{5-2}$$

式中　W——需要的试样量(g)；

　　　d——试样密度(g/cm³)；

　　　V——按(四)2 条测定的试料层体积(cm³)：

　　　e——试料层空隙率。

①空隙率是指试料层中孔隙的容积与试料层总容积之比,P·Ⅰ、P·Ⅱ水泥采用 0.500±0.005,其他水泥采用 0.530±0.005。如有些粉料按上式算出的试样量在圆筒的有效体积中容纳不下或经捣实后未能充满圆筒的有效体积，则允许适当地改变空隙率。

②穿孔板上的滤纸,就是与圆筒内径相同,边缘光滑的圆片。穿孔板上滤纸片如比圆筒内径小时,会有部分试样粘于圆筒内壁高出圆板上部：当滤纸直径大于圆筒内径时会引起滤纸片皱起使结果不准。每次测定需要新的滤纸片。

③为避免漏气,可先在圆筒下锥面涂一层活塞油脂,然后把它插入压力计顶端锥形。

3．试料层制备

将穿孔板放入透气圆筒的突缘上,用一根直径比圆筒略小的细棒把一片滤纸,送到穿孔板上,边缘压紧。称取按(五)2条确定的水泥量,精确到0.001g,倒入圆筒。轻敲圆筒的边,使水泥表面平坦。再放入一片滤纸,用捣器均匀捣实试料直至捣器的支持环紧接触圆筒顶边并旋转二周,慢慢取出捣器。

4．透气试验

(1)把装有试料层的透气圆筒连接到压力计上,要保证紧密连接不致漏气,并不振动所制备的试料层。

(2)打开微型电磁泵慢慢从压力计一臂中抽出空气,直到压力计内液面上升到扩大部下端时关闭阀门。当压力计内液体的凹月面下降到第一个刻线时开始计时,当液体的凹月面下降到第二条刻度线时停止计时,记录液面从第一条刻度线到第二条刻度线所需的时间。以秒记录,并记下试验时的温度(℃)。

六、计算

1.当被测物料的密度、试料层中空隙率与标准试样相同,试验时温差＜3℃时,可按式(5-3)计算:

$$S = \frac{S_S \sqrt{T}}{\sqrt{T_S}} \tag{5-3}$$

如试验时温度差大于±3℃时,按式(5-4)计算:

$$S = \frac{S_S \sqrt{T} \sqrt{p_S}}{\sqrt{T_S} \sqrt{p}} \tag{5-4}$$

式中　S——被测试样的比表面积(cm^3/g)。

S_S——标准试样的比表面积 cm^2/g);

T——被测试样试验时,压力计中液面降落测得的时间(s);

T_S——标准试样试验时,压力计中液面降落测得的时间(s);

p——被测试样试验温度下的空气黏度(Pa·s);

p_S——标准试样试验温度下的空气黏度(Pa·s)。

2．当被测试样的试料层中空隙率与标准试样试料层中空隙率不同,试验时温差＜±3℃时,可按式(5-5)计算:

$$S = \frac{S_S \sqrt{T}(1-e_S) \sqrt{e^3}}{\sqrt{T_S}(1-e) \sqrt{e_S^3}} \tag{5-5}$$

如试验时温度差大于±3℃时,按式(5-6)计算:

$$S = \frac{S_S \sqrt{T}(1-e_S) \sqrt{e^3} \sqrt{p_S}}{\sqrt{T_S}(1-e) \sqrt{e_S^3} \sqrt{p}} \tag{5-6}$$

式中　e——被测试样试料层中空隙率；

　　e_S——标准试样试料层中的空隙率。

3. 当被测试样的密度和空隙率均与标准试样不同,试验时温差＜±3℃时,按式(5-7)计算:

$$S = \frac{S_S\sqrt{T}(1-e_S)\sqrt{e^3 d_S}}{\sqrt{T_S}(1-e)\sqrt{e_S^3 d}} \tag{5-7}$$

如试验时温度差大于±3℃时,按式(5-8)计算:

$$S = \frac{S_S\sqrt{T}(1-e_S)\sqrt{e^3 d_S}\sqrt{p_S}}{\sqrt{T_S}(1-e)\sqrt{e_S^3 d}\sqrt{p}} \tag{5-8}$$

式中　d——被测试样的密度(g/cm^3)；

　　d_S——标准试样的密度(g/cm^3)。

4. 水泥比表面积应由二次透气试验结果的平均值确定。如二次试验结果相差2%以上时,应重新试验。计算应精确至$10cm^2/g$,$10cm^2/g$以下的数值按四舍五入计。

5. 以cm^2/g为单位的比表面积值换算为m^2/kg单位时,需乘以系数0.1。

第六节　水泥胶砂强度的测定

水泥胶砂强度检验方法(GB/T 17671—1999),本方法根据 ISO679:1989《水泥试验方法——强度测定》制定的。适用于硅酸盐水泥、普通硅酸盐水泥、矿渣水泥、火山灰水泥以及粉煤灰水泥的抗折与抗压强度试验。凡指定采用本方法的其他品种水泥经试验确定水灰比后,亦可适用。

一、仪器

1. 胶砂搅拌机

胶砂搅拌机为行星式,搅拌叶和搅拌锅作相反方向转动。叶片和锅由耐磨的金属材料制成,叶片与锅底、锅壁之间的间隙为$(3\pm1)mm$。制造质量符合 JC/T 681 的规定。

2. 胶砂振实台

胶砂振实台应符合 JC/T 682 的要求。由装有偏心重轮的电动机产生振动,使用时固定于混凝土基座上。

3. 试模

试模(图 11-6-1)为可装卸的三联模,由隔板、端板、底座等组成,制造质量符合 JC/T 682 规定。使用中的模型,模槽高(C)不得小于 39.8mm,模槽宽(B)不得大于40.2mm,A 为 160mm。

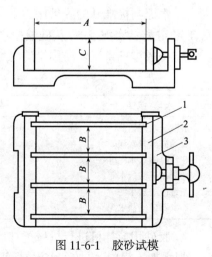

图 11-6-1　胶砂试模

1—隔板;2—端板;3—底座

4. 抗折试验机

抗折试验机一般采用双杠杆式的,也可采用性能符合要求的其他试验机,抗折夹具应符合 JC/T724 的要求。

加荷与支撑圆柱必须用硬质钢材制造。圆柱磨损后允许尺寸为 $10^{0}_{-0.2}$mm。

5. 抗压试验机和抗压夹具

(1)抗压试验机吨位以 20～30t 为宜,误差不得超过 ±2.0%。

(2)抗压夹具由硬质钢材制成,并符合 JC/T 683 的规定。

二、材料

1. 水泥试样应充分拌匀,通过 0.9mm 方孔筛并记录筛余物。

2. 标准砂应符合 ISO 标准砂质量要求。其颗粒分布应该在表 11-6-1 规定的范围内。

表 11-6-1　ISO 基准砂颗粒分布

方孔边长(mm)	累计筛余(%)	方孔边长(mm)	累计筛余(%)
2.0	0	0.5	67±5
1.6	7±5	0.16	87±5
1.0	33±5	0.08	99±1

3. 试验用水必须是洁净的淡水。

三、温、湿度

1. 试验室温度为 18～22℃(包括强度试验室),相对湿度不低于 50%。水泥试样、标准砂、拌和水及试模等的温度应与室温相同。

2. 养护箱温度(20±1)℃,相对湿度大于 90%。养护水的温度(20±1)℃。

四、试体成型

1. 成型前将试模擦净,四周的模板与底座的接触面上应涂黄干油,紧密装配,防止漏浆,内壁均匀刷一层机油。

2. 水泥与标准砂的质量比为 1:3,水灰比按同品种水泥固定。硅酸盐水泥、普通硅酸盐水泥、矿渣硅酸盐水泥、粉煤灰硅酸盐水泥、复合硅酸盐水泥均为 0.50。

3. 每成型三条试体需称量的材料及用量见表 11-6-2。

表 11-6-2　每锅胶砂的材料数量

水泥品种	水　泥	标准砂	水
硅酸盐水泥 普通硅酸盐水泥 矿渣硅酸盐水泥 粉煤灰硅酸盐水泥 复合硅酸盐水泥 石灰石硅酸盐水泥	(450±2)g	(1 350±5)g	(225±1)mL

4. 胶砂用搅拌机进行机械搅拌。先使搅拌机处于待机状态,然后按以下程序进行操作:把水加入锅内,再加入水泥,把锅放在固定架上,上升至固定位置。

然后立即开动机器,低速搅拌 30s 后,在第二个 30s 开始的同时均匀地将砂子加入。将机器再高速搅拌 30s。

停拌 90s,在第一个 15s 内用一胶皮刮具将叶片和锅壁上的胶砂刮入锅中间。在高速下继续搅拌 60s。各个搅拌阶段,时间误差应在 ±1s 以内。

5．在搅拌胶砂的同时将试模及下料漏斗卡紧在振实台面中心。将搅拌好的胶砂分二层均匀地装入试模,装第一层时,每个槽里约放 300g 胶砂,用大播料器将料层拨平,接着开动振实台振动 60 次,再装入第二层胶砂,用小播料器拨平,再振动 60 次。

6．振动完毕,取下试模,用一金属直尺以近似 90 度的角度架在试模模顶的一端,然后按长度方向以横向锯割动作慢慢向另一端移动,一次将高出试模的胶砂刮去,并用同一直尺以近乎水平的情况下将试体表面抹平。接着在试体上编号,编号时应将试模中的三条试体分在两个以上的龄期内。

7．试验前或更换水泥品种时,搅拌锅、叶片和下料漏斗等须抹擦干净。

五、养护

1．编号后,将试模放入养护箱养护。养护箱内底板必须水平。20～24h 取出脱模,脱模时应防止试体损伤。硬化较慢的水泥允许延期脱模,但须记录脱模时间。

2．试体脱模后即放入水槽中养护,试体之间应留有间隙,水面至少高出试体 5cm。

六、强度试验

1．各龄期的试体必须在下列时间内进行强度试验:

龄期	时间
24h	24h±15min
3d	3d±45min
7d	7d±2h
28d	28d±8h

试体从水中取出后,在强度试验前应用湿布覆盖。

2．抗折强度试验

(1)每龄期取出三条试体先做抗折强度试验。试验前须擦去试体表面的附着水分和砂粒,清除夹具上圆柱表面粘着的杂物,试体放入抗折夹具内,应使侧面与圆柱接触。

(2)采用杠杆式抗折试验机试验时,试体放入前,应使杠杆成平衡状态。试体放入后调整夹具,使杠杆在试体折断时尽可能地接近平衡位置。

(3)抗折试验加荷速度为 (50±10)N/s。

(4)抗折强度按下式计算:

$$R_f = \frac{3}{2} \frac{P \cdot L}{b \cdot h^2} = 2.34P$$

式中　R_f——抗折强度(MPa);

　　　P——破坏荷重(kN);

　　　L——支撑圆柱中心距即 10cm;

b、h——试体断面宽及高,均为 4cm。

抗折强度计算精确至 0.01MPa。

(5)抗折强度结果以三块试体平均计算至 0.1MPa。当三个强度值中有超过平均值 ±10%时,应剔除后再平均作为抗折强度试验结果。

3．抗压强度试验

(1)抗折试验后的二个断块应立即进行抗压试验。抗压试验须用抗压夹具进行,试体受压面为 4cm×4cm。试验前应清除试体受压面与加压板间的砂粒或杂物。试验时以试体的侧面作为受压面,试体的底面靠紧夹具定位销,并使夹具对准压力机压板中心。

(2)压力机加荷速度应控制在(2 400±200)N/s 的范围内,在接近破坏时更应严格掌握。

(3)抗压强度按下式计算:

$$R_c = \frac{F_c}{A}$$

式中　R_c——抗压强度(MPa);

　　　F_c——破坏荷重(kN);

　　　S——受压面积即 4cm×4cm。

抗压强度计算精确至 0.1MP。

(4)六个抗压强度结果中剔除最大、最小两个数值,以剩下四个平均作为抗压强度试验结果。如不足六个时,取平均值。当六个强度值中有超过平均值 ±10%时,应剔除后再平均作为抗压强度试验结果,如果五个测定值中再有超过平均值 ±10%的,则此组试验结果作废。

第七节　水泥胶砂流动度的测定

本方法主要用于测定胶砂流动度,确定水泥胶砂的需水量。

一、仪器

1．胶砂搅拌机

符合 JC/T 681 的规定。

2．跳桌(如图 11-7-1 所示)

可跳动部分由推杆 1 和圆盘 2 组成。推杆下端装有托轮 3,上端与圆盘螺纹连接。圆盘上面铺有玻璃板,玻璃板底下垫有划有十字的制图纸,玻璃板由卡子固定在圆盘上。包括托轮和玻璃板在内的可振动部分总质量为(4.35±0.15)kg。通过凸轮 4 的转动可使推杆及与其相连的圆盘产生跳动。跳动时是圆盘底下的凸出部分与机架相击,而托轮与凸轮并不相碰。圆盘跳动时落距为(10±0.2)mm。推杆与支承孔之间应能自由滑动,推杆在上下滑动时应处于垂直状态。机架下部装有数控装置 5,在跳动 30 次后能制动停止。

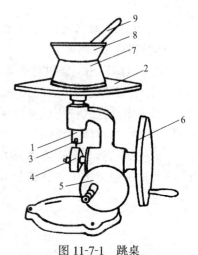

图 11-7-1　跳桌

1—锥杆;2—圆盘;3—托轮;
4—凸轮;5—数控装置;6—手轮;
7—截锥圆模;8—模套;9—捣棒

3．圆柱捣棒

由金属材料制成，直径 20mm，长约 200mm。

4．截锥圆模及模套

截锥圆模尺寸：高 (60 ± 0.5)mm；上口内径 (70 ± 0.5)mm；下口内径 (100 ± 0.5)mm。模套须与截锥圆模配合。截锥圆模与模套用耐磨不吸水材料制成。

5．卡尺

300mm 千分尺。

二、材料和试验条件

1．水泥试样，标准砂与水泥胶砂强度测定要求一致，试验用水须符合要求。

2．试验条件应与水泥胶砂强度测定要求一致。

三、流动度的测定

1．试验前的准备工作

试验前须检查仪器的各部分，使其达到规定的使用要求。转动手轮至数控装置发生制动的位置。

2．胶砂的制备

(1)一次试验应称取材料及数量

可按胶砂强度测定规定称量水泥和标准砂，或按试验设计规定。

(2)胶砂的制备

按胶砂强度测定的规定进行。

3．在拌合胶砂的同时，用湿布抹擦跳桌台面、捣棒、截锥圆模和模套内壁，并把它们置于玻璃板中心，盖好湿布。

4．将拌好的水泥胶砂迅速地分二层装入模内。第一层装至圆锥模高的三分之二，用小刀在垂直二个方向划实约十余次，再用圆柱捣棒自边缘至中心均匀捣压 15 次。接着装第二层胶砂，装至高出圆模约 2cm，同样用小刀划实十余次，再用圆柱捣棒向边缘至中心捣压十次。捣压深度，第一次捣至胶砂高度的二分之一，第二层捣至不超过已捣实的底层表面。

装胶砂与捣实时用手将截锥圆模扶持不动。

5．捣压完毕，取下模套，用小刀将高出截锥圆模的胶砂刮去并抹平，抹平后将圆模垂直向上轻轻提升，左手拨起数控手柄，右手转动手轮以每秒约一次的速度转动 30 次。

四、结果处理

跳动完毕，用卡尺测定水泥胶砂底部扩散的直径，取互相垂直的二直径的平均值为该水泥在该水量时的胶砂流动度。常用 mm 来表示。

参 考 文 献

〔1〕沈威,黄文熙,闵盘荣. 水泥工艺学. 武汉:武汉工业大学出版社,1991

〔2〕周国治主编. 水泥生产基本知识. 武汉:武汉工业大学出版社,1993

〔3〕陈全德,曹辰. 新型干法水泥生产技术. 北京:中国建筑工业出版社,1987

〔4〕金容容. 水泥厂工艺设计概论. 武汉:武汉工业大学出版社,1993

〔5〕刘述祖. 水泥悬浮预热与窑外分解技术. 武汉:武汉工业大学出版社,1995

〔6〕周沛. 水泥煅烧工艺与设备. 武汉:武汉工业大学出版社,1993

〔7〕林宗寿,李凝芳,赵修建等. 无机非金属材料工学. 武汉:武汉工业大学出版社,1999

〔8〕陈全德等主编. 全国第四届悬浮预热和预分解窑技术经验交流会论文集. 北京:中国建材工业出版社,2000

〔9〕李贺林,刘怀平主编. 全国水泥粉磨技术优秀论文集. 北京:中国建材工业出版社,2003

〔10〕陈全德. 新型干法水泥技术原理与应用. 北京:中国建材工业出版社,2004